微弧氧化技术与应用

宋仁国　孔德军　宋若希　著

科 学 出 版 社
北 京

内容简介

本书包括微弧氧化技术的基础知识与应用研究两大部分。首先阐述了与微弧氧化技术密切相关的一些基本概念与基本理论，内容包括微弧氧化技术的原理、特点、设备、工艺、质量评价与测试方法等；然后重点介绍了微弧氧化技术及与其他表面技术复合而发展起来的各种微弧氧化复合处理技术的研究成果，内容主要包括电解液体系、添加剂、电流密度、氧化电压、氧化时间等参数对微弧氧化膜层组织与性能的影响，同时还介绍了微弧氧化技术在铝、镁、钛及其合金上的一些应用实例。

本书对微弧氧化技术相关理论和应用的描述较为深入、系统与全面，可作为高等院校相关专业的本科生和研究生以及从事各类表面技术的科学研究、设计、生产和应用的科研人员与工程技术人员的学习参考书。

图书在版编目(CIP)数据

微弧氧化技术与应用/宋仁国，孔德军，宋若希著. 一北京：科学出版社，2018.10

ISBN 978-7-03-058956-9

Ⅰ. ①微… Ⅱ. ①宋… ②孔… ③宋… Ⅲ. ①金属陶瓷涂层-研究 Ⅳ. ①TG174.453

中国版本图书馆 CIP 数据核字(2018) 第 222006 号

责任编辑：胡 凯 许 蕾 曾佳佳 / 责任校对：张怡君
责任印制：张 伟 / 封面设计：许 瑞

科学出版社出版
北京东黄城根北街 16 号
邮政编码：100717
http://www.sciencep.com
北京凌奇印刷有限责任公司印刷
科学出版社发行 各地新华书店经销
*
2018 年 10 月第 一 版 开本：720×1000 1/16
2025 年 1 月第四次印刷 印张：15 1/4
字数：300 000

定价：99.00 元

(如有印装质量问题，我社负责调换)

前　言

随着现代工业及科学技术的发展，陶瓷材料以其特有的性能、丰富的资源优势成为继金属材料、高分子材料之后又一重要的工程材料。由于整体陶瓷材料具有脆性大、可加工性差等缺点，因此极大地限制了其应用范围。在金属及合金表面实施陶瓷化涂 (膜) 层，不仅可在保证原金属材料使用性能的前提下用廉价的金属材料取代价格昂贵的金属材料及其合金，而且也可以赋予原金属材料一些其他表面技术所无法得到的特殊性能，从而拓宽其适用范围；此外，采用可加工金属材料作为基体进行表面陶瓷化处理，亦能够提高陶瓷材料的可加工性。为了提高材料的综合性能，目前国内外已经研发出各种表面改性技术，其中微弧氧化 (micro-arc oxidation, MAO) 便是最近三十年快速发展起来的一种绿色环保表面处理新技术。

微弧氧化技术是将铝、镁、钛等阀金属或其合金材料置于电场环境下的电解液中作为阳极，使被处理材料表面微孔中产生火花放电斑点，在热化学、等离子体化学和电化学的共同作用下，原位生成一层与基体以冶金形式结合的陶瓷膜层的方法。它是普通阳极氧化的技术延伸，是电化学过程与物理放电过程共同作用的结果。微弧氧化技术由于处理工艺简单，电解液无毒、无重金属离子，处理过程中不产生有害气体且基本无排放，对环境无污染，处理工件能力强，而且可大幅度地提高铝、镁、钛及其合金的耐磨、耐蚀等性能，达到了第二代工程材料 (金属) 与第三代工程材料 (陶瓷) 的完美结合，是一项很有发展前途的轻合金表面处理技术，在航空、航天、机械、电子、装饰等领域具有广阔的应用前景。总体来看，国内外对微弧氧化技术的研究和开发已经取得很多重要进展，但目前仍然没有进入大规模产业化应用的阶段，因此想要深入了解并掌握该技术，还需要通过大量的研究试验，从而开发出能耗低、陶瓷膜层性能好的微弧氧化电源系统及工艺，使其在更多的领域得到实际的应用。

本书将按照作者的学术观点来组织有关素材，介绍与评述国内外的最新研究成果，并重点介绍作者课题组十多年来的研究成果。本书共 6 章，第 1~2 章的主要内容为微弧氧化技术的基础知识部分，分别介绍微弧氧化技术的原理、特点、设备、工艺、质量评价与测试方法；第 3~6 章的主要内容为微弧氧化技术的应用部分，分别介绍了微弧氧化技术在铝、镁、钛及其合金上的应用以及与其他表面技术复合而发展起来的各种复合处理技术。

本书的出版得到江苏省重点研发计划项目 (BE2016052) 的资助，特此表示感谢。感谢课题组已经毕业和在读的从事微弧氧化技术基础理论与应用研究的研究生们 —— 赵坚、项博、张宇、戈云杰、卢超、项南、庄俊杰、卢俊鹏、曹国平、刘浩、蒋建洲、贺星；同时感谢合作伙伴浙江工业大学熊缨教授、杭州电子科技大学李红霞副教授，本书中所有涉及课题组的研究成果均是这些研究生与合作伙伴们所取得的成果。在此也向有关文献的作者表示诚挚谢意以及向有可能被遗漏的参考文献的作者表示歉意与谢意。最后感谢何望昭女士在本书撰写期间给予作者重要的理解与支持及生活上的关心和照顾。

本书由常州大学的宋仁国教授、孔德军教授与宁波瑞隆表面技术有限公司的宋若希副总经理共同撰写；宁波瑞隆表面技术有限公司、西安金唐材料应用科技有限公司与西安天奥新材料科技有限公司提供了书中的微弧氧化处理产品照片；研究生卢俊鹏绘制了书中的图表；全书由宋仁国教授统稿。

限于作者水平，书中难免存在一些疏漏与不足，恳请读者批评指正。

宋仁国

2018 年 5 月

目　录

第1章 概 述

1.1 微弧氧化技术的发展概况

微弧氧化 (micro-arc oxidation，MAO) 是一种工艺简单、高效、绿色环保的新型表面处理技术。它是通过电解液与相应参数的组合，在镁、铝、钛等有色金属及其合金表面依靠弧光放电产生的瞬时高温高压作用，原位生长出以基体金属氧化物为主的陶瓷膜层 [1−5]。膜层与基体结合力强、韧性高、结构致密，并具有良好的耐磨、耐蚀、抗高温冲击、耐高压和绝缘等特性 [6,7]。

微弧氧化技术的发展可以追溯到 20 世纪 30 年代初期，德国科学家 Güntherschulze 和 Betz 首次报道了浸在溶液里的金属在高压电场作用下其表面会出现火花放电现象 [8]。通过进一步的观察和研究，发现利用此火花放电现象可在金属表面成功制备出陶瓷氧化膜，由于氧化膜的保护作用，因此镁合金防腐最初运用的就是该项技术 [9]。直到现在，镁合金火花放电阳极氧化技术仍然在研究和开发之中。从 20 世纪 70 年代开始，苏联、美国和德国等西方发达国家由于认识到该技术的巨大应用潜力，便纷纷加快了对微弧氧化技术的研究与开发。美国伊利诺伊大学、德国莱比锡大学等单位用直流或单相脉冲电源模式全面分析研究了铝、钛等阀金属火花放电沉积膜层，并分别命名为阳极火花沉积 [10,11] 和火花放电阳极氧化 [12,13]。同传统的阳极氧化技术相比较，该技术最大的进步在于氧化时金属的表面所产生的微等离子体可以在高温高压区域烧结成为晶态。在铝合金上所制备成的该种膜层，α-Al_2O_3 和 γ-Al_2O_3 占据了其主要膜成分 [14,15]。1977 年，苏联无机化学研究所人员开始了该技术的研究。他们所采用的是交流电压模式，得到了类似的膜层，其中 α-Al_2O_3 和 γ-Al_2O_3 仍然占据氧化膜的主要成分，并将该技术命名为微弧氧化。至此，微弧氧化技术得到了很大的发展 [16]。

从发现火花放电现象至今，人们对于其机理及过程的认识也在不断地发生着变化，所以对该工艺技术的命名也不一样。以时间为序，先后出现了火花阳极氧化 (spark anodizing)、阳极火花沉积 (anodic spark deposition, ASD)、微弧阳极氧化 (micro-arc anodizing)、微弧放电氧化 (micro-arc discharge oxidation)、微等离子体阳极氧化 (micro-plasma anodizing)、等离子体电解氧化 (plasma electrolytic oxidation, PEO)、电子等离子体氧化 (electro-plasma oxidation)、等离子微放电氧化 (plasma micro-discharge oxidation)、火花放电阳极氧化 (anodischen oxidation unter funkenentladung, ANOF) 和微弧氧化 (micro-arc oxidation, MAO) 等名称 [17]。尽

管名称不一样，但其本质和过程都是相同的。

目前，国际上从事微弧氧化技术研究的国家主要有俄罗斯、美国、德国、日本等，其中以俄罗斯较为领先。俄罗斯在微弧氧化机理研究上已经提出了一套比较完整的理论，并成功地应用于航空、石油、纺织等工业领域 [18]。其他几个国家在此技术上的研发也有较高水准，他们的参与在扩大该技术国际影响力的同时，也促进了微弧氧化技术工艺类型的多样化，增加了处理对象的种类，扩大了应用领域。

从 20 世纪 90 年代开始，我国开始关注微弧氧化这项技术，在引进及吸收俄罗斯技术后，目前也开始以耐磨、耐蚀及装饰性膜层的形式走向实用阶段，但现在仍处于起步阶段。我国研究与开发微弧氧化技术的单位主要有哈尔滨工业大学、西安理工大学、北京师范大学、常州大学、宁波瑞隆表面技术有限公司、北京金弧绿保科技开发有限公司等，其中常州大学的相关研究工作较为系统，对铝合金、镁合金、钛及钛合金微弧氧化陶瓷膜层的制备工艺、形貌、相组成、性能及应用等方面都做了全面且有益的探讨 [19−21]。北京金弧绿保科技开发有限公司已经由试验阶段转向小批量试生产，并已建成一条半自动化微弧氧化生产线。

从总体来说，国外对微弧氧化技术的研究水平要略领先于国内，但目前国内和国外都还没有进入大规模工业应用的阶段。因此要深入了解并掌握该技术，仍需要通过大量的研究试验，从而制备出性能更好的陶瓷膜层，使其在更多的领域得到实际应用。

1.2　微弧氧化技术的原理

微弧氧化技术的基本原理如下 [22]：将铝、镁、钛等阀金属或其合金放在电场环境下的电解液中作为阳极，电解槽为阴极，并施以较高的电压 (可高达 1000 V) 和较大的电流，如图 1-1 所示。

通电后在金属表面会立刻生成一层很薄的金属氧化物绝缘膜，而形成完整的绝缘膜是进行微弧氧化处理的必要条件。在此基础上，工件所加电压稳定上升，并在达到某一临界值时，率先击穿绝缘膜上的某些薄弱环节，发生微区弧光放电现象，瞬间形成超高温区域 (10^3~10^4 K)[23]，导致氧化物和基体金属被熔融甚至气化。熔融物与电解液接触后，由于激冷而形成陶瓷膜层。因为击穿总是发生在氧化膜相对薄弱的部位，且击穿后在原部位会生成新的氧化膜，于是击穿点就转移到其他相对薄弱的区域。如此重复，最终便在金属表面形成了均匀的氧化膜。在处理过程中，工件表面会出现无数个游动的弧点和火花，如图 1-2 所示。每个电弧存在的时间很短，弧光十分细小，没有固定位置，并在材料表面形成大量等离子体微区 (等离子体是一种由大量的自由电子和离子组成，在宏观上表现为电中性的物质。处于等离子态的物质，具有很强的导电性，能量集中而且温度较高，是一个高热、高温的能源)。这些微区的瞬间温度可达 10^3~10^4 K，压力可达 10^2~10^3 MPa。高能量作用为引发各种化学反应创造了有利条件。

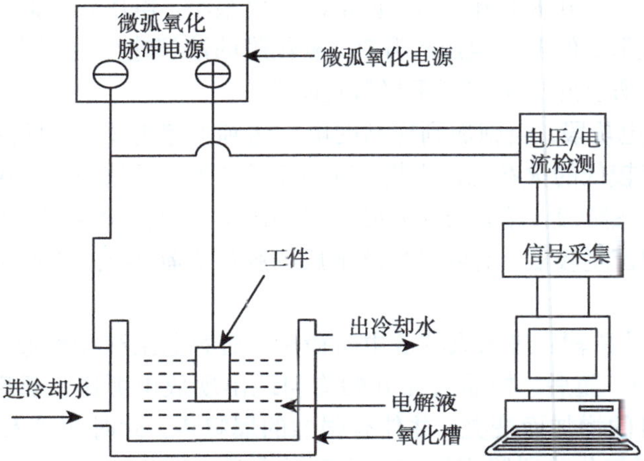

图 1-1 微弧氧化基本原理示意图

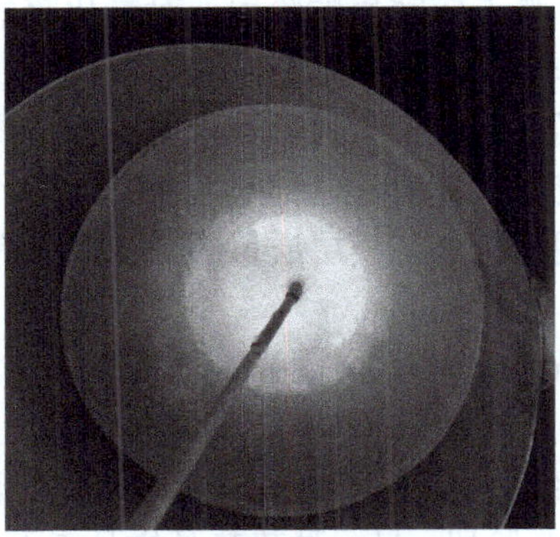

图 1-2 工件表面微弧放电

微弧氧化技术虽然是在阳极氧化的基础上发展起来的一种新方法，但它使工作电压突破了传统阳极氧化的工作电压范围 (法拉第区)，进入高电压放电区，从而在电极上发生微等离子体弧光放电，并在弧光放电区进行微弧氧化，因而在基体材料表面原位生成氧化膜。微弧氧化同普通阳极氧化的最大区别在于微弧氧化时等离子体高温、高压的瞬间烧结作用使无定形氧化物变成晶态氧化物陶瓷相结构，这是微弧氧化膜性能高于阳极氧化膜的根本原因 [24]。

综合国内外的研究，目前普遍认为微弧氧化过程可分为 4 个阶段：阳极氧化阶段、火花放电阶段、微弧氧化阶段和熄弧阶段 (或称弧光放电阶段)[25−27]。

(1) 阳极氧化阶段：将样品置于一定的电解液中，通电加压后，样品表面和阴极表面出现无数细小均匀的白色气泡。而且随电压增加，气泡逐渐变大变密，生成速度也不断加快。在达到击穿电压之前，这种现象一直存在，这一阶段就是阳极氧化阶段。在该阶段，电压上升很快，但电流变化很小。电压较低时，样品表面形成一层很薄的氧化膜；但随着电压的升高，氧化膜的溶解速度也变快，有时甚至会使部分基体溶解。所以应尽量缩短阳极氧化阶段。

(2) 火花放电阶段：当施加到样品的电压达到击穿电压时，样品表面开始出现无数细小、亮度较低的火花点。这些火花点密度不高，无爆鸣声。这一阶段属于火花放电阶段。在该阶段，样品表面开始形成不连续的微弧氧化膜，但膜层生长速率很小，硬度和致密度较低，所以对最终形成的膜层贡献不大，也应尽量减少这一阶段的时间。

(3) 微弧氧化阶段：进入火花放电阶段后，随着电压继续增加，火花逐渐变大变亮，密度增加。随后，样品表面开始均匀地出现放电弧斑。弧斑较大、密度较高，随电流密度的增加而变亮，并伴有强烈的爆鸣声。此时即进入微弧氧化阶段。火花放电与微弧氧化阶段紧密衔接，两者很难明确划分。在微弧氧化阶段，随时间的延长，样品表面细小密集的弧斑逐渐变得大而稀疏；同时电压缓慢上升，电流逐渐下降并逐渐降至零。弧点较密集的阶段，对氧化膜的生长最有利，膜层的大部分在此阶段形成；弧点较稀疏的阶段，对生长氧化膜的贡献不大，但可以提高氧化膜的致密性并降低表面粗糙度。微弧氧化阶段是形成陶瓷膜的主要阶段，对氧化膜的最终厚度、膜层表面质量和性能都起着决定性的作用。考虑到该阶段在整个微弧氧化过程中的作用，在保证膜层质量的前提下，应尽量延长该阶段的持续时间。

(4) 熄弧阶段 (或弧光放电阶段)：微弧氧化阶段末期，电压达到最大值，氧化膜的生长将出现两种趋势。一种趋势是样品表面的弧点越来越疏并最终消失，爆鸣声停止，表面只有少量的细碎火花，这些火花最终会完全消失，微弧氧化过程也随之结束。这一阶段称为熄弧阶段。另一种趋势是样品表面的弧点几乎完全消失，同时其他一个或几个部位突然出现较大的弧斑。这些弧斑光亮刺眼，可以长时间保持不动，并且产生大量气体，爆鸣声增强。该阶段称为弧光放电阶段。样品表面发生弧光放电时，氧化膜会遭到破坏，基体也会出现烧蚀现象，会在试样表面留下大坑。因此弧光放电阶段对于氧化膜的形成尤为不利，在实际操作过程中应尽量避免该现象的发生 [28]。

到目前为止，微弧氧化的成膜机理还没有一个统一、合理的解释，大多数研究都着眼于电弧产生的机理上，火花放电的机理主要有以下三种解释：

(1) 热作用引起电击穿：该理论 [29] 指出在氧化过程中，氧化膜产生的焦耳热使得界面处膜层的局部温度升高，当温度高于某临界温度时，就会形成电击穿，造成膜层局部破裂，形成微孔，这就叫做热作用机理。研究者通过试验发现，并不是只要有电流经过就能引起电击穿，而是作用在试样上的电流密度达到某个数值时，产生的焦耳热作用才可能引起试样局部温度产生明显的改变，最终产生了电击穿现象。但是，热作用机理仅仅能够对大电流密度作用下产生电击穿现象进行定性解释，然而在实际中，小电流密度下也能发生微弧氧化反应，这样就对某些在小电流密度时仍然能够形成电击穿现象无法解释，因此有待于进一步完善该理论。

(2) 机械作用引起的电击穿：该理论 [30] 指出能否产生电击穿主要由氧化膜与电解液界面的性质所决定。膜层中的压应力会随着膜层厚度的增加而变大，导致裂纹容易产生，当电流从裂纹处经过时，局部较大的电流密度会导致电击穿。研究发现，局部的大电流密度使得氧化膜局部温度升高，从而会产生大量的焦耳热，造成膜层局部晶化，这样使得更多的裂纹产生，电击穿也变得更加容易。当电解液中有某些离子杂质时，高膜层的导电性会有一定的提高，从而更容易引起电击穿。但是，该理论没有提出合适的定量理论模型，同时也不能很好地解释其他研究中发生的一些试验现象。

(3)“电子雪崩”模型：该模型 [31] 指出引起电击穿的原因与氧化膜的性质以及电解液的成分有很大关联性，而电解液中的杂质离子对其造成的影响不是很明显。电解液通电后，随着电压的升高，进入氧化膜的电子会被高压电场加速，电子与其他离子发生碰撞后又会电离出新的电子。这些生成的新电子会以同样的方式循环，产生更多的电子，这一过程就称为“电子雪崩”。大量的电子雪崩形成后，电子电流也随之明显增大，最终造成氧化膜绝缘性能的降低甚至破坏而引起电击穿。同时还有研究者发现在高度电场作用下电解液中的某些阴离子也有可能被注入氧化膜中，引起电子雪崩。这一理论是目前学界比较认可的，但它仍不能解释所有的微弧氧化过程。

随着微弧氧化工艺的发展，陆续有学者提出了更多的理论，比如电子隧道效应 [32]、高能电子 [33]、火花沉积模型和微桥放电模型等理论 [34]，但这些理论也都不能全面地解释微弧氧化的成膜机理。由于微弧氧化陶瓷涂层的形成过程非常复杂，一个合理的、能全面描述陶瓷层形成的模型还有待进一步研究探讨。

1.3 微弧氧化技术的特点

微弧氧化技术突破了传统阳极氧化的电压局限，利用高压放电所产生的等离子体强化作用，在铝、镁、钛、锆、钽、铌等阀金属及合金的表面生成优质陶瓷膜层，是一项很有发展前景的轻合金表面处理技术 [35]。可广泛应用于航空、航天、机械、电子、装饰等领域 [36]。微弧氧化技术具有以下优点 [37]：

(1) 微弧氧化处理能力强，可以处理各种形状复杂的工件，能在试件的内外表面生成均匀陶瓷层；对材料的适应性广，除铝、镁、钛金属及其合金外，还能在锆、铊、铌等金属及其合金表面生长陶瓷膜层。

(2) 微弧氧化电解液对环境基本无污染，整个处理过程中无有害废水和废气产生，绿色环保可持续发展。

(3) 整套设备、工艺简单，处理工序少，无须经过酸洗、碱洗等前处理工序，除油后可直接进行微弧氧化处理，易于实现自动化生产。

(4) 处理效率高，一般阳极氧化获得 30 μm 左右的陶瓷层需要 1~2 h，而微弧氧化只需 10~60 min 即可。

(5) 陶瓷膜层与基体以冶金方式进行结合后原位生长，两者结合紧密，膜层与基体有较好的结合力，不易剥落。

(6) 陶瓷膜层拥有比较好的综合性能，如具有良好的耐蚀性、耐磨性、高硬度等，此外还能制备出具有隔热、催化、抑菌、生物亲和性等其他特殊功能的膜层。

1.4 微弧氧化技术的影响因素

微弧氧化的影响因素主要包括：电解液成分及浓度、电源供电参数 (电压、电流、占空比、频率、氧化时间等)、添加剂、基体中的合金元素 [38]。目前对于微弧氧化影响因素的研究多是在选定的基体上，综合考虑电解液成分、添加剂、电参数及其三者之间的交互作用对微弧氧化陶瓷涂层的组织、结构、形貌和性能的影响 [39]。

(1) 电解液成分：微弧氧化过程中用到的电解液通常分为酸性电解液和碱性电解液两大类。但是由于酸性电解液对环境有一定的污染性，因此目前微弧氧化技术所采用的电解液绝大多数属于碱性电解液。考虑到碱性电解液对铝及其合金有一定的溶解作用，电解液碱性不宜过强。在配制电解液时，氢氧化钠、氢氧化钾常常会被用来调节电解液的酸碱度。电解液的成分及其浓度均会对铝合金微弧氧化工艺产生重要的影响。有研究表明电解液成分中的阴离子会参与到氧化膜的形成中，从而改变微弧氧化涂层的成分、组织、相结构和性能。陶瓷层对电解液中粒子的吸附有选择性，吸附由强到弱的顺序依次为 SiO_3^{2-}、PO_4^{3-}、VO_4^{3-}、MoO_4^{2-}、WO_4^{2-}、$B_4O_7^{2-}$、CrO_4^{2-}[40]。微弧氧化中常用的电解液配方有硅酸盐体系、磷酸盐体系、铝酸盐体系及氢氧化钠体系等，另外研究中采用复合盐的情况也很多 [41]。

(2) 添加剂：张欣宇等 [42] 研究中发现，在电解液中加入三亚乙基三胺 (DTA) 和十二烷基苯磺酸钠 (SDBS)，能提高电解液的稳定性和成膜速率，但是对于膜层的硬度和耐蚀性影响不大。骆海贺等 [43] 研究了在电解液中添加不同浓度的 $(NaPO_3)_6$ 对于镁合金微弧氧化陶瓷涂层性能的影响，他们发现添加适量浓度的 $(NaPO_3)_6$ 可有效增加涂层的厚度，且改善陶瓷涂层的化学组成及结构，提高其耐腐蚀性能。

(3) 电参数：微弧氧化的电源工作模式主要分为恒流模式、恒压模式，也有根据不同的微弧氧化阶段施加不同的电源模式的分级控制形式。不同的电源的电参数也各有不同，目前比较常用的正负双向脉冲电源包括的电参数主要有频率、电流密度、电压、占空比、正负脉冲数 [44,45]。电参数对于微弧氧化的影响非常大，到目前为止，已经有很多的研究者对电参数的影响做了研究。但是由于每个研究者研究电参数时，所选取的基体材料有差别，所应用的电解液配方有差别，所采用的电源有区别，而考虑到电参数和电解液交互作用的影响，因此对于有关电参数影响微弧氧化的研究报告，要综合全面地看待 [46]。Mécuson 等 [47] 利用光发射谱技术对铝合金的微弧氧化过程进行了研究，研究表明在一定的时间内，涂层厚度和微弧氧化的时间是线性增长的关系，但是超过一定的时间范围，它们之间的关系呈非线性。周雅等 [48] 研究了反向占空比对铝合金微弧氧化涂层组织和性能的影响，发现恒流模式下反向占空比对其影响很大。蒋百灵等 [26] 在研究中发现，频率对氧化膜的耐腐蚀性具有重要的影响而对氧化膜的厚度影响不大。

1.5 微弧氧化技术的应用

作为一种新兴的、环保、高效而又节能的表面处理技术，微弧氧化技术因其制备的陶瓷涂层具有强度高、耐磨、耐腐蚀以及电绝缘等优点而广泛应用于生产、生活的各个领域，如在航空、航天、船舶、汽车、兵器、轻工机械、石油化工、化学化工、电子工程、仪器仪表、医疗卫生等现代工业领域。一直以来，铝合金由于塑性好、比强度高、密度小等特性而被广泛使用，需求之大仅次于钢铁。但其较弱的耐热性、耐磨性和耐蚀性却制约了它在航空航天等军事领域的进一步发展，类似的问题也出现在近年来发展势头迅猛的镁合金上面。正是借助于微弧氧化技术才能很好地解决了上述问题。人们通过该技术在铝合金、镁合金等金属表面原位生长出结合力牢固、耐热、耐磨、耐腐蚀性能优越的多孔陶瓷膜层，有效地克服了先前的缺陷，从而为轻合金在国防及航空航天工业中大量使用开辟了更为广阔的发展空间。同样，微弧氧化处理后的耐腐蚀陶瓷涂层也很好地使用在石油工业的管道和部件上，显著地延长了它们的使用寿命，缩减了成本。在医疗卫生行业中，钛合金已经被用来制造人工器官 (如牙齿、骨关节等)，通过微弧氧化技术处理，能够提高钛合金表面在人体内的耐磨和耐蚀性能。因为微弧氧化膜具有较好的电绝缘特性，所以可以用来取代常用绝缘材料包裹的方法，直接对电子、仪器仪表中特殊部件进行绝缘处理。在民用工业领域，如建筑、装饰等行业，现阶段人们已经可以利用微弧氧化技术制备出既美观又经久耐用的装饰性保护涂层，既美化了生活，又提升了品质 [49−51]。表 1-1 总结了铝、镁、钛及其合金微弧氧化技术的部分应用领域。

表 1-1　铝、镁、钛及其合金微弧氧化技术的应用领域

应用领域	应用范围	膜层
航空航天高精密器件业	耐热、耐腐蚀、抗冲击部件；运载火箭、飞机零件及所有采用阳极氧化的铝镁合金部件	耐磨层、耐热层、耐腐蚀层
机械制造业 (纺织、食品、包装机械等)	纺杯、纺盘、压掌、滚筒、摩擦副中的轴、衬、阀套、阀芯等，齿轮、气动元件的气缸和活塞	耐磨层、耐腐蚀层
汽车制造业	各种铝镁合金部件、发动机箱体、活塞、化油器、轮毂等	耐磨层、耐热层、耐腐蚀层
建材装饰业	装饰品、门窗配件	耐磨层、耐腐蚀层
兵器制造业	贮药仓、弹体喷喉、火箭发动机喷喉、军用车辆、弹体尾翼、枪体、各种检测仪器	耐磨层、耐热层、耐腐蚀层
医疗器械业	人工关节、医疗检测仪器等	耐磨层、耐腐蚀层
电子电器、通信器材业	手机、笔记本、相机外壳等、耐热/导热/绝缘的电子绝缘基板 (如大功率 LED 照明)、电熨斗底板	耐磨层、耐热层、耐腐蚀层、绝缘层
石油、化工	管道、阀门、罐体	耐磨层、耐热层、耐腐蚀层、绝缘层
日用消费品业	厨具、化妆品壳体	耐磨层、耐热层、耐腐蚀层

1.6　微弧氧化技术存在的问题

尽管微弧氧化技术具备众多优点，但迄今为止，无论国外还是国内都没有进入大规模的工业化应用阶段。要深入了解并掌握该技术，进一步扩大其应用范围，还有许多工作要做。综合各方面因素来看，微弧氧化技术目前存在的问题主要有以下几方面 [1,52,53]：

(1) 关于微弧氧化成膜机理，目前尚无定论。可以说，至今仍没有建立起一个完美而统一的理论模型来描述整个微弧氧化成膜的过程。

(2) 微弧氧化理论基础研究还有待进一步完善，例如微弧氧化过程的动力学是一项艰巨而复杂的任务，因为整个过程中既有阴离子在液相中的传质，还有阳离子在固相 (陶瓷膜) 中的传质以及电迁移等过程。

(3) 虽然对微弧氧化的工艺研究已很广泛，但是尚无非常成熟的工艺用于指导实际生产，其中电解液的稳定性问题也是困扰企业和亟待解决的难题。这是由于微弧氧化电解液中的主要成分在存放过程中，由于聚合或水解反应而会发生改变，需要在使用一段时间后重新配置。

(4) 陶瓷膜层对基体自身性能影响的研究还十分欠缺，特别是对基体材料疲劳性能的影响将严重制约其在航空产品上的应用。

(5) 低处理效率和耗电量大是制约微弧氧化技术产业化应用的重大关键问题，

因此开发满足批量生产要求、低能耗的微弧氧化设备已经成为当务之急。

1.7 微弧氧化技术的发展趋势

(1) 微弧氧化技术基础理论的发展：由于微弧氧化过程是一个极其复杂的过程，因此有关微弧氧化陶瓷膜的成膜、生长机理等基础理论问题仍将是未来该领域的一个重要研究方向。只有弄清微弧氧化技术所涉及的一些重要科学问题，才能有助于更好地发展该技术并为解决相关问题提供理论性指导。可以预见，今后一个时期，人们将利用最新的等离子体物理、工程热物理、电化学、材料表面与界面等学科的理论方法，结合现代分析测试手段如高速摄影技术、高分辨率电子显微镜 (HRTEM)、X 射线光电子能谱仪 (XPS) 等深入系统地研究微弧氧化膜的生长机理、界面结构及其对基体材料组织与性能的影响等重要基础理论问题。

(2) 微弧氧化技术装备的发展：微弧氧化工艺将工作区域由普通阳极氧化的法拉第区域引入高压放电区域，极大地提高了膜层的综合性能。由于对电压要求较高 (一般在 300~700 V)，所以需要专用设备。现阶段国内普遍采用单极脉冲性直流电源，该电源通过逆变将直流电变为脉冲输出，由于采用高频变压器使其体积、质量、效率均有所提高，但其缺点在于脉冲的幅度、频率、占空比等工艺参数在工作时不可连续调整，这样膜层质量会受到很大影响。微弧氧化技术要应用于复杂零件，需大力发展多功能可调式、双极不对称脉冲性直流电源，以大幅提高微弧氧化设备的处理能力，提高膜层性能。

(3) 超大型复杂轻金属构件均质微弧氧化技术的发展：所谓“均质”即指零件经微弧氧化后，所有要求处理的表面 (包含复杂部位) 上，膜层厚度、硬度及结合力等各项性能全部达到所规定的技术指标。由于微弧氧化是在高电压、大电流工况下进行的，因此极大地限制了被处理零件表面积的大小。一般认为，一次性均质微弧氧化工件的面积与微弧氧化设备的功率是成正比关系的。按此计算，国内最大的 300 kW 微弧氧化电源至多只能均质处理面积不超过 5 m^2 的零部件，若超过这一面积，膜层质量将急剧下降，从而达不到技术指标；如果零部件形状比较复杂，膜层不均匀性会更加严重，膜层质量也会急剧下降 [54]。按此估算，如果要一次性微弧氧化均质处理 10 m^2 面积的工件，电源功率至少要达到 1000 kW。显然，用增大电源功率的办法来解决这一问题是不现实的。国内相当多的单位采用降低电源脉冲电压和电流密度的方式来增大一次性处理面积，大约可增加一倍。这样做带来的后果则是膜层的结合力、硬度等显著下降，膜层相结构发生变化，致使耐磨性和耐蚀性急剧下降。这种处理方法一般只适用于要求装饰且防腐要求一般的构件。曾有人提出采用工件分段处理或旋转处理的方式来增大处理面积，但这只适用于特定形状而且面积仍然有限的简单工件；而形状稍微复杂则无法实现均质化，仍然不适用于规模化生产应用。也有文献报道采用移动阴极技术解决了大型构件的微弧氧化，但最大面积只在 5 m^2 左右。迄今为止，面积在 5 m^2 以上的超大型复杂构件的均质微弧氧化技术仍未取得突破，这已成为一个世界性的技术难题，严重制约着微弧氧化技术的推广应用和发展。因此，如何实现超大型复杂轻金属构件均质微弧氧化处理将是未来的一个重要发展方向。

(4) 低能耗微弧氧化工艺的发展：由于微弧氧化处理是在高电压、大电流工况下进行的，因此对电能的消耗巨大。采用常规工艺处理超大型复杂轻金属构件，设备要求高，工作时间较长，能耗大。针对这一问题，可通过改进微弧氧化工艺来降低能耗。通过设计扫描式移动阴极及控制微弧氧化处理工艺，在不同形状零件表面附加扫描式移动阴极，化整为零，先达到局部起弧，最终实现超大型复杂轻金属构件从局部到整体的微弧氧化处理，在整个零件表面获得均匀的微弧氧化膜层。这使得超大型复杂轻金属构件的微弧氧化防护成为可能，并且可有效降低能源消耗。此外，为了更好地解决能耗高这一制约微弧氧化技术大规模工业化应用的瓶颈问题，近年来低压微弧氧化技术成为新的研究热点和发展方向。据中国铝业网报道，倍腾(上海) 科技有限公司目前已经成功地开发出了低压微弧氧化技术，该技术针对不同应用领域及不同类型轻金属材料零部件，采用低电压 (70~100 V) 方式，配置特殊的电解液，通过瞬时的等离子体热化学反应，在高温离子尚未破坏到母材表层的情况下，在母材表面形成一层硬质氧化物保护膜，从而达到对母材表面处理的较佳效果。与传统微弧氧化技术和阳极氧化技术相比，不仅具有低电压、低能耗、低处理成本、高效率、高环保、可循环利用的特性，而且对母材表面不产生任何损伤，保护膜致密层更精密、更均匀，膜层厚度 (1.5~20 μm)，还可根据实际应用要求进行调节。硬质膜具有更高硬度 (3000 HV)、高耐腐蚀性 (盐雾试验超过 1000 h)、高耐电性 (3 μm 以上耐电性达 5 kV)、高散热等性能，能满足新材料各种场合应用，实现轻量化目标。

(5) 微弧氧化复合处理技术的发展：随着科学技术的不断发展，对材料性能的要求也越来越高。有时光靠单一的微弧氧化技术制备的陶瓷膜层难以满足实际要求，因此就需要将微弧氧化技术与其他表面技术相结合，即所谓的微弧氧化复合处理技术来进一步提高陶瓷膜层的性能以达到使用要求。此外，微弧氧化技术目前只能在铝、镁、钛及其合金等阀金属的表面直接原位生长陶瓷膜层，而在量大面广的钢铁材料表面却无法生长陶瓷膜层，这极大地制约了微弧氧化技术在工业上的推广应用。正是基于这一现状，开发能在钢铁材料表面制备陶瓷膜层的微弧氧化复合技术已经迫在眉睫。可喜的是国内外研究者已经开展了一些有意义的初步探索，可以预期，微弧氧化复合处理技术必将受到越来越多的重视。

(6) 工艺数据库系统的发展：微弧氧化工艺参数复杂多变，可变因素较多，一个微弧氧化工艺往往涉及很多工艺参数，每次逐个设置工艺参数不仅操作烦琐，而且也不利于自动化操作。因此，为设备建立工艺数据库，每个工艺中包含了所有微弧氧化工艺需要设定的参数，调用一个微弧氧化工艺，就为微弧氧化每个参数指定了设定值，这将大大简化微弧氧化初始的设置步骤，增强了设备的可用性。

参 考 文 献

[1] 刘耀辉, 李颂. 微弧氧化技术国内外研究进展. 材料保护, 2005, 38(6): 36~40.

[2] 薛文斌, 邓志威, 来永春, 等. 有色金属表面微弧氧化技术评述. 金属热处理, 2000, 35(1): 1~3.

[3] 白照高, 闵雪涛. 微弧氧化技术的应用与发展. 热加工工艺, 2015, 44(6): 12~14.

[4] 王德云, 东青, 陈传忠, 等. 微弧氧化技术的研究进展. 硅酸盐学报, 2005, 33(9): 1133~1138.

[5] 刘建平, 旷亚非. 微弧氧化技术及其发展. 材料导报, 1998, 12(5): 27~29.

[6] 钟涛生, 蒋百灵, 李均明. 微弧氧化技术的特点、应用前景及其研究方向. 电镀与涂饰, 2005, 24(6): 47~50.

[7] 刘凤玲, 骆更新, 毛立信. 微弧氧化与材料表面陶瓷化. 材料保护, 1998, 31(3): 22~24 .

[8] Güntherschulze A, Betz H. Neue untersuchungen über die elektrolytische ventilwirkung Ⅱ Die Oxydschicht von Sb, Bi, W, Zr, Al, Zn, Mg. Zeitschrift Für Elektrochemie und Angewan dte physikalische Chemie, 1931, 37(8~9): 726~734.

[9] Güntherschulze A, Betz H. Die Elektronenströmung in Isolatoren bei extremen Feldstärken. Zeitschrift Für Physik, 1934, 91(1~2): 70~96.

[10] Rudnev V S, Vasileva M S, Lukiyanchuk I V, et al. On the surface structure of coatings formed by anodic spark method. Protection of Metals, 2004, 40: 352~357.

[11] Wirtz G P, Brown S D, Kriven W M. Ceramics coatings by anodic spark deposition. Materials Manufacturing Processes, 1991, 6(1): 87~115.

[12] Krysmann W, Kurze P, Dittrich K H, et al. Process characteristics and parameters of anodic oxidation by spark discharge (ANOF). Crystal Research & Technology, 1984, 19(7): 973~979.

[13] Kurze P, Krysmann W, Schrekenbach J, et al. Colored ANOF layers on aluminum. Crystal Research & Technology, 2010, 22(1): 53~58.

[14] van Tran B, Brown S D, Wirtz G P. Mechanism of anodic spark deposition. American Ceramic Society Bulletin, 1977, 56(6): 563~566.

[15] Dittrick K H, Gleoazd L. Micro-arc oxidation of aluminum alloy components. Crystal Research & Technology, 1984, 19(1): 93~96.

[16] 李淑华, 尹玉军, 程金生, 等. 微弧氧化技术与材料表面陶瓷化. 特种铸造及有色合金, 2001, 35(1): 35~36.

[17] 段关文, 高晓菊, 满红, 等. 微弧氧化研究进展. 兵器材料科学与工程, 2010, 33(5): 102~106

[18] 张文华, 胡正前, 马晋. 俄罗斯微弧氧化技术研究进展. 轻合金加工技术, 2004, 32(1): 25~29.

[19] 庄俊杰，张晓燕，孙斌，等. 微弧氧化对 7050 铝合金腐蚀行为的影响. 工程科学学报, 2017, 39(10): 1532~1539.

[20] Zhuang J J, Guo Y Q, Xiang N, et al. A study on microstructure and corrosion resistance of ZrO_2-containing PEO coatings formed on AZ31 Mg alloy in phosphate-based electrolyte. Applied Surface Science, 2015, 357: 1463~1471.

[21] Xiang N, Song R G, Xiang B, et al. A study on photocatalytic activity of micro-arc oxidation TiO_2 films and Ag^+/MAO-TiO_2 composite films. Applied Surface Science, 2015, 347: 454~460.

[22] 左洪波, 孔庆山, 尚久琦. 等离子体增强化学表面陶瓷化技术. 材料保护, 1995, 28(7): 117~120.

[23] Xue W, Wang C , Li Y. Effect of micro-arc discharge surface treatment on the tensile properties of Al Cu Mg alloy. Materials Letters , 2002, 56: 737~743.

[24] 李淑华, 程金生, 尹玉军, 等. LY12Al 合金微弧氧化过程中电流和电压变化规律. 腐蚀科学与防护技术, 2001, 13(6): 362~364.

[25] Xue W, Wang C, Chen R, et al. Structure and properties characterization of ceramic coatings produced on Ti-6Al-4V alloy by micro-arc oxidation in aluminum. Materials Letters, 2002, 52(6): 435~441.

[26] 蒋百灵, 吴建国, 张淑芬, 等. 镁合金微弧氧化陶瓷层生长过程及微观结构的研究. 材料热处理学报, 2002, 23(1): 5~8.

[27] 张欣宇. 铝及铝合金表面的等离子微弧氧化及膜层性能研究. 青岛: 青岛科技大学, 2002.

[28] 张文凡. 铝合金表面微弧氧化着色工艺及其电源研究. 武汉: 武汉理工大学, 2009.

[29] Young L. Space charge in formation of anodic oxide films. Acta Metallurgica Sinica, 1955, 4(1): 100~101.

[30] Zahavi Y J. Electrolytic breakdown crystallization of anodic oxide films on Al, Ta and Ti. Electrochim Acta, 1970, 15(9): 1429~1435.

[31] O'Dwyer J J. The theory of avalanche breakdown in solid dielectrics. Journal of Physics & Chemistry of Solids, 1967, 28(7): 1137~1144.

[32] Vijh A K. Sparking voltages and sidereactions during anodization of valve metals in terms of electron tunnelling. Corrosion Science, 1971, 11(6): 411~417.

[33] Albella J M, Montero I, Martinez-Duart J M. Electron injection and avalanche during the anodic oxidation of tantalum. Cheminform, 1984, 131(5): 1101~1104.

[34] Rykalin N N, Nikolaev A V, Borzhov A P. Energy balance of a high current hollow tungsten cathode. Fizikai Khimiya Obrabotki Materialov, 1977, 2: 32~41.

[35] Tsao L C. Interfacial structure and fracture behavior of 6061 Al and MAO-6061 Aldirect active soldered with Sn-Ag-Ti active solder. Materials & Design, 2014, 56: 318~324.

[36] Shchedrina I, Rakoch A G, Martin J. Non-destructive methods to control the properties of MAO coatings on the surface of 2024 aluminium alloy. Surface and Coatings Technology, 2014, 238(2): 27~44.

[37] Tseng C C, Lee J L, Kuo T H, et al. The influence of sodium tungstate concentration and anodizing conditions on microarc oxidation (MAO) coatings for aluminum alloy. Surface & Coatings Technology, 2012, 206(16): 3437~3443.

[38] Tran Q P, Kuo Y C, Sun J K, et al. High quality oxide-layers on Al-alloy by micro-arc oxidation using hybrid voltages. Surface & Coatings Technology, 2016, 303(A): 61~67.

[39] Zhao S T, Meng C L, Mao F X, et al. Influence of severe plastic deformation on dynamic strain aging of ultrafine grained Al-Mg alloys. Acta Materialia, 2014, 76(2): 54~67.

[40] Li H X, Li W J, Song R G, et al. Effects of different current densities on properties of MAO coatings embedded with and without α-Al_2O_3 nano additives. Materials Science & Technology, 2013, 28(5): 565~568(4).

[41] Wheeler J M, Curran J A, Shrestha S, et al. Micrstructure and multi-scale mechanical behavior of hard anodized and plasma electrolytic oxidation(PEO) coatings on aluminum alloy 5052. Surface & Coatings Technology, 2012, 207: 480~488.

[42] 张欣宇, 石玉龙. 等离子体微弧氧化技术及其应用. 青岛化学工学院学报, 2002, 23(1): 69~73.

[43] 骆海贺, 蔡启舟, 魏伯康, 等. 添加剂浓度对微弧氧化陶瓷层结构及耐蚀性的影响. 中国有色金属学报, 2008, 18(6): 1082~1088.

[44] Dehnavi V, Shoesmith D W, Luan B L, et al. Corrosion properties of plasma electrolytic oxidation coatings on an aluminium alloy-The effect of the PEO process stage. Materials Chemistry & Physics, 2015, 161: 49~58.

[45] Xiang N, Song R G, Zhao J, et al. Microstructure and mechanical properties of ceramic coatings formed on 6063 aluminium alloy by micro-arc oxidation. Transactions of Nonferrous Metals Society of China. 2015, 25(10): 3323~3328.

[46] Jung Y C, Shin K R, Ko Y G, et al. Surface characteristics and biological response of titanium oxide layer formed via micro-arc oxidation in K_3PO_4 and Na_3PO_4 electrolytes. Journal of Alloys and Compounds, 2014, 586: 548~552.

[47] Mécuson F, Czerwiec T. Diagnostics of an electrolytic microarc process for aluminium alloy oxidation. Surface & Coatings Technology, 2005, 200(1~4): 804~808.

[48] 周雅, 江溢民, 周佳. 反向占空比对铝合金微弧氧化膜组织结构和耐蚀性能的影响. 材料保护, 2012, 45(1): 33~35.

[49] 董海荣, 马颖, 郭惠霞, 等. AZ91D 镁合金微弧氧化膜的致密性对其耐蚀性的影响. 中国有色金属学报, 2015, 25(4): 844~851.

[50] Mori Y, Koshi A, Liao J S, et al. Characteristics and corrosion resistance of plasma electrolytic oxidation coatings on AZ31B Mg alloy formed in phosphate-silicate mixture electrolytes. Corrosion Science, 2014, 88(16): 254~262.

[51] Li L, Shi J, Wang X, et al. Microstructure and electrochemical behavior of cerium conversion coating modified with silane agent on magnesium substrates. Applied Surface Science, 2016, 376(1): 161~171.

[52] Hussein R O, Nie X, Northwood D O, et al. An investigation of ceramic coating growth mechanisms in plasma electrolytic oxidation (PEO) processing. Electrochimica Acta, 2013, 112(12): 111~119.

[53] 孙志华，刘明，国大鹏，等. 微弧氧化技术的发展现状和存在问题分析. 装备环境工程, 2009, 6(6): 46~49.

[54] 赵东升，刘洲超，魏刚，等. 微弧氧化技术的研究进展与展望. 热加工工艺, 2017, 46(22): 41~43.

第 2 章　微弧氧化设备、工艺及评价测试方法

2.1　引　　言

微弧氧化技术成套设备主要由微弧氧化处理系统构成。微弧氧化处理系统包括专用电源和配套设备 (槽组部分、循环冷却部分、搅拌部分、导轨行车部分等)，如图 2-1 所示。其中，微弧氧化专用电源在微弧氧化技术成套设备中最为关键，决定着微弧氧化处理的能力与效率并影响着微弧氧化膜层的性能。近年来，我国相关科研单位和企业也加快了对微弧氧化电源的研究，并发明了多种模式的电源设备 [1−5]。从最早在工业中使用的直流电源、交流电源发展到高频脉冲电源，电源性能在稳步提高，应用这些电源所制备的氧化膜层性能也在不断提高。在材料工程研究领域，如何通过微弧氧化技术处理来提高氧化膜层的性能是一大关注点。在电力电子研究领域，如何研制出性能更好的电源设备则是一个非常重要的研究内容。

图 2-1　微弧氧化处理系统

微弧氧化技术是通过热化学、电化学、等离子体化学共同作用在基体合金表面原位生长具有性能优异的陶瓷膜层的新型绿色环保表面处理技术，其过程同时受基体材料、电源模式、电解液体系、电参数的影响 [6−10]。因此，对微弧氧化技术的质量评价主要包括微弧氧化电解液的 pH、温度、电导率的监测；微弧氧化陶瓷膜的厚度、硬度、结合力、耐磨性、耐蚀性等性能的测试与评价；表面与界面形貌、

粗糙度、物相组成、元素分布等显微组织的分析与表征。

本章将分别就微弧氧化专用电源、配套设备以及微弧氧化处理工艺加以介绍，随后还将介绍电解液有关参数的监测手段、微弧氧化陶瓷膜的性能评价以及显微组织的分析与表征方法。

2.2 微弧氧化专用电源

2.2.1 微弧氧化电源特点

影响微弧氧化过程和陶瓷膜层性能的因素有很多，如电参数、电解液成分和浓度、处理温度、氧化时间和添加剂等 [11]，其中微弧氧化专用电源是保证微弧氧化工艺的关键环节之一，是设备的核心部分。微弧氧化专用电源已成为制约该技术发展和应用的关键因素，直接影响微弧氧化膜层的性能。微弧氧化专用电源有直流、单向脉冲、交流、不对称交流、双向不对称脉冲电源等多种模式 [12]。最早采用的是直流或单向脉冲电源，随后采用了交流电源，后来发展为不对称交流、双向不对称脉冲电源。在世界主要研究单位中，美国伊利诺伊大学、北达科他州应用技术公司和俄罗斯科学院远东分院化学研究所等单位仍然采用直流电源；德国莱比锡大学采用的是单向脉冲模式；而俄罗斯科学院西伯利亚分院无机化学研究所和我国的北京师范大学等单位采用交流模式 [13]。研究表明，使用不对称的交流或双向不对称脉冲作用在有色金属及合金表面所生长出的陶瓷膜比采用直流脉冲所得到的陶瓷膜在性能上要高得多，因此采用不对称的交流或双向不对称脉冲工作模式的电源是微弧氧化技术的重要发展方向。现在，双向不对称脉冲电源应用得较多，因为脉冲电压特有的“针尖”作用，使得微弧氧化膜的表面微孔相互重叠，膜层质量好。微弧氧化过程中，通过正、负脉冲幅度和宽度的优化调整，使微弧氧化层性能达到最佳，并能有效节约能源。目前国内研制的这类电源一般采用两极工作方式，由于正负电源的输出电压不同，因此它包括正、负 2 个电源，其输出需要不同的变压器经整流滤波后再提供给后级电路进行斩波得到正、负输出电源。采用两级逆变方式，可以研制出新一代大功率微弧氧化电源设备。

截至目前，我国专业生产制造微弧氧化专用电源的厂家并不多，代表性的公司有北京金弧绿保科技开发有限公司、西安金唐材料应用科技有限公司、西安天奥新材料科技有限公司、哈尔滨市迪思数控设备有限责任公司等。表 2-1 为北京金弧绿保科技开发有限公司所生产的微弧氧化专用电源系列设备，其特点如下：

(1) 带液晶显示屏/触摸屏，自动控制，任意设定加工电流、电压、频率、占空比、时间、波形组合以及有关工艺参数。

(2) 具有在线可编程功能，有工艺参数存储和调用功能，单、双极性输出方式

可任意设置 (工艺过程采用 DSP 自动控制)。

(3) 加工时间可在 0~999 min 选择，精确到秒。

(4) 具有恒流、恒压输出方式；可恒流、恒压在线无扰动自动转换。

(5) 正、负向脉冲个数可以单独组合设定，正、负向脉冲个数设定范围分别为 1~100 与 0~20。

(6) 正向直流输出最高为：电流/电压＝ 300 A/750 V；负向直流输出最高为：电流/电压＝ 300 A/300 V；电流和电压在设计范围内可连续任意设定。

(7) 正、负向脉冲宽度单独可调，与空比在 10%~95% 调节。

(8) 输出峰值电流 0~2000 A 连续可调。

(9) 脉冲频率范围可在 50~1500 Hz 设置。

(10) 电源输入：380 V，50 Hz。

(11) 电源内部的电器元件采用循环水冷却和风冷方式，安全可靠。

(12) 具有针对短路、过流、过压、脉冲峰值、过热、缺相、缺水等方面的保护措施。

表 2-1 微弧氧化专用电源系列设备一览表

编号	设备型号	平均电流 (A)	峰值电流 (A)
1	JHMAO-10A-PM200	10	200
2	JHMAO-20A-PM200	20	200
3	JHMAO-50A-PM500	50	500
4	JHMAO-60A-PM800	60	800
5	JHMAO-100A-PM1000	100	1000
6	JHMAO-150A-PM1200	150	1200
7	JHMAO-200A-PMA1500	200	1500
8	JHMAO-260A-PMA2000	260	2000
9	JHMAO-300A-PMA2000	300	2000

2.2.2 微弧氧化电源组成原理

微弧氧化专用电源的组成原理如图 2-2 所示。

微弧氧化专用电源控制面板如图 2-3 所示。

图 2-3 所示控制面板各部分功能如下：

① 电压显示表头——设备工作时显示输出峰值电压值，第二功能，显示报警代码；

② 电流显示表头——设备工作时显示电流设定拐点值 (A_ _ _)，当前给定值 (0_ _ _)，输出电流平均值 (C_ _ _)，单位均为安培；

③ 频级显示表头——设备工作时显示频级设定拐点值 (_ _ _)；

④ 能级显示表头——设备工作时显示能级设定拐点值 (F_ _ _)；

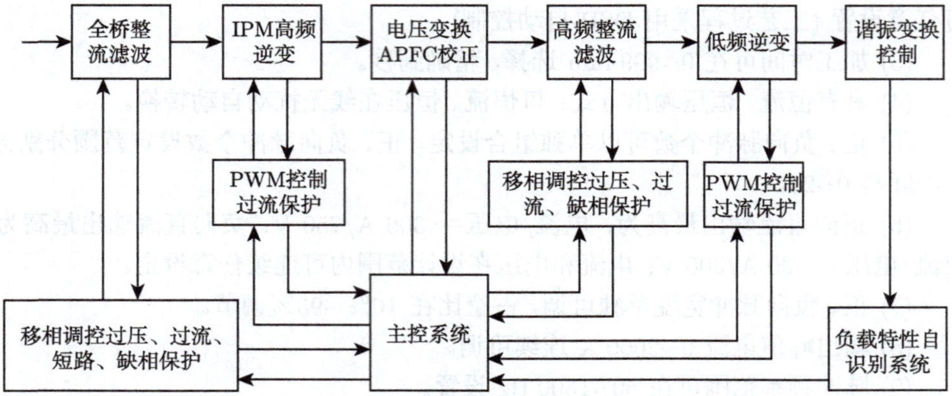

图 2-2　电源组成原理框图

⑤ 时间显示表头——显示设备工作时间；

⑥ 温度显示表头——设备工作时显示机内功能模块温度值 (_ _ _. _)；

⑦ 人机界面——设置工艺曲线等；

⑧ 手动工作模式正向脉冲电压/电流给定；

⑨ 手动工作模式正向频级给定；

⑩ 手动工作模式正向能级给定；

⑪ 系统工作方式选择——本设备定制为单机工作方式，不能工作在生产线工作方式；

⑫ 系统为单机工作方式指示灯；

⑬ 系统为生产线工作方式指示灯；

⑭ 设备运行模式选择——用户可以根据需要选择手动或自动运行模式；

⑮ 设备启动运行按钮；

⑯ 设备停止运行按钮；

⑰ 设备工作模式选择——用户可以根据需要选择恒流或恒压工作模式；

⑱ 设备恒流工作模式指示灯；

⑲ 设备恒压工作模式指示灯；

⑳ 冷却水泵保护模式选择——水泵保护可开启或关闭；水泵保护开启时，冷却水压不足时，设备自动停止，且在电压表头显示 UF01，建议用选择水泵保护模式为开启模式较为安全；水泵保护关闭模式，设备运行时将不再检测冷却水压大小；

㉑ 水泵启动运行按钮；

㉒ 水泵停止运行按钮；

㉓ 手动工作模式正向级数调节；

㉔ 手动工作模式负向脉冲电压/电流给定；

㉕ 手动工作模式负向频级给定；

㉖ 手动工作模式负向能级给定；

㉗ 手动工作模式负向级数调节。

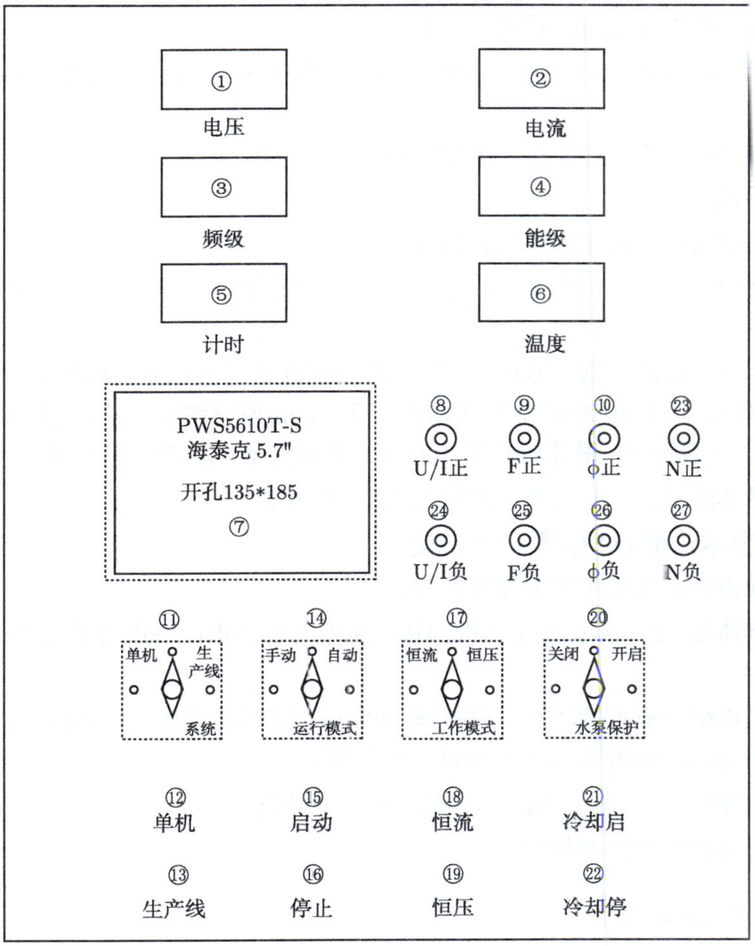

图 2-3 微弧氧化电源控制面板

2.3 微弧氧化配套设备

2.3.1 配套设备构成

微弧氧化配套设备主要由槽组部分、循环冷却部分、搅拌部分、导轨行车等部分构成。

1. 槽组部分

通常包括水洗槽、氧化槽及两联水洗槽 (喷淋槽 + 浸洗槽)。

1) 水洗槽

(1) 规格根据实际生产需要进行设计。

(2) 槽体用 12 mm 优质 PP 板焊接，四周采用 2 根高强度方管加强，外包 PP 板。

(3) 槽体配上水、下水阀，槽内配置空气搅拌管。

2) 氧化槽

(1) 规格根据实际生产需要进行设计。

(2) 槽体用 15 mm 优质 PP 板焊接，四周采用 2 根高强度方管加强，外包 PP 板。

(3) 附件：配进水阀、出水阀、排污阀及槽内进水分配管；阴极选用 2 mm 厚 SUS304 制作，共计 10 块每侧 5 块均布，用 4 mm 厚紫铜排连接。阴极护板采用 8 mm 镂空 PP 板防护；槽体两端设 100 mm 宽溢流槽，槽口设置滤网。

(4) 槽体配上水、下水阀，槽内配置空气搅拌管。

3) 两联水洗槽 (喷淋槽 + 浸洗槽)

(1) 规格根据实际生产需要进行设计。

(2) 槽体用 12 mm 优质 PP 板焊接，四周采用 4 根高强度方管加强，外包 PP 板。

(3) 槽内配 3 排喷淋水管，每排按 200 mm 均布旋转喷头；喷淋大小、方向可调。外设喷淋泵，喷淋泵为 PP 钢材质管道泵。

(4) 槽体配上水、下水阀，槽内配置空气搅拌管。

(5) 浸洗槽与水洗槽相同。

2. 循环冷却部分

采用耐腐蚀专用工业冷水机组作为微弧氧化电解液循环冷却系统，单台常温冷水机的冷量根据生产需求设定。机器采用中文电脑板智能化控制，高度自动化，安装调试好后，只需按“开机”按钮即可实现正常运行，遇故障时会自动停机，同时锁定并记录故障，待故障解除后方可开机。控制系统具有制冷系统高低压保护，压缩机过流、过载保护，压缩机缺相、短路保护等功能。

3. 搅拌部分

微弧氧化电解液搅拌由空压机产生的通往氧化槽内的压缩空气进行。

4. 导轨行车部分

导轨行车部分由半自动龙门吊组成。

1) 导轨

(1) 行车导轨采用 80 mm×80 mm SUS304 不锈钢方管。

(2) 行车导轨支架及槽底座用碳钢方管焊接制作，拼装式结构。底座下方用不锈钢可调地脚螺栓调节支撑水平，外表喷塑。

(3) 设备操作面设置操作平台。平台为碳钢支架外喷防腐漆，上铺玻璃钢格栅。

2) 行车

(1) 龙门架为 4 mm A3 钢折弯和 A3 方管制作，拼装式结构，整体外表面喷塑，颜色为橘红色。

(2) 行车行走滚轮采用钢芯外包聚氨酯橡胶，具有较高的耐磨性，运行噪声小，可靠性高，定位准确。行车行走导向轮采用 PP 材料，轴采用 SUS304 制作。行车升降导向轮采用 PP 材料，轴采用 SUS304 制作。

(3) 行车提升采用强力尼龙吊带形式。

(4) 行车行走采用双驱动，蜗轮蜗杆直插式减速机，电机采用制动电机。

(5) 行车提升采用蜗轮蜗杆直插式减速机，电机采用制动电机。

(6) 行车所有连接用的标准件均为不锈钢材料。

(7) 行车所用轴承为自调心轴承。

2.3.2 配套设备技术要求

(1) 设备为半自动化设备，采用 PLC 控制。

(2) 喷淋槽喷淋泵采用自动控制，当行车提工件在此下落时喷淋泵启动，行车将工件提起，喷淋泵停止。

(3) 其他要求。升降速度：5~30 m/min，连续可调。水平速度：0~30 m/min，连续可调。提升高度：≥1.5 m。行车定位精度：≤2 mm。轨道对角线误差：≤ ±2 mm。轨道平行误差：≤2 m。轨道平面度误差：≤1 mm/m，全线 ≤ ±2.5 mm，左右 ≤1.5 mm。单臂提升重量：≥150 kg/杆。行车升降及水平位移设有限位保护；各槽 V 形座所对应行车轨道应设有感应装置，确保阳极飞巴下落时准确无误；上下升降时，飞巴不在目标槽位 V 形座内或偏离其垂直方向，升降不能开机；水平行走时，行车只在目标槽位 V 形座的中心线停止；当停电时，应能脱开行走电机齿轮，手动推动行车移动。运行系统性能要求：行车控制按钮由“上”“下”“前进”“后退”“急停”等 5 个按钮组成。不论上升、下降、前进及后退，离开或靠近目标槽位时，速度不宜过快。上升：在目标槽位上方，按住“上”按钮，行车飞巴提升，达到目标高度 (任意高度) 松开按钮，飞巴停止。下降：在目标槽位上方，按住“下”按钮，行车飞巴下降：①落入 V 形座时，自动停止；② 达到目标 (任意高度) 松开按钮，飞巴停止。前进：① 按住“前进”按钮，行车一直向前运动，松开时在相距行车最近的槽位停止；② 按一下 “前进” 按钮，达到相邻目标槽位时停止。后退：按住“后退”按钮，行车一直向后运动，松开时在相距行车最近的槽位停止；② 按一下 “后退” 按钮，达到相邻目标槽位时停止。急停：按下“急停”按钮，行车运行方式立刻停止，行车位置停留在按动“急停”按钮时所在的位置。同时行车显示故障报警。

2.4　微弧氧化处理工艺

微弧氧化处理工艺过程大致可以分为工件的前处理、微弧氧化处理以及后处理等几个部分，如图 2-4 所示。

图 2-4　微弧氧化处理工艺过程示意图

主要工艺过程说明如下：

(1) 清洗除油：如工件表面有严重油污，可做前期清洗。如工件表面无油污或少量油污，可直接放入氧化槽。

(2) 微弧氧化处理：根据工件的材质、面积及要求的膜层厚度等条件设定工艺参数进行微弧氧化处理。

(3) 喷淋清洗：调整喷淋槽内的万向喷头及喷淋阀，确保对工件的喷淋清洗强度，又不至于喷洒至槽外。

(4) 浸洗：调整浸洗槽充气阀门，控制水流搅拌冲击大小，有效清洗工件死角的残液。

2.5　微弧氧化与阳极氧化工艺对比

微弧氧化与阳极氧化工艺相比，微弧氧化具有下列特点：

(1) 微弧氧化工艺采用弱碱性溶液，对周围环境不造成污染，属于清洁加工工艺和环保型表面处理技术，微弧氧化中只放出氢气、氧气，对人体无害。

(2) 工艺简单，特别对于工件的前处理不像阳极氧化要求的那样严格和繁杂，只要求样品表面去污去油，不需要去除表面的自然氧化层，也不需要表面打磨。

(3) 微弧氧化可以一次完成，也可以分几次完成。特别对于氧化膜要求很厚的工件可以分几次氧化，而阳极氧化一旦中断就必须重新开始。

(4) 在阳极氧化不易成膜的某些铝合金如 Al-Cu、Al-Si 等合金表面，同样可获得性能很好的厚膜，尤其在 Al-Cu 合金表面 (如 LY12 合金)，也可以形成高硬度的厚膜，其硬度可达到 1600HV 以上。

表 2-2 列出了微弧氧化与阳极氧化及硬质阳极氧化膜的性能指标对比情况。从中可以看出微弧氧化膜的性能较阳极氧化及硬质阳极氧化膜的各项性能指标有显著的提高。

表 2-2 微弧氧化与阳极氧化及硬质阳极氧化膜的性能指标对比

项目	微弧氧化	阳极氧化	硬质阳极氧化
适用性	耐磨损、耐腐蚀、隔热、绝缘、抗热冲击、抗高温氧化、防护装饰	防护装饰、做油漆底层提高漆膜结合力	用于要求耐磨、耐蚀、隔热、绝缘的铝合金件
电压 (V)	≤ 750	13～22	10～110
电流 (A)	强流	0.5～2.0(电流密度小)	0.5～2.5(电流密度小)
最大厚度 (μm)	300	<40	50～80
处理时间 (min)	10～30(50 μm)	30～60(30 μm)	60～120(50 μm)
显微硬度 (HV)	可调、控制生产，最大可达 3000		300～500
膜层击穿电压 (V)	>2000		低
膜层耐热冲击	可承受 2500℃ 以下热冲击		差
工艺对环境的危害		需特殊处理排污	需特殊处理排污
均匀性	内外表面均匀	产生“尖边”缺陷	产生“尖边”缺陷
柔韧性	韧性好		膜层较脆
孔隙率 (%)	0～40	>40	>40
耐磨性	好	差，容易磨掉	一般，容易磨掉
5%盐雾实验 (h)	>1000		>300(重铬酸钾封闭)
粗糙度 R_a	可加工至 0.037 μm	一般	一般
电阻率 (Ω/cm)	$5\sim10^{10}$		
着色及牢固度	长期不褪色，但是颜色种类目前较少	颜色种类丰富，但容易褪色 (化学染色)	容易褪色 (化学染色)
工艺流程	去油—微弧氧化	碱蚀— 酸洗—机械性清洗—阳极氧化—封孔	去油—碱蚀—去氧化—硬质阳极氧化—化学封闭—封蜡或者热处理
电解液性质	弱碱性	酸性	酸性
工作温度 (℃)	<50	13～26	−10～5
抗热震性	300℃→ 水淬，35 次无变化		好

2.6 微弧氧化电解液监测方法

1. pH 监测

采用工业 pH 计实时在线监测微弧氧化槽内电解液 pH 的变化，并根据 pH 的变化情况决定添加酸或碱以调节电解液的 pH。

2. 温度监测

采用红外测温仪随时监测微弧氧化槽内电解液温度的变化，以便控制电解液温度在一定范围内。

3. 电导率监测

采用工业电导率仪在线实时监测微弧氧化槽内电解液电导率的变化，并根据电导率的变化情况决定添加主盐及添加剂以调节电解液的电导率。

2.7　微弧氧化陶瓷膜性能评价方法

1. 厚度测试

采用涡流涂层测厚仪测量微弧氧化膜膜层厚度。测试前采用基体试样进行校零，测试时在每个试样的上下表面各选 5 个点进行测量，其平均值作为试样的膜层厚度值。

2. 硬度测试

使用显微硬度计测试微弧氧化膜的硬度。加载载荷为 100 克力 (1 克力 ≈ 9.8×10^{-3}N) 或 200 克力，加载时间为 15 s。采用 136° 的金刚石正四棱锥压头进行测试，形成十字菱形压痕，量取压痕对角线长度，电脑测算出硬度值。由于膜层的不均匀性，每个试样测量 10 次，取平均值为实际硬度值。

3. 结合力测试

微弧氧化膜结合力反映了基体与膜层之间的结合情况，高的结合力更能够使得膜层发挥其保护性能，并且使得基体表面受到更长期的保护。测试试验系统为涂层附着力自动划痕仪。划痕装置所用的压头是金刚石锥形 (120°) 压头，压头施加载荷范围是 0.01 ~200 N，施加载荷连续匀速加载。测试涂层划痕时采用声发射和摩擦力结合的方式，加载载荷 40 N，划痕距离 4 mm，压头移动速度为 0.1 mm/s。试验结束后，利用显微镜对划痕形貌进行观察。

4. 耐磨性测试

采用高温摩擦磨损试验机测试微弧氧化膜在空气中的摩擦磨损性能。摩擦试验的接触方式为球–平面接触，对磨材料是 SiC 陶瓷球，摩擦半径为 4 mm。摩擦磨损采用往复滑动模式，滑动轨迹是圆形，滑动磨痕半径是 4 mm，电机旋转速度是 200 r/min，法向载荷为 4.9 N，设定磨损时间为 30 min。摩擦磨损试验前后的试样质量用分析天平测得，从而获取磨损前后质量的损失数值，并用对比失重量的大小来评价氧化膜的耐磨性。摩擦磨损试验后试样的磨痕形貌利用扫描电子显微镜或光学显微镜进行观察以分析其磨损机理。

5. 耐蚀性测试

1) 中性盐雾腐蚀测试

使用盐雾腐蚀试验箱对微弧氧化膜的耐蚀性进行研究，试验执行标准为《人造气氛腐蚀试验盐雾试验》(GB/T 10125—2012)，按照该标准进行操作和检验。配置5%的氯化钠水溶液，调整溶液的 pH 为规定值 6.5~7.2，试验温度为 35℃，测试时被处理试样与平面之间呈一定角度摆放，被测试面不能被直接喷射，让盐雾沉降到待测试件上，经过一定时间观察其表面腐蚀状态。

2) 电化学性能测试

使用电化学工作站对微弧氧化膜层进行电化学测试，电化学工作系统是标准的三电极体系，即由工作电极、参比电极、辅助电极组成。工作电极是表面暴露面积为 1 cm^2 的微弧氧化膜层，参比电极是饱和甘汞电极，辅助电极是铂电极。测试介质是质量分数为 3.5% NaCl 溶液。利用数据处理软件对极化曲线进行塔费尔拟合出开路电位、腐蚀电流密度，并进行分析。

交流阻抗的扫描范围是 10^{-1}~10^5 Hz。所选取的振幅是 10 mV。测试完成后，所得数据是在 ZSimpWin 3.10 软件系统中选取合适的电路图进行拟合分析，要求是尽量减小误差。测试过程的前后，实验点电极与参比电极的表面要保持比较小的距离，以减小溶液电阻。在进行测试之前，一定要保证其测试的开路电位能够处于稳定状态，否则会造成测试结果不准确。拟合时拟合电路和实验所得的电路一定要保证拟合误差较小，如果误差较大会造成测试结果不准确。在每种情况下，都要进行 3~5 次重复试验，以保证其可靠性和可重复性。

3) 浸泡腐蚀测试

利用浸泡试验可以评价微弧氧化膜层的耐蚀性和降解性能。浸泡介质为质量分数为 3.5% NaCl 溶液或模拟体液 (simulated body fluid, SBF)。测试过程中溶液温度为 25℃±1℃，腐蚀面积与浸泡溶液的体积量比为 1 cm^2/50 mL，腐蚀溶液每 24 h 换一次，并定期用乙醇或者丙酮清洗表面腐蚀产物。浸泡结束后对试样表面及截面喷金并进行扫描电镜观察，依据膜层表面及截面的微观形貌判断膜层的降解情况。同时每段浸泡后对膜层进行 X 射线衍射测试，分析膜层浸泡过程中的物相和化学成分变化。最后进行阻抗谱测试，评价膜层浸泡后的耐蚀性能。

6. 光催化活性测试

微弧氧化膜的光催化活性是通过紫外可见光分光光度计测试降解甲基橙水溶液脱色来表征的。将微弧氧化膜放入 200 mL 浓度为 15 mg/L 的甲基橙水溶液中进行光催化反应，光源是 300 W 的紫外灯，如图 2-5 所示。每隔一段时间用紫外可见光分光光度计测定离心清液的吸光度变化，并按如下公式计算降解率。

$$\eta = [(c_0 - c_t)/c_0] \times 100\%$$

其中，c_0 为甲基橙最大吸收峰的初始吸光度，c_t 为甲基橙最大吸收峰的最终吸光度。

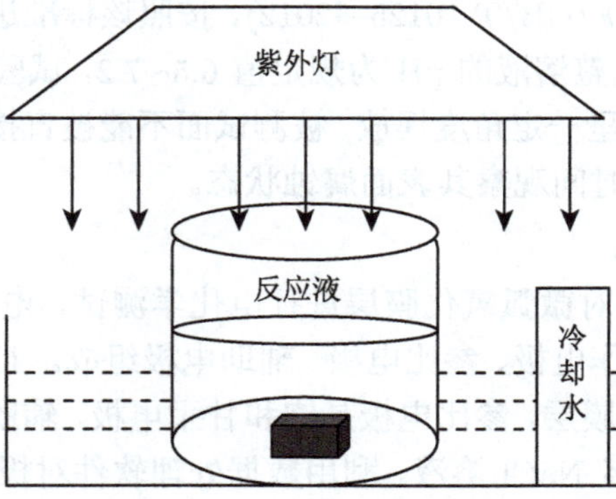

图 2-5　光催化反应装置图

2.8　微弧氧化陶瓷膜显微组织分析与表征方法

1. 形貌观察、元素分析与粗糙度测试

采用扫描电子显微镜 (SEM) 观察不同条件下制备的微弧氧化陶瓷膜层的表面和截面形貌、腐蚀形貌与磨损形貌等，并利用扫描电子显微镜所配备的能谱仪 (EDS) 进行元素分析；通过体视显微镜观察研究膜层表面轮廓形貌，并对膜层进行表面粗糙度 (R_a) 测试，在每个测试试样的表面随机测试 5 个点，取平均值作为膜层表面粗糙度的数值。

2. 表面成分与化学结构分析

采用 X 射线光电子能谱仪 (XPS) 分析微弧氧化陶瓷膜层表面的成分及化学结构。具体分析条件如下：单色 Al K_α X 射线 ($h\nu$=1486.6 eV) 作为激发源，功率为 150 W，束斑直径为 500 μm，所有的束缚能都用吸附碳的特征能谱峰 (C1s=284.8 eV) 进行校正。

3. 物相分析与残余应力测试

利用 X 射线衍射仪 (XRD) 对微弧氧化膜的物相组成进行分析。采用铜靶 K_α X 射线辐射，扫描方式是 2 θ/θ，连续扫描。测试参数为电压 40 kV、电流 100 mA。使用 MDI jade 软件分析 XRD 数据，得出膜层的物相。

参 考 文 献

[1] 冯欣荣. 多功能微弧氧化电源的设计. 长春: 吉林大学, 2003.

[2] 孟光毅. 大功率微弧氧化电源. 杭州: 浙江大学, 2006.

[3] 王虹斌, 方志刚, 蒋百灵. 微弧氧化技术及其在海洋环境中的应用. 北京: 国防工业出版社, 2010.

[4] 杨靖. 大功率微弧氧化脉冲电源的研制及铝合金表面处理工艺的研究. 北京: 北京邮电大学, 2012.

[5] 姜士伟. 基于 STM32 的微弧氧化电源的研究与实现. 秦皇岛: 燕山大学, 2016.

[6] 刘万辉. 7N01 铝合金微弧氧化处理及膜层质量评价. 哈尔滨: 哈尔滨工业大学出版社, 2016.

[7] 段关文, 高晓菊, 满红, 等. 微弧氧化研究进展. 兵器材料科学与工程, 2010, 33(5): 102~106.

[8] 郭锦乐, 孙荣录. 有色金属表面微弧氧化工艺研究进展. 热加工工艺, 2013, 42(20): 28~32.

[9] 王德云, 东青, 陈传忠, 等. 微弧氧化技术的研究进展. 硅酸盐学报, 2005, 33(9): 1133~1138.

[10] 李克杰, 李金安. 合金微弧氧化技术及应用进展. 稀有金属材料与工程, 2007, 36(s33): 199~203.

[11] 李建中, 邵忠财, 田彦文. 微弧氧化技术在 Al、Mg、Ti 及其合金中的应用. 腐蚀科学与防护技术, 2004, 16(4): 218~221.

[12] 陈小红, 曾敏, 曹彪. 微弧氧化电源的研究现状. 新技术新工艺, 2008, 3: 87~89.

[13] 徐晋勇, 王斌, 高原. 铝及铝合金等离子体微弧氧化技术的研究. 机械, 2006, 33(9): 1~4.

第3章　铝合金微弧氧化及其应用

3.1　铝与铝合金简介

铝是一种电负性金属，化学性质活泼。其电极电位为 −3∼−0.5 V，20℃ 时其标准电位为 −1.69 V。虽然从热力学角度看，铝是活泼的金属之一，但是在许多氧化性介质、水、大气、大部分中性溶液和许多弱酸性介质与强氧化性介质中，铝具有相当高的稳定性。这是因为铝在上述介质中，能在其表面上形成一层致密连续性的氧化物膜，这种氧化物的摩尔体积约比铝的大 30%。这层氧化膜是处于压应力作用下，当它遭到破坏时，又会立即形成或修复。在普通大气中，铝表面形成的氧化膜厚度相当薄，其厚度是温度的函数，在室温下，厚度约为 2.5∼5.0 μm。铝在大气中生成的氧化膜可以把其标准电位提高到 −0.5 V，所以铝在大气中是耐蚀的。但是杂质增加能破坏氧化膜的连续性或形成微电池，从而降低其耐蚀性。铝在纯水中的耐蚀性，主要取决于水温、水质和铝的纯度。水温低于 50℃ 时，随水质和铝纯度的提高，铝的耐蚀性能提高，腐蚀类型以点蚀为主。若水中含有少量活性离子 (Cl^-、Cu^+ 等)，纯铝的耐蚀性急剧降低。

在纯铝中可以添加各种合金元素，制造出具有各种性能、功能和用途的铝合金。根据加入合金元素的种类、含量及合金的性能，铝合金可分为形变铝合金和铸造铝合金两大类。

形变铝合金能承受压力加工。可加工成各种形态、规格的铝合金材。主要用于制造航空器材、建筑用门窗等。形变铝合金又分为不可热处理强化型铝合金和可热处理强化型铝合金。不可热处理强化型铝合金不能通过热处理来提高机械性能，只能通过冷加工变形来实现强化，它主要包括高纯铝、工业高纯铝、工业纯铝以及防锈铝等。可热处理强化型铝合金可以通过淬火和时效等热处理手段来提高机械性能，它可分为硬铝、锻铝、超硬铝和特殊铝合金等。

变形铝合金的具体分类及其主要特点如下：

(1) 1000 系：1000 系列铝合金的代表是 1050、1060、1100。在所有系列中 1000 系列属于含铝量最多的一个系列。纯度可以达到 99.00% 以上。由于不含有其他金属元素，所以生产过程比较单一，价格相对比较便宜，是目前常规工业中最常用的一个系列。市场上流通的大部分为 1050 以及 1060 系列。1000 系列铝板根据最后两位阿拉伯数字来确定这个系列的最低含铝量，比如 1050 系列最后两位阿拉伯数字为 50，根据国际牌号命名原则，含铝量必须达到 99.5% 以上方为合格产品。我国

的铝合金技术标准 (GB/T 3880—2006) 中也明确规定 1050 含铝量达到 99.5%，同样的道理 1060 系列铝板的含铝量必须达到 99.6%以上。

(2) 2000 系：2000 系列铝合金的代表是 2024、2A16(LY16)、2A02(LY6)。2000 系列铝板的特点是硬度较高，其中以铜元素含量最高，大概在 3%~5%。2000 系列铝棒属于航空铝材，在常规工业中不常应用。

(3) 3000 系：3000 系列铝合金的代表是 3003、3A21 为主。我国 3000 系列铝板生产工艺较为优秀。3000 系列铝棒是由锰元素为主要成分。含量在 1.0~1.5，是一款防锈功能较好的系列。

(4) 4000 系：4000 系列铝合金的代表为 4A01。4000 系列的铝板属于含硅量较高的系列。通常硅含量在 4.5%~6.0%。属建筑用材料、机械零件锻造用材、焊接材料；低熔点、耐蚀性好。产品描述：具有耐热、耐磨的特性。

(5) 5000 系：5000 系列铝合金的代表为 5052、5005、5083、5A05。5000 系列铝棒属于较常用的合金铝板系列，主要元素为镁，含镁量在 3%~5%。又可以称为铝镁合金。主要特点为密度低、抗拉强度高、延伸率高、疲劳强度好，但不可做热处理强化。在相同面积下铝镁合金的质量低于其他系列，在常规工业中应用也较为广泛。在我国 5000 系列铝板属于较为成熟的铝板系列之一。

(6) 6000 系：6000 系列铝合金的代表是 6061 和 6063 为主。主要含有镁和硅两种元素，故集中了 4000 系列和 5000 系列的优点。6061 是一种冷处理铝锻造产品，适用于对抗腐蚀性、氧化性要求高的应用。可使用性好，容易涂层，加工性好。

(7) 7000 系：7000 系列铝合金的代表是 7075 和 7050 为主。主要含有锌、镁、铜合金元素，属于航空系列。是可热处理强化型合金，属于超硬铝合金，有良好的耐磨性，也有良好的焊接性，但耐腐蚀性较差。

(8) 8000 系：8000 系列铝合金较为常用的为 8011，属于其他系列，大部分应用为铝箔，生产铝棒方面不太常用。

铸造铝合金按化学成分可分为铝硅合金、铝铜合金、铝镁合金、铝锌合金和铝稀土合金，其中铝硅合金又有过共晶硅铝合金、共晶硅铝合金、单共晶硅铝合金。铸造铝合金在铸态下使用。铸造铝合金代号由字母 “Z” 和 “L”(“铸” 和 “铝” 的汉语拼音首字母) 及其后的三个阿拉伯数字组成。ZL 后面第一个字数代表合金系列，如 1、2、3、4 分别表示铝硅、铝铜、铝镁和铝锌系列合金，ZL 后面两位数字代表顺序号。常见的铝硅系铸造铝合金有 ZL101、ZL101A、ZL102、ZL106、ZL115 及 ZL201 等。铝硅系合金又被称为硅铝明，一般含硅量较多，在 4%~22%。大量硅的加入，改善了合金的铸造性，增加了流动性，减少了热裂倾向性，提高了合金的电化学特性等。

3.2　6063 铝合金微弧氧化陶瓷膜的组织与性能

6000 系铝合金是 Al-Mg-Si 系中具有中等强度的可热处理强化合金，其易于加工成型，在航空、汽车、建筑等行业有着广泛的应用，但也存在着硬度不高、耐磨性与耐蚀性有待进一步提高等不足，因而限制了它的应用范围与产品性能 [1–4]。通过微弧氧化进行表面处理，可以大幅度提高其耐磨、耐腐蚀等性能，从而进一步扩大其应用范围 [5–7]。本节将主要介绍 6063 铝合金微弧氧化膜的组织与性能 [8–10]，其化学成分见表 3-1。

表 3-1　6063 铝合金的化学成分

元素	Mg	Si	Cu	Mn	Fe	Zn	Cr	Ti	Al
质量分数 (%)	0.65	0.50	0.10	0.10	0.35	0.10	0.10	0.10	余量

3.2.1　电解液体系对 6063 铝合金微弧氧化陶瓷膜组织与性能的影响

不同的电解液体系对 6063 铝合金微弧氧化陶瓷膜层的组织与性能有着极其关键的影响。本小节中的试验条件为 [11]：微弧氧化过程采用恒流模式，氧化时间为 60 min，工作电流密度为 15 A/dm^2，电解液温度控制在 30℃ 以下，分别在硅酸盐体系 [成分为 Na_2SiO_3(10 g/L)+KOH(1 g/L)]、硼酸盐体系 [成分为 $Na_2B_4O_7$(10 g/L)+ KOH(1 g/L)]、铝酸盐体系 [成分为 $NaAlO_2$(10 g/L)+KOH(1 g/L)] 中制备三种微弧氧化陶瓷膜层，即硅酸盐膜层，简称 Si-MAO 膜层；硼酸盐膜层，简称 B-MAO 膜层；铝酸盐膜层，简称 Al-MAO 膜层。考查不同电解液体系对其组织与性能的影响。

1. 电解液体系对微弧氧化陶瓷膜组织的影响

图 3-1 为 6063 铝合金在不同电解液体系中微弧氧化陶瓷膜层的 XRD 图谱。从图中可以看出，同一种铝合金在不同电解液下制备的膜层的相组成基本相同，主要由 α-Al_2O_3 和 γ-Al_2O_3 及基体 Al 所组成，表明微弧氧化技术对于不同的电解液具有一定的普适性。其中 Al-MAO 膜层中 α-Al_2O_3 和 γ-Al_2O_3 的衍射峰值比 Si-MAO 膜层的高些，说明 Al-MAO 膜层的 α-Al_2O_3 和 γ-Al_2O_3 的含量相对高些，较高的 α-Al_2O_3 和 γ-Al_2O_3 含量会使得膜层的硬度有所提高，出现这种情况的原因可能是由于铝酸盐电解液本身含有较多的 Al 元素，在微弧氧化过程中铝酸盐电解液里的 Al 元素自身也转化成 Al_2O_3 而生成陶瓷膜层；而 B-MAO 膜层的 α-Al_2O_3 和 γ-Al_2O_3 的衍射峰值相对比较低。

6063 铝合金在不同电解液中制备的陶瓷膜层 SEM 照片如图 3-2 所示。从图中可以看出 Si-MAO 膜层表面的孔隙率较小，氧化铝大面积地熔融在一起生成陶

瓷膜层 (图 3-2(a))，而 Al-MAO 膜层表面的孔隙率较高，氧化铝并未大面积的熔融，但 Al-MAO 膜层表面更加光滑 (图 3-2(c))，这可能由于在微弧氧化的过程中，电解液为硅酸盐时的微弧氧化电压大约为 510 V，要高于 Al-MAO 时的 480 V，微弧氧化电压高则微弧氧化反应剧烈；另外，B-MAO 膜层的孔隙率也相对较高且存在较多的微裂纹，这由于 B-MAO 的反应电压大约为 540 V，微弧氧化反应电压过高，反应过于剧烈 (图 3-2(b))。

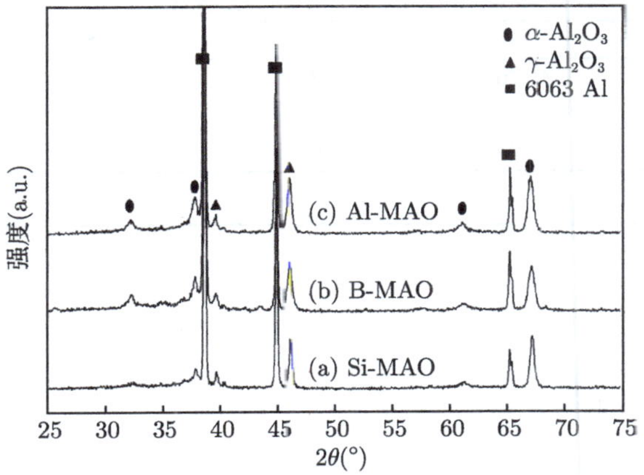

图 3-1 不同电解液体系中微弧氧化陶瓷膜层的 XRD 图谱

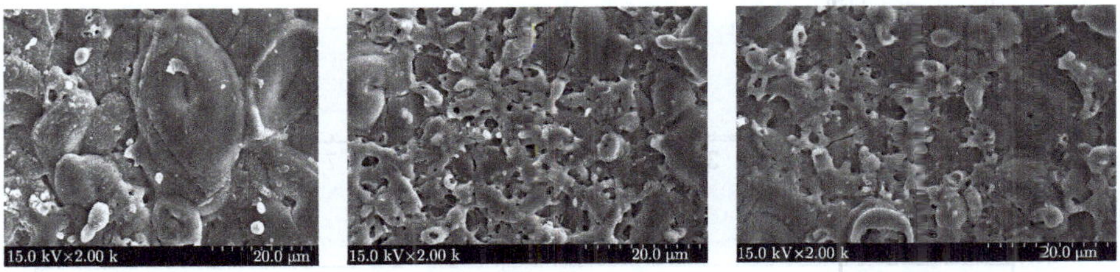

(a) Si-MAO (b) B-MAO (c) Al-MAO

图 3-2 不同电解液体系中制备的陶瓷膜层的表面微观形貌

通过对陶瓷膜层进行能谱 (EDS) 分析，得出在三种不同的电解液中制备的陶瓷膜层的主要成分及其含量见表 3-2，相应的 EDS 图谱如图 3-3 所示。由表 3-1 及图 3-3 可以看出，不同电解液中制备的膜层的成分有所区别：Si-MAO 膜层的主要成分为 Al、O、Si；B-MAO 膜层的主要成分为 Al、O、B；Al-MAO 膜层的主要成分为 Al、O。

微弧氧化制备的陶瓷膜层为 Al_2O_3 陶瓷，其最主要的成分是 Al_2O_3，由 Al_2O_3 形成的陶瓷膜层提高了铝合金表面的性能。Al_2O_3 中 Al 和 O 的原子个数百分比为 2:3，由 EDS 分析出的膜层中的 Al 和 O 的原子百分比如下：Si-MAO 膜层中 Al:O 为 21.83:38.63，由于空气中有 O 元素的作用，因此 O 的含量要稍微多些，但也接近 2:3；B-MAO 膜层中 Al:O 为 17.4:19.72，由于 B 较多的融入，O 的含量变得较少，它们的原子比要大于 2:3；Al-MAO 膜层中 Al:O 为 40.63:36.58，由于电解液中 Al 元素的含量较大，因此膜层中 Al 的含量明显增大，它们的原子比远大于 2:3。对比之下，发现 Si-MAO 膜层中 Al:O 的比例较为合理。

表 3-2　不同体系电解液中陶瓷膜层的主要成分　(单位：%)

陶瓷膜层	化学成分			
	Al	O	Si	B
Si-MAO	31.70	32.74	13.30	—
B-MAO	31.22	20.98	—	25.32
Al-MAO	55.94	29.86	—	—

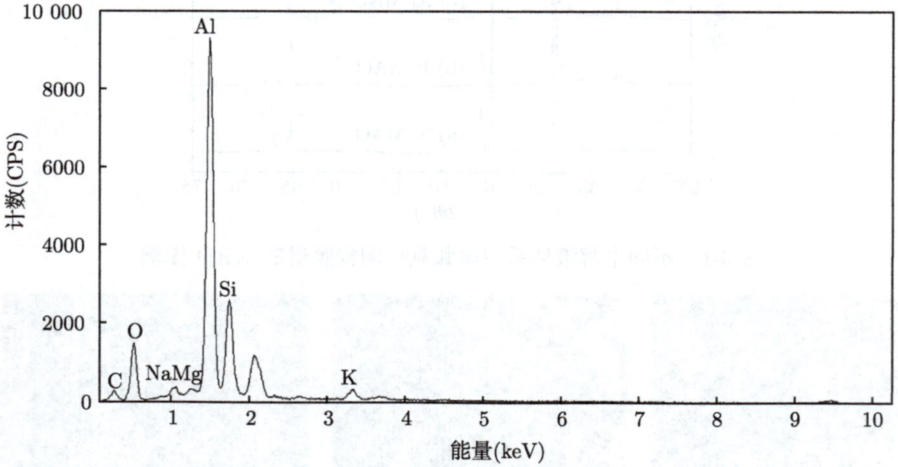

(a) Si-MAO

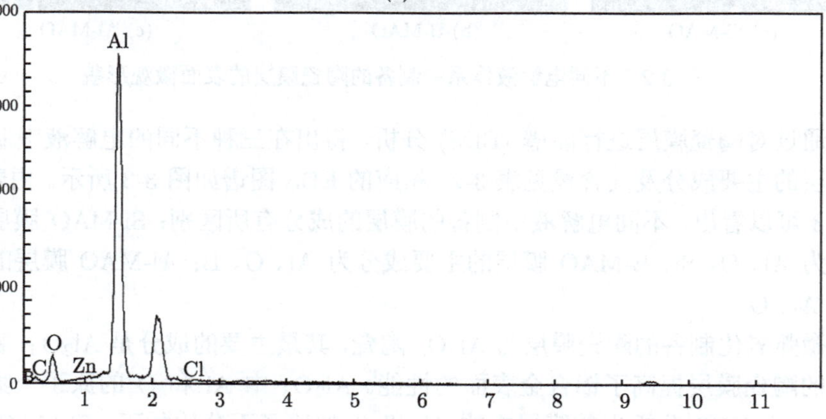

(b) B-MAO

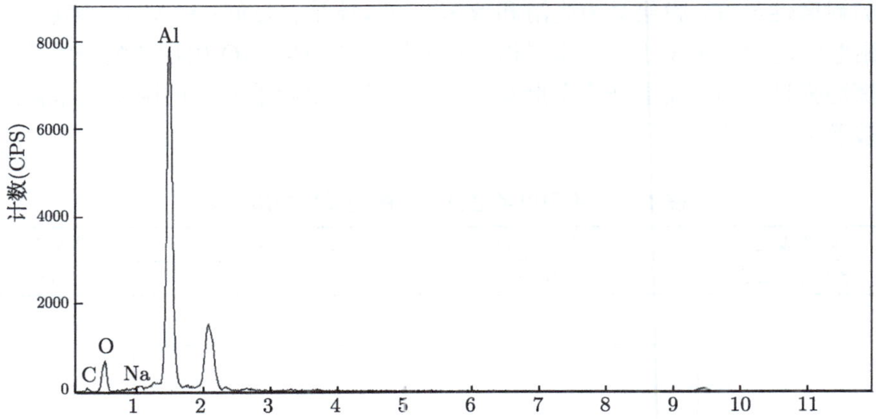

(c) Al-MAO

图 3-3 不同电解液体系中制备的陶瓷膜层能谱

2. 电解液体系对微弧氧化陶瓷膜性能的影响

图 3-4 为不同电解液体系中制备的陶瓷膜层的显微硬度值分布。结果表明，在这三种不同的电解液体系中制备的陶瓷膜层的显微硬度值差别不是很大。Si-MAO 膜层的平均硬度为 1356.5 HV；B-MAO 膜层硬度为 1331.5 HV，较 Si-MAO 膜层降低了 1.84%；Al-MAO 膜层平均硬度为 1360 HV，较 Si-MAO 膜层提高了 0.26%。

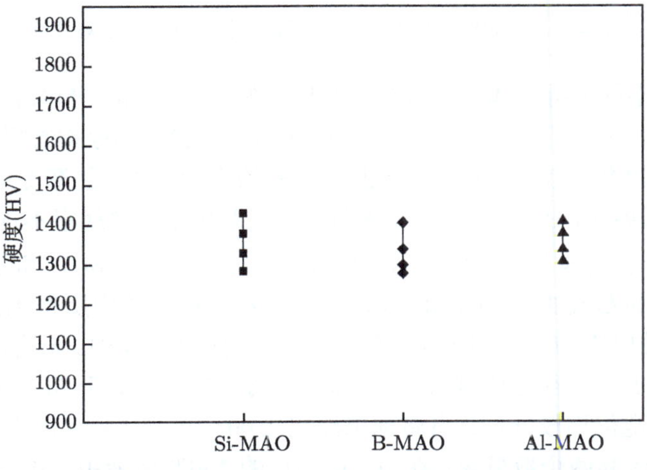

图 3-4 不同电解液体系中制备的陶瓷膜层的显微硬度值分布

Si-MAO、B-MAO、Al-MAO 的膜层经过 60 min 的摩擦磨损试验后，测量其磨损量，如表 3-3 所示。从中可以看出，Al-MAO 膜层的磨损量最少，说明 Al-MAO

膜层的耐磨性最好，膜层最为光滑和致密，与基体结合良好；Si-MAO 膜层也有较好的耐磨性能，但与 Al-MAO 膜层相比较为粗糙些；B-MAO 膜层的耐磨性能最差，在摩擦磨损试验时，膜层被完全磨穿，而另外两种电解液制备的膜层则未被磨穿，只是被磨去了少许。

表 3-3 不同电解液体系中陶瓷膜层的磨损量

陶瓷膜层	Si-MAO	B-MAO	Al-MAO
磨损量 (mg)	0.22	3.07	0.18

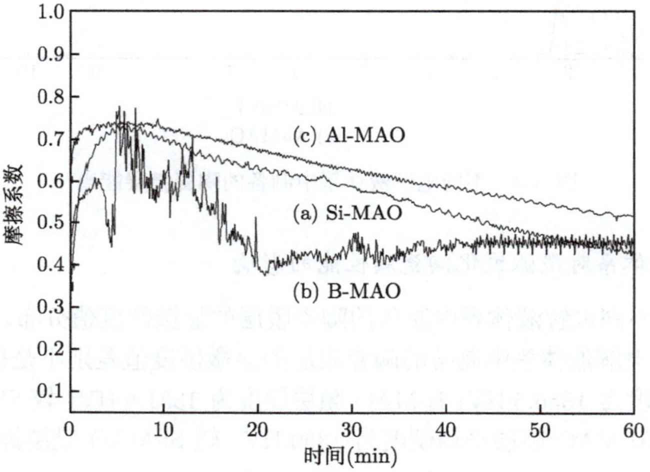

图 3-5 不同电解液体系中制备陶瓷膜层的摩擦系数曲线

图 3-5 为不同电解液体系中所制备的陶瓷膜层在 60 min 摩擦磨损试验时的摩擦系数曲线。从图中可以看出，Si-MAO 和 Al-MAO 膜层的摩擦磨损试验刚开始的很短时间里摩擦系数较高，随着摩擦磨损试验的进行，膜层的摩擦系数不断减小，膜层越磨越光滑；而 B-MAO 膜层被磨穿，因此摩擦系数曲线很不规则。

6063 铝合金基体及 Si-MAO 和 B-MAO 膜层在 0.5 mol/L 和 1 mol/L NaCl 溶液中的动电位极化曲线如图 3-6 所示 [12]。从这些曲线中所得到的自腐蚀电位 (E_{corr})，自腐蚀电流 (I_{corr}) 和击穿电位 (E_{bd}) 都列在表 3-4 中。无论是在 0.5 mol/L 或 1 mol/L 的 NaCl 溶液中，铝合金基体的自腐蚀电位相对于 Si-MAO 和 B-MAO 膜层的自腐蚀电位均较低，其自腐蚀电流在 2.00×10^{-3} mA/cm^2 左右，这比其膜层的自腐蚀电流高两个数量级。在 0.5 mol/L 的 NaCl 溶液中，Si-MAO 膜层的自腐蚀电流为 $(1.70\pm0.43)\times10^{-5}$ mA/cm^2，相对低于 B-MAO 膜层的自腐蚀电流。另外，在 1 mol/L 的 NaCl 溶液中，Si-MAO 膜层的自腐蚀电流仍然低于 B-MAO 膜层的自腐蚀电流。在 0.5 mol/L 的 NaCl 溶液中，Si-MAO 膜层的击穿电位为 $-705\pm$

10 mV，略高于 B-MAO 膜层的击穿电位。在 1 mol/L 的 NaCl 溶液中，Si-MAO 膜层的击穿电位为 −725±15 mV，同样也高于 B-MAO 膜层的击穿电位。一般来说，微弧氧化膜层在腐蚀环境中的自腐蚀电位的大小是衡量膜层抵抗局部腐蚀的重要指标 [13,14]。一个较大的击穿电位意味着该膜层在腐蚀环境中有更好的耐腐蚀表现。从表 3-4 中可以看出，无论是在 0.5 mol/L 还是 1 mol/L 的 NaCl 溶液中，Si-MAO 膜层相对于 B-MAO 膜层都具有更高的击穿电位，这证明在腐蚀环境中，Si-MAO 膜层相对于 B-MAO 膜层具有更好的抵御局部腐蚀的能力。另一方面，从图 3-2 中可以看出，B-MAO 膜层相对于 Si-MAO 膜层孔洞与裂纹较多，结构疏松。考虑到 2 h 的浸泡效果，腐蚀性介质通过膜层中的缺陷，主要指孔洞和裂纹，进入膜层内部，诱发局部腐蚀。综合这些因素，可以总结出 Si-MAO 膜层相对于 B-MAO 膜层具有更佳的耐腐蚀性能。

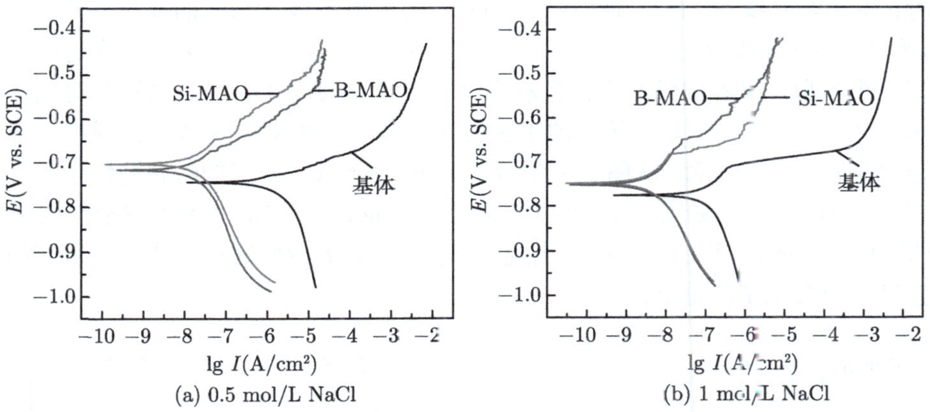

图 3-6 基体、Si-MAO 和 B-MAO 试样在不同浓度 NaCl 溶液中的动电位极化曲线

表 3-4 基体、Si-MAO 和 B-MAO 试样在不同浓度 NaCl 溶液中极化曲线的电参数

NaCl 浓度 (mol/L)	试样	E_{corr} (mV vs. SCE)	I_{corr} (mA/cm^2)	E_{bd} (mV vs. SCE)
0.5	基体	−753±14	$(2.04\pm1.12)\times10^{-3}$	—
	Si-MAO	−715±3	$(1.70\pm0.43)\times10^{-5}$	−705±10
	B-MAO	−722±3	$(1.90\pm0.54)\times10^{-5}$	−710±10
1	基体	−786±10	$(2.03\pm2.25)\times10^{-3}$	—
	Si-MAO	−747±2	$(2.49\pm0.72)\times10^{-5}$	−725±15
	B-MAO	−758±8	$(3.62\pm0.81)\times10^{-5}$	−740±15

在 0.5 mol/L 和 1 mol/L 的 NaCl 溶液中，采用电化学阻抗谱测试了膜层浸泡在其中长达 72 h 的腐蚀行为。图 3-7 所示为 Si-MAO 和 B-MAO 膜层在 0.5 mol/L 的 NaCl 溶液中所得的电化学阻抗谱 (Nyquist 图)。对于 Si-MAO 膜层来说，在 1

h 时，其阻抗谱表现出一个大的接近线性的容抗弧。浸泡时间越长，容抗弧半径越小。从图 3-7(a) 中可以看出，经过 72 h 的浸泡后，Si-MAO 膜层仍然表现出很好的耐蚀性。然而，对于 B-MAO 膜层来说，在 0.5 mol/L 的 NaCl 溶液中，则表现出完全不同的电化学腐蚀行为。在 1 h 的时候，就表现出一个部分弯曲的容抗弧。在 0.5 mol/L 的 NaCl 溶液中，Si-MAO 和 B-MAO 铝合金微弧氧化膜层均未表现出感抗弧，表明在该种浓度的腐蚀性 NaCl 溶液中，膜层均能表现出较好的耐蚀性。

当 NaCl 溶液的浓度增加到 1 mol/L 的时候，Si-MAO 膜层首先表现出一个较大的容抗弧，紧接着随着浸泡时间的延长，其容抗弧半径逐渐减小，如图 3-8(a) 所示。在 72 h 的电化学测试过程中，Si-MAO 膜层的电化学阻抗谱没有出现任何感抗弧，这同时也表明在膜层中没有发生任何严重的腐蚀行为。在浸泡时间为 4 h 时，Si-MAO 和 B-MAO 膜层的 Nyquist 图出现了极其相似的现象。然而从表 3-6 和表 3-8 中可以看出，其 R_s、R_p、Q_p、R_b、Q_b 的数值均不相同。在这中间出现了一个现象，即容抗弧的半径在浸泡 4 h 后大幅度下降，而且当浸泡时间达到 24 h、44 h 和 72 h 后，容抗弧的半径进一步减小，意味着 Si-MAO 膜层的耐蚀性越来越差。另一方面，从图 3-8 中可以看出，B-MAO 膜层的耐腐蚀性能相对于 Si-MAO 膜层变差得更快。当 B-MAO 膜层在 1 mol/L 的 NaCl 溶液中浸泡达到 72 h 的时候，B-MAO 膜层的阻抗谱出现了感抗弧，这表明此时在 B-MAO 膜层的铝合金基体内发生了严重腐蚀。

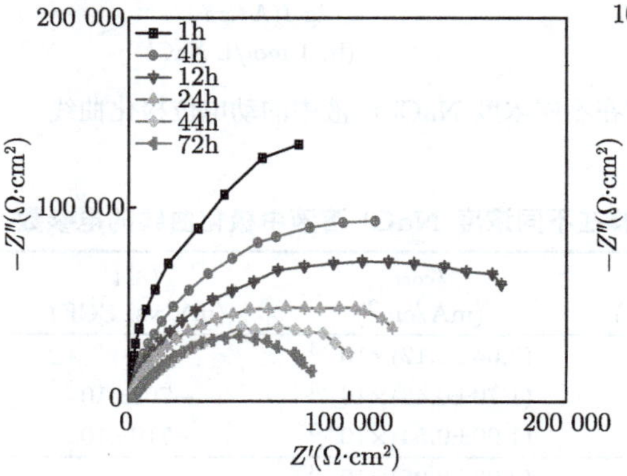

(a) Si-MAO 膜层

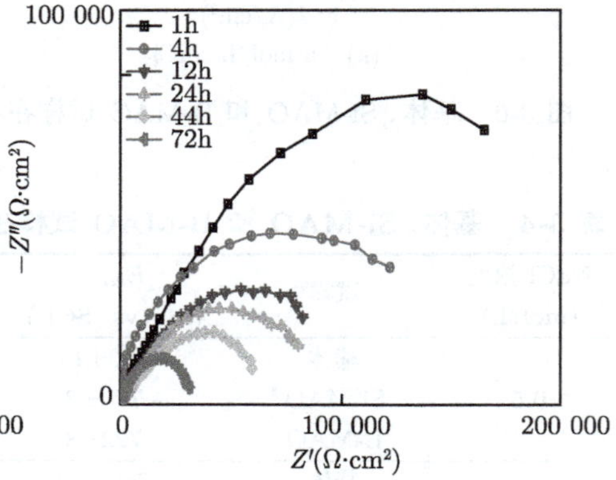

(b) B-MAO 膜层

图 3-7　Si-MAO 膜层和 B-MAO 膜层在 0.5 mol/L NaCl 溶液中的电化学阻抗谱

为了定量地分析不同的膜层在不同浓度的 NaCl 溶液中的腐蚀行为，图 3-9 用两个不同的等效电路模型来模拟 Si-MAO 和 B-MAO 膜层在 0.5 mol/L 和 1 mol/L NaCl 溶液中的腐蚀过程。由于电极表面的不光滑以及能量的扩散，膜层和基体

的电容性行为可以用一个常相位角元素 Q 来表示。阻抗 Z_Q 的计算公式可以表示为

$$Z_Q = \frac{1}{Y_0}(\mathrm{j}\omega)^{-n} \tag{3-1}$$

其中，j 是一个虚数单位 ($\mathrm{j}^2 = -1$)；ω 是角频率 ($\omega = 2\pi f$)；系数 Y_0 和 $n(-1 \leqslant n \leqslant 1)$ 是常相位角元素 Q 的参数。

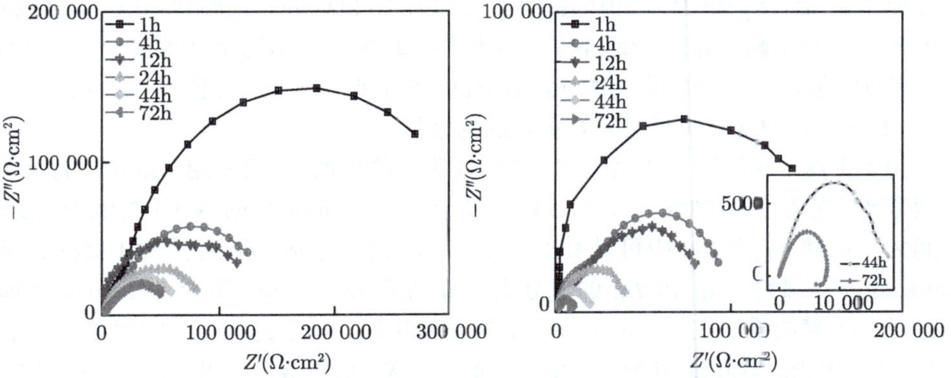

(a) Si-MAO 膜层　(b) B-MAO 膜层

图 3-8　Si-MAO 膜层和 B-MAO 膜层在 1 mol/L NaCl 溶液中的电化学阻抗谱

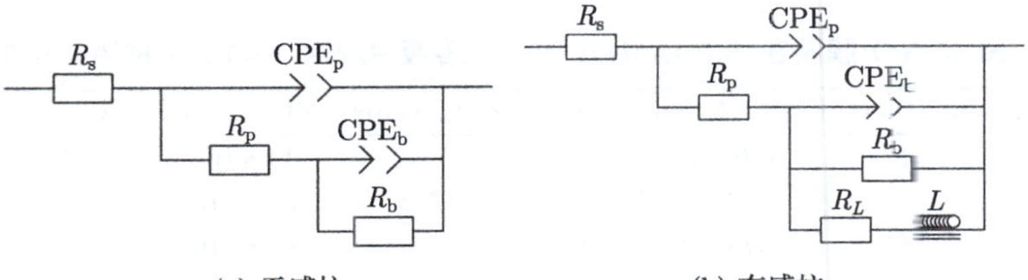

(a) 无感抗　(b) 有感抗

图 3-9　6063 铝合金微弧氧化膜层的等效电路

在图 3-9 所示的电路图中，R_s 代表所用试样和参比电极之间的溶液电阻，R_p 代表膜层外部疏松层的电阻 (尤其是缺陷电阻，类似于孔洞和裂纹)，且它和常相位角元件 Q_p 是平行的，R_b 表示膜层内部致密层的电阻 (主要指膜层和基体表面部分的接触电阻)，且它和常相位角元件 Q_b 是平行的，L 代表电感，它和感抗 R_L 是平行的。在这些等效电路中，图 3-9(a) 是用来拟合 Si-MAO 和 B-MAO 膜层在 0.5 mol/L 的 NaCl 溶液中浸泡 72 h 的时间段内，以及 Si-MAO 膜层在 1 mol/L 的 NaCl 溶液中浸泡 72 h 的时间段内和 B-MAO 膜层在 1 mol/L 的 NaCl 溶液中浸泡 44 h 的时间段内的阻抗谱数据。图 3-9(b) 是用来拟合 B-MAO 膜层在 1 mol/L 的 NaCl 溶液中浸泡 72 h 时的阻抗谱数据。

在 0.5 mol/L 的 NaCl 溶液中，从图 3-7(a) 中可以看出，Si-MAO 膜层在整个浸泡过程中一直保持较好的耐蚀性。另外，从表 3-5 中可以看出，在浸泡时间为 1 h 时，R_p 和 R_b 的值分别为 32.3 kΩ·cm^2 和 320 kΩ·cm^2。并且，随着浸泡时间的延长，R_p 和 R_b 的值逐渐下降。72h 后，R_p 和 R_b 的值分别下降到了 17.1 kΩ·cm^2 和 190 kΩ·cm^2。当 B-MAO 膜层浸泡在 0.5 mol/L 的 NaCl 溶液中时，从图 3-4(b) 中可以看出，R_p 和 R_b 的值随着浸泡时间的增加逐渐下降。从表 3-7 中可以看出，在浸泡 72 h 后，R_p 和 R_b 的值均减小到大约为 15 kΩ·cm^2。在腐蚀环境中，微弧氧化的疏松层对于耐腐蚀性能起不了主导作用，起主导作用的是其致密层。B-MAO 膜层的 R_b 值较 Si-MAO 膜层的 R_b 值更低，这表明 Si-MAO 膜层在 0.5 mol/L 的 NaCl 溶液中较 B-MAO 膜层具有更好的耐蚀性。

为了更深入地研究 Si-MAO 和 B-MAO 膜层的耐蚀性，又采用 1 mol/L 的 NaCl 溶液来研究它们的耐蚀性。当 B-MAO 膜层浸泡在 1 mol/L 的 NaCl 溶液中，浸泡时间为 1 h 时，从表 3-6 中可以看出，R_p 和 R_b 的值分别下降到了 32.1 kΩ·cm^2 和 299 kΩ·cm^2。最终，R_p 和 R_b 的值分别下降到了 13 kΩ·cm^2 和 62 kΩ·cm^2。然而，当 B-MAO 膜层浸泡在 1 mol/L 的 NaCl 溶液中时，一个完全不同的现象出现了。首先，R_p 和 R_b 的值较 Si-MAO 膜层更低。其次，从表 3-8 中可以看出，浸泡 72h 后，R_p 和 R_b 的值几乎相同；另一方面，由于膜层表面 Al^{3+} 的吸附，出现了感抗，因此拟合电路出现了变化。L 和 R_L 的值分别为 5.2×10^3 H/cm^2 和 440.2 kΩ·cm^2。

表 3-5 Si-MAO 膜层在 0.5 mol/L NaCl 溶液中浸泡 1~72 h 的阻抗谱拟合数据

浸泡时间 (h)	R_s (Ω·cm^2)	Q_p (F/cm^2)	n_p	R_p (kΩ·cm^2)	Q_b (F/cm^2)	n_b	R_b (kΩ·cm^2)
1	12	1.36×10^{-9}	0.50	32.3	3.2×10^{-10}	0.82	320
4	11	1.92×10^{-8}	0.80	27.2	1.40×10^{-9}	0.87	275
12	15	2.74×10^{-8}	0.74	23.4	1.48×10^{-9}	0.91	258
24	16	5.26×10^{-8}	0.81	21.6	3.25×10^{-8}	0.94	224
44	22	1.73×10^{-7}	0.63	19.2	2.32×10^{-8}	0.75	200
72	26	1.30×10^{-6}	0.71	17.1	2.40×10^{-7}	0.89	190

表 3-6 Si-MAO 膜层在 1 mol/L NaCl 溶液中浸泡 1~72 h 的阻抗谱拟合数据

浸泡时间 (h)	R_s (Ω·cm^2)	Q_p (F/cm^2)	R_p (kΩ·cm^2)	Q_b (F/cm^2)	n_b	R_b (kΩ·cm^2)
1	14	1.71×10^{-9}	32.1	1.5×10^{-10}	0.51	299
4	17	2.32×10^{-9}	26	1.3×10^{-10}	0.84	155
12	22	3.53×10^{-8}	23	2.5×10^{-10}	0.89	132
24	26	4.41×10^{-8}	16.5	3.6×10^{-9}	0.73	81
44	30	7.31×10^{-7}	14.2	2.74×10^{-8}	0.91	67
72	37	2.11×10^{-7}	13	3.2×10^{-8}	0.87	62

表 3-7　B-MAO 膜层在 0.5 mol/L NaCl 溶液中浸泡 1～72 h 的阻抗谱拟合数据

浸泡时间 (h)	R_s (Ω·cm^2)	Q_p (F/cm^2)	n_p	R_p (kΩ·cm^2)	Q_b (F/cm^2)	n_b	R_b (kΩ·cm^2)
1	16	1.71×10^{-9}	0.71	28.2	5.33×10^{-10}	0.9	213.0
4	18	1.4×10^{-8}	0.6	31	2.78×10^{-9}	0.46	132.3
12	11	1.32×10^{-7}	0.4	15.4	1.6×10^{-8}	0.72	79.0
24	24	2.54×10^{-8}	0.9	13.5	2.77×10^{-8}	0.84	65.2
44	28	1.35×10^{-7}	0.85	10.1	2.4×10^{-8}	0.91	53.4
72	25	1.42×10^{-6}	0.63	14.5	2.6×10^{-7}	0.77	16.3

表 3-8　B-MAO 膜层在 1 mol/L NaCl 溶液中浸泡 1～72h 的阻抗谱拟合数据

浸泡时间 (h)	R_s (Ω·cm^2)	Q_p (F/cm^2)	n_p	R_p (kΩ·cm^2)	Q_b (F/cm^2)	n_b	R_b (kΩ·cm^2)	L (H/cm^2)	R_L (kΩ·cm^2)
1	17	2.65×10^{-9}	0.81	24.3	3.5×10^{-10}	0.93	198.0	—	—
4	12	1.63×10^{-8}	0.64	13.0	8.3×10^{-9}	0.82	113.3	—	—
12	25	2.77×10^{-8}	0.63	9.7	3.82×10^{-8}	0.77	63.0	—	—
24	32	7.40×10^{-9}	0.77	3.2	7.77×10^{-9}	0.98	29.0	—	—
44	37	1.79×10^{-7}	0.72	1.5	7.18×10^{-7}	0.83	13.4	—	—
72	33	2.30×10^{-6}	0.51	0.6	1.73×10^{-7}	0.66	1.4	5.2×10^3	440.2

这表明 B-MAO 膜层较 Si-MAO 膜层耐蚀性更差。当 B-MAO 膜层浸泡在 1 mol/L 的 NaCl 溶液中 72 h 后，膜层已无法对基体提供很好的保护，这可能与膜层的显微组织有关。

一般来说，微弧氧化膜层的耐腐蚀性能是由很多方面所决定的，膜层的厚度、粗糙度、孔隙率及其表面结构都可以影响膜层在腐蚀环境中的耐腐蚀性能。从膜层的显微组织图中可以看出，其表面结构十分疏松，孔洞密布，反观 Si-MAO 膜层，其表面孔洞较少，且结构较为致密，膜层的均匀度和平整度相对于 B-MAO 膜层来说都好得多 (图 3-2)。在含有氯离子的腐蚀性溶液中，具有腐蚀性的氯离子可以通过这些微孔进入膜层内部进而进入基体。在相对致密的膜层结构中，具有腐蚀性的氯离子较难进入膜层的内部。从另一方面直观数据来看，为膜层耐蚀性提供保护的内部致密层 R_b 的值相对于外部疏松层 R_p 的值要高得多。而且，从整个腐蚀过程来看，Si-MAO 膜层的内部致密层 R_b 的值和外部疏松层 R_p 的值相对于 B-MAO 膜层的内部致密层 R_b 的值和外部疏松层 R_p 的值要高。随着浸泡时间的延长，Si-MAO 膜层以及 B-MAO 膜层的内部致密层 R_b 的值和外部疏松层 R_p 的值均在下降，然而 Si-MAO 膜层的内部致密层 R_b 的值和外部疏松层 R_p 的值仍比 B-MAO 膜层的内部致密层 R_b 的值和外部疏松层 R_p 的值要高。这些数据都直观地反映了 Si-MAO 膜层的耐蚀性比 B-MAO 膜层的耐蚀性要好。这个结论与动电位极化曲线测试结果相一致。

图 3-10 为 Si-MAO 和 B-MAO 膜层在 0.5 mol/L 和 1 mol/L NaCl 溶液中浸泡 72 h 后的腐蚀宏观形貌。从图 3-10 可以看出，在 0.5 mol/L 的 NaCl 溶液中经过 72 h 的浸泡，B-MAO 和 Si-MAO 膜层在宏观尺度上均未出现明显的腐蚀孔洞；而在 1 mol/L 的 NaCl 溶液中，B-MAO 膜层出现了一大一小两个腐蚀孔洞，但 Si-MAO 膜层则没有。

(a) Si-MAO 浸泡于 0.5 mol/L NaCl　(b) B-MAO 浸泡于 0.5 mol/L NaCl

(c) Si-MAO 浸泡于1 mol/L NaCl　(d) B-MAO 浸泡于1 mol/L NaCl

图 3-10　经过 72 h 阻抗测试后微弧氧化膜层的腐蚀宏观形貌

图 3-11 为 Si-MAO 和 B-MAO 膜层在 0.5 mol/L 和 1 mol/L NaCl 溶液中浸泡 72 h 后的腐蚀微观形貌。从图 3-11 可以看出，在 0.5 mol/L 的 NaCl 溶液中经过 72 h 的浸泡，B-MAO 膜层相对于 Si-MAO 膜层，出现了更多的微孔，且结构变得更为疏松；而在 1 mol/L 的 NaCl 溶液中，B-MAO 膜层出现了大面积的腐蚀，出现了一个直径约为 200 μm 的孔洞，但 Si-MAO 膜层则没有。这说明在此时 B-MAO 膜层已经不能够保护 6063 铝合金基体，而 Si-MAO 膜层则仍然能够很好地保护 6063 铝合金基体。

为了更好地比较 Si-MAO 和 B-MAO 膜层的耐腐蚀性能，采用能谱分析了在 1 mol/L 的 NaCl 溶液中经过 72 h 阻抗测试后膜层中氯离子的含量。图 3-12 所示的是分析区域，而图 3-13 则是对应区域的氯离子含量。由图 3-13 可以看出 Si-MAO

膜层相对于 B-MAO 膜层具有更低的氯离子含量，因此 Si-MAO 膜层较 B-MAO 膜层具有更好的耐蚀性。

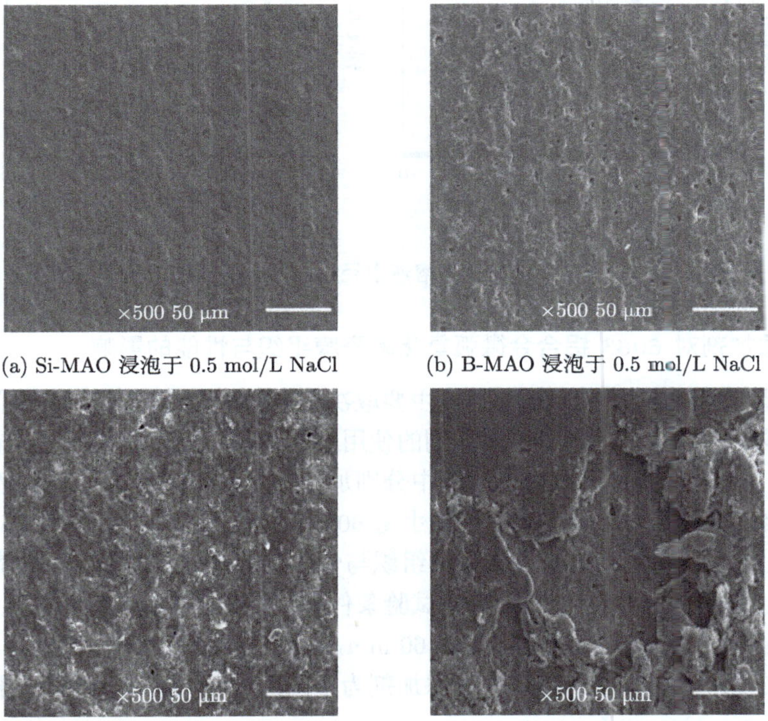

(a) Si-MAO 浸泡于 0.5 mol/L NaCl　(b) B-MAO 浸泡于 0.5 mol/L NaCl

(c) Si-MAO 浸泡于1 mol/L NaCl　(d) B-MAO 浸泡于1 mol/L NaCl

图 3-11　经过 72 h 阻抗测试后微弧氧化膜层的腐蚀微观形貌

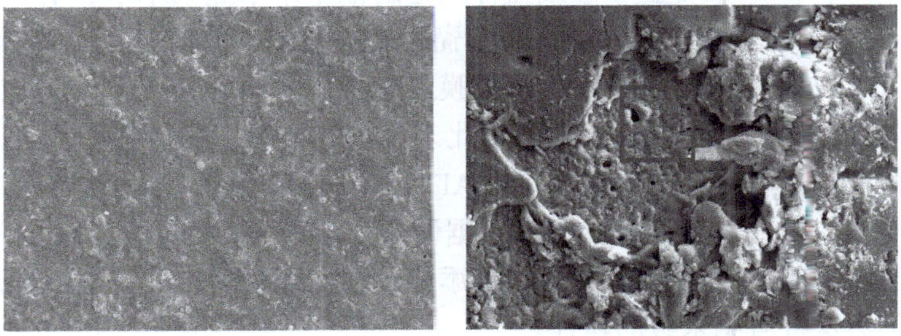

(a) Si-MAO　(b) B-MAO

图 3-12　能谱分析区域 (图中方框所示)

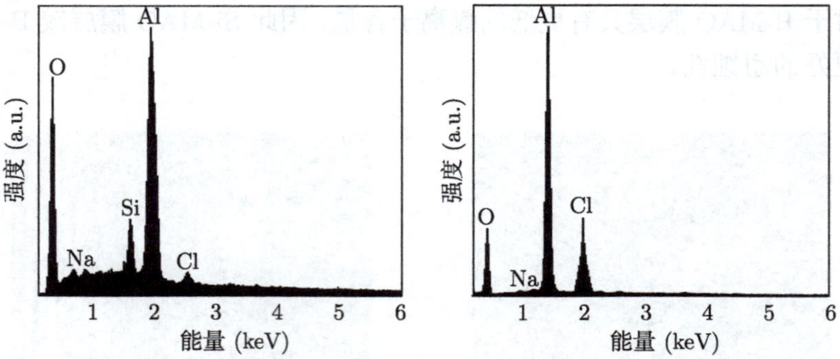

(a) Si-MAO　　(b) B-MAO

图 3-13　在 1 mol/L 的 NaCl 溶液中经过 72 h 阻抗测试后膜层能谱图

3.2.2　添加剂对 6063 铝合金微弧氧化陶瓷膜组织与性能的影响

微弧氧化陶瓷膜层的组织与性能主要取决于电解液、电参数、氧化时间等一系列因素。除了这些影响因素外，添加剂的使用对陶瓷膜层的组织与性能亦有着不可忽视的影响。本小节将介绍在电解液中分别加入纳米 TiO_2 粉末 (金红石型尺寸 ⩽ 10 nm)、纳米 Al_2O_3 粉末 (刚玉型尺寸 ⩽ 60 nm) 添加剂 [15] 以及 Na_2WO_4 粉末添加剂 [16] 对微弧氧化陶瓷膜层显微组织与性能的影响，同时探讨添加剂对微弧氧化陶瓷膜层性能的影响机理。具体试验条件如下：在硅酸盐电解液体系中，微弧氧化过程采用恒流模式，氧化时间为 60 min，工作电流密度为 15 A/dm^2，电解液为 Na_2SiO_3 10 g/L 和 KOH 1 g/L，添加剂为不同的浓度，电解液温度控制在 30℃以下。

1. 纳米添加剂对陶瓷膜层组织与性能的影响

图 3-14 为 6063 铝合金在硅酸盐体系电解液中未添加纳米添加剂和添加不同浓度纳米 TiO_2 粉末添加剂所制备的陶瓷膜层的 XRD 图谱。从图 3-14(a) 可以看出，未添加纳米粉末的微弧氧化陶瓷膜层主要由 α-Al_2O_3 与 γ-Al_2O_3 相组成；添加纳米 TiO_2 粉末后，氧化物的峰值比未添加时要高，膜层中除了 α-Al_2O_3 与 γ-Al_2O_3 相外，还增加了少量的 TiO_2、AlTi 和 Ti_3O_5 新相，其中纳米 TiO_2 添加剂浓度为 3.2 g/L 时，TiO_2 相的尺寸根据谢乐 (Scherrer) 公式估算为 36.95 nm(图 3-14(e))。说明在电解液中所添加的纳米添加剂在微弧氧化过程中能够进入陶瓷膜层中，且仍然保持着纳米级的粒径。

添加不同浓度的 TiO_2 纳米添加剂时陶瓷膜层的表面微观形貌如图 3-15 所示。从图中可以看出，在添加 TiO_2 纳米添加剂后，膜层的表面微观形貌发生了很大的变化 (图 3-15(b)～(f))，表明纳米添加剂充分地进入陶瓷膜层中，并较致密地填充了陶瓷膜层的孔洞，这个观察结果与 XRD 分析所得到的结论相一致。在微弧氧化过程中，纳米添加剂是在等离子体微弧区域内进行高温烧结并与微弧氧化生成的 Al_2O_3 一起生成陶瓷膜层，在涂层中保持为 TiO_2，或是生成新相 AlTi 和 Ti_3O_5，因此与膜层是一个整体结合致密。此外，随着添加剂浓度的增加，涂层表面更加致密。从宏观上看，添加纳米 TiO_2 后，膜层由原来的灰白色变成光滑的深蓝黑色，随着添加剂浓度的增加，涂层的颜色越来越深。

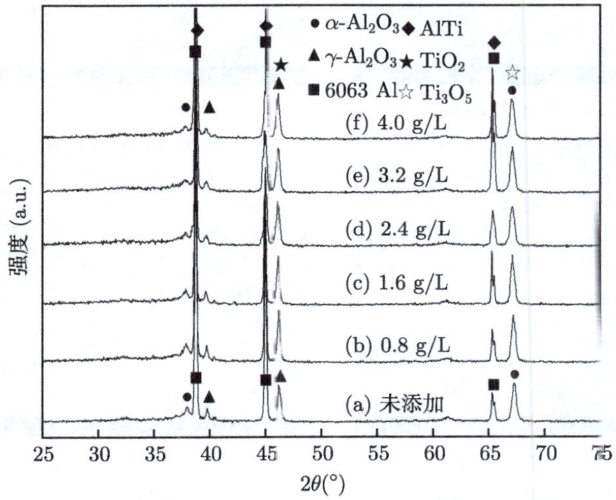

图 3-14 添加不同浓度纳米 TiO_2 制备的陶瓷膜层 XRD 图谱

通过对陶瓷膜层进行 EDS 能谱分析，测试了膜层的组成元素及其含量。图 3-16 为添加 4.0 g/L TiO_2 纳米添加剂时陶瓷膜层的 EDS 能谱图。从图中可以看出，添加 TiO_2 纳米粉末后陶瓷膜层的主要成分为 Al、O、Si 和 Ti，进一步证实了添加 TiO_2 纳米添加剂时，TiO_2 纳米粉末大量融入膜层中，势必将对膜层起到较大的影响。另外，如图 3-17 所示为添加不同浓度 TiO_2 纳米添加剂时陶瓷膜层的主要组成元素 Al、O、Ti 的含量变化。从图中可以看出，添加 TiO_2 纳米粉末后，膜层中 O 的含量变化不大，Al 的含量随着添加剂浓度的升高而逐渐减少。随着 TiO_2 纳米添加剂浓度的增加，膜层中 Ti 的含量逐渐增加，添加剂浓度为 4.0 g/L 时 Ti 的质量分数为 10.29%，较添加剂浓度为 0.8 g/L 时，增加了 219%。

图 3-18 为添加不同浓度 TiO_2 纳米添加剂时所制备的陶瓷膜层的显微硬度值分布。未添加纳米添加剂时陶瓷膜层的平均硬度为 1356.5 HV，随着 TiO_2 添加剂浓度的增加，膜层硬度有了显著的提高，当添加剂浓度为 3.2 g/L 时，膜层的平均硬度值最高为 1620 HV，较未添加添加剂时膜层的硬度提高了 19%；而当添加剂浓度增加到 4.0 g/L 时，膜层的平均硬度为 1585 HV，反而有所降低。说明添加剂浓度的选取也有一个较合理的范围。

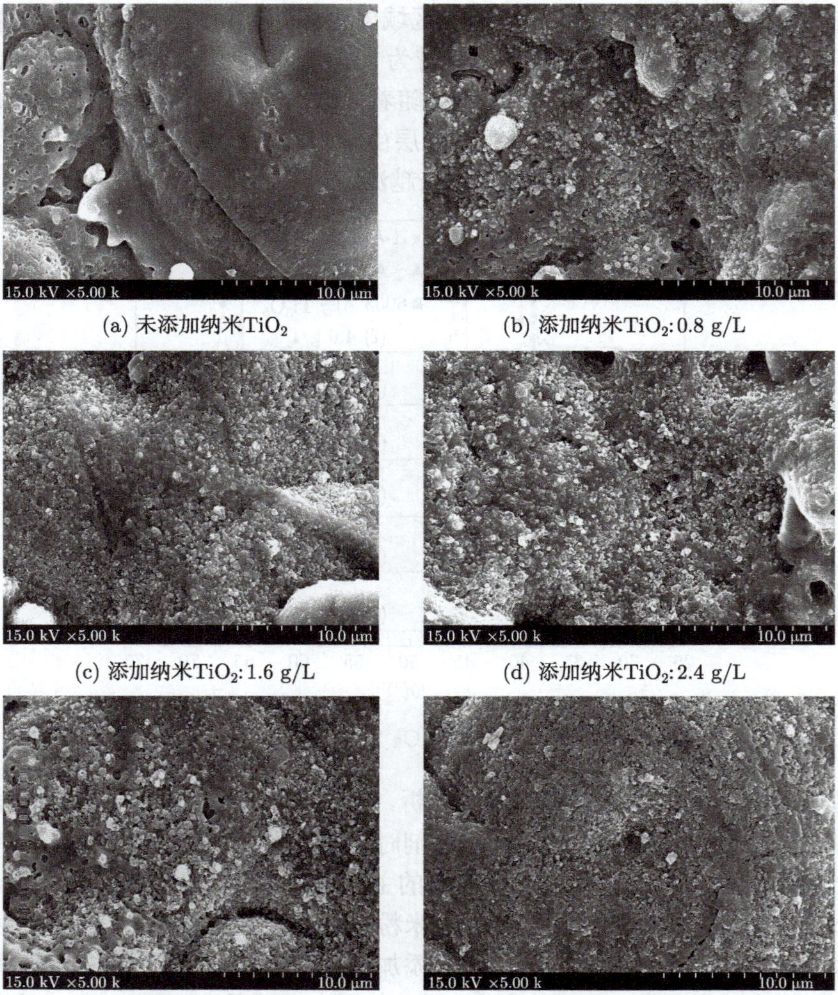

(a) 未添加纳米TiO_2　(b) 添加纳米TiO_2: 0.8 g/L

(c) 添加纳米TiO_2: 1.6 g/L　(d) 添加纳米TiO_2: 2.4 g/L

(e) 添加纳米TiO_2: 3.2 g/L　(f) 添加纳米TiO_2: 4.0 g/L

图 3-15　添加不同浓度 TiO_2 纳米添加剂时陶瓷膜层的表面微观形貌

图 3-19 为 6063 铝合金在浓度为 10 g/L 的硅酸盐电解液体系中未添加纳米添加剂和添加 3.2 g/L 的 TiO_2 纳米添加剂及 Al_2O_3 纳米添加剂时所制备的陶瓷膜层的 XRD 图谱。

从图 3-19(a) 可以看出，未添加纳米粉末的微弧氧化陶瓷膜层主要由 α-Al_2O_3 与 γ-Al_2O_3 相组成；添加纳米 Al_2O_3 粉末后膜层的铝基体峰明显减小，α-Al_2O_3 与 γ-Al_2O_3 相的峰值有了较大的提高 (图 3-19(c))，这个结果暗示着在添加纳米添加剂后膜层的致密性有了很大的提高，基体表面为致密的陶瓷氧化物膜层，且

膜层主要由 α-Al_2O_3 与 γ-Al_2O_3 相构成；添加纳米 TiO_2 粉末后膜层的铝基体峰也明显减小，膜层中氧化物的峰值也比未添加时要高，而且除了 α-Al_2O_3 与 γ-Al_2O_3 相外，还增加了少量的 TiO_2、AlTi 和 Ti_3O_5 新相，其中 TiO_2 相的尺寸根据谢乐公式估算为 36.95 nm(图 3-19(b))。这充分说明了在电解液中所添加的纳米添加剂在微弧氧化过程中能够进入陶瓷膜层中，且仍然保持着纳米级的粒径。此外，无论是添加纳米 Al_2O_3 还是纳米 TiO_2 都会使得膜层的致密性有较大的提高。

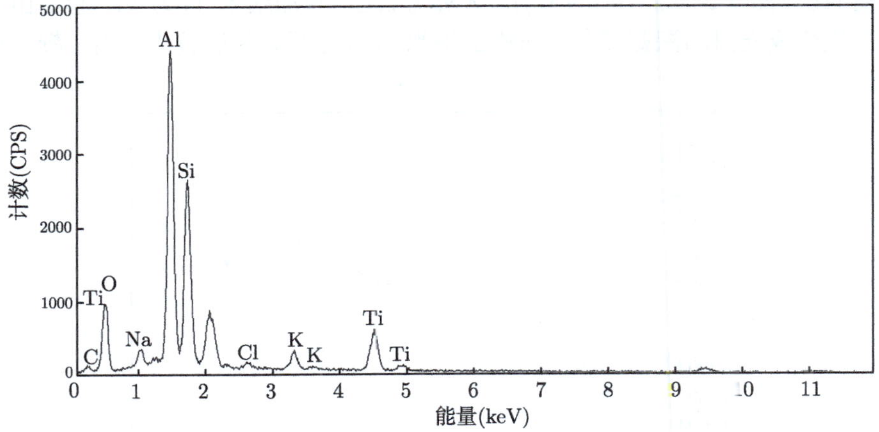

图 3-16　添加 4.0 g/L TiO_2 纳米添加剂时陶瓷膜层的能谱

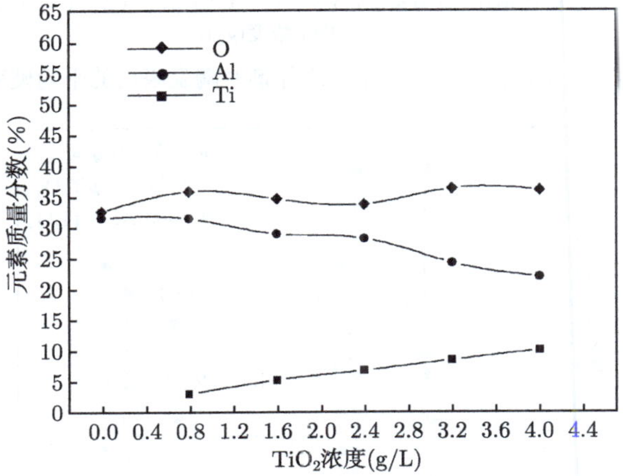

图 3-17　添加不同浓度 TiO_2 纳米添加剂时陶瓷膜层的主要元素含量

不同纳米添加剂条件下制备的陶瓷膜层的 SEM 照片如图 3-20 所示。从图中可以看出，在未添加纳米添加剂时，膜层存在较多的微裂纹 (微裂纹是由于 Al_2O_3

迅速固化产生的热应力产生的)，孔隙率也较高，膜层不够致密 (图 3-20(a))；而在添加纳米添加剂后，膜层的微裂纹与未添加时相比明显减少，致密度也有了较大的提高 (图 3-20(b)、(c))，这个观察结果与 XRD 分析所得到的结论相一致。在微弧氧化过程中，纳米添加剂是在等离子体微弧区域内进行高温烧结并与微弧氧化生成的 Al_2O_3 一起生成陶瓷膜层，因此膜层结合致密。此外，由于添加的纳米 Al_2O_3 粉末是 α-Al_2O_3，与微弧氧化生成的氧化物相同，因此添加 Al_2O_3 纳米粉末时膜层更为致密且光滑，而添加纳米 TiO_2 后的陶瓷膜层虽然致密但是明显较未添加的膜层粗糙 (比较图 3-20(a)、(b) 与 (c))。从宏观上看，膜加纳米 TiO_2 后，膜层由原来的灰白色变成光滑的深蓝黑色，而添加纳米 Al_2O_3 后，膜层较为光滑，颜色较白一些。

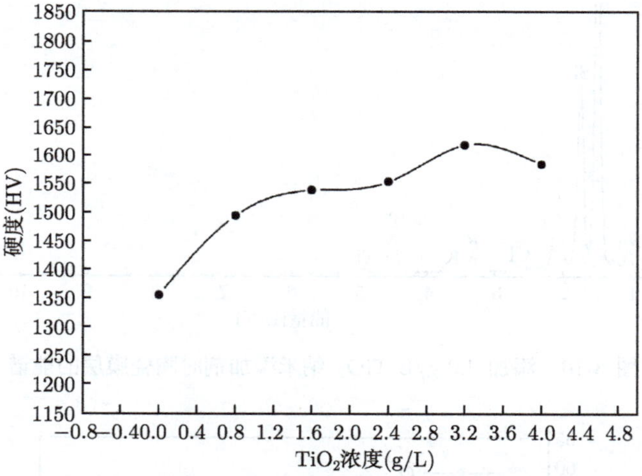

图 3-18　不同浓度 TiO_2 纳米添加剂时陶瓷膜层的平均硬度值

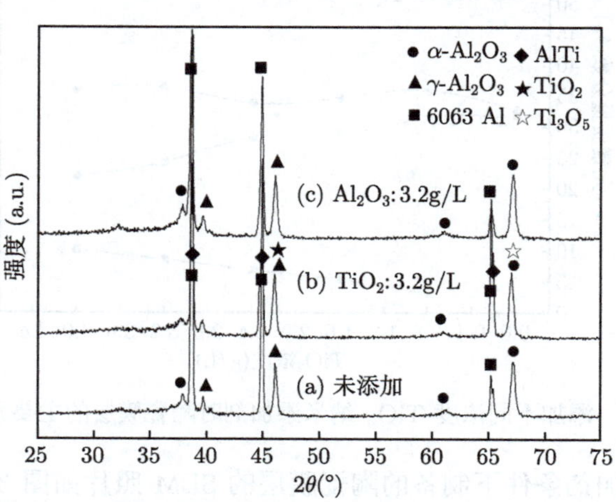

图 3-19　未添加和添加纳米添加剂时膜层的 XRD 图谱

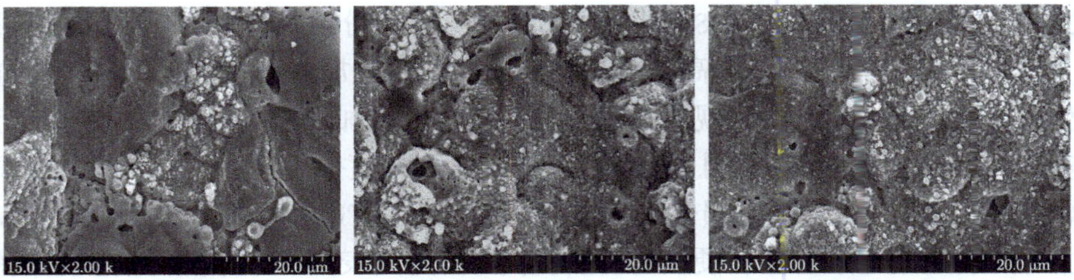

(a) 未添加 (b) 添加纳米TiO_2: 3.2 g/L (c) 添加纳米Al_2O_3: 3.2 g/L

图 3-20 添加不同纳米添加剂时膜层的表面微观形貌

如图 3-21 所示为添加不同纳米添加剂制备的陶瓷膜层的 EDS 能谱。从图中可以看出，添加 TiO_2 纳米粉末后陶瓷膜层的主要成分为 Al、O、Si 和 Ti，而添加 Al_2O_3 纳米粉末后陶瓷膜层的主要成分为 Al、O、Si。由此可见，在电解液中添加 TiO_2 纳米粉末进行微弧氧化处理，纳米添加剂的确能够在微弧氧化过程中进入所制备的陶瓷膜层中。

表 3-9 为添加不同纳米添加剂时制备的陶瓷膜层的成分 (EDS 能谱分析结果)。从表中可以看出，添加 TiO_2 纳米粉末后陶瓷膜层中 Ti 的含量很高，为 8.69%，而添加 Al_2O_3 纳米粉末后膜层中 Al 和 O 的含量也有所提高。再次表明 TiO_2 和 Al_2O_3 这两种纳米添加剂都可以在微弧氧化中进入微弧氧化陶瓷膜层中。

图 3-22 为不同纳米添加剂下所制备的陶瓷膜层的显微硬度值分布。由图可知，未添加纳米添加剂时陶瓷膜层的平均硬度为 1356.5 HV，添加纳米 TiO_2 时陶瓷膜层的平均硬度为 1620 HV，较未添加膜层的硬度提高了 19%；而添加纳米 Al_2O_3 时陶瓷膜层的平均硬度为 1868 HV，较未添加膜层的硬度则大幅度提高了 38%。上述结果表明，在电解液中添加纳米添加剂后微弧氧化陶瓷膜层的显微硬度有了很大的提高，而且添加纳米 Al_2O_3 对陶瓷膜层的显微硬度的改善效果要比添加纳米 TiO_2 好。其原因可能是由于金红石型 TiO_2 的硬度比 α-Al_2O_3 的硬度低很多 (按莫氏硬度等级，金红石型 TiO_2 的硬度为 6~7 级，而 α-Al_2O_3 即刚玉的硬度为 9 级，仅次于金刚石)，因此添加 α-Al_2O_3 纳米粉末时，膜层的显微硬度提高更明显，膜层硬度甚至能达到 2000 HV。

图 3-23 为未添加及添加不同纳米添加剂时所制备的陶瓷膜层的摩擦系数曲线。从图中可以看出，摩擦磨损试验刚开始的很短时间里摩擦系数较高，随着摩擦磨损试验的进行，膜层的摩擦系数不断减小，表明膜层由外到里是疏松层和致密层。在未添加纳米粉末时摩擦系数变化较大，而添加纳米粉末后摩擦系数曲线较为平缓，这说明纳米添加剂的使用使得膜层表面的疏松层变得致密，接近致密层的性能。在进行 60 min 摩擦磨损试验后，它们的磨损量分别是：未添加时为 0.22 mg，

添加 TiO_2 纳米粉末时为 0.38 mg，添加 Al_2O_3 纳米粉末时为 0.15 mg。这表明添加 Al_2O_3 纳米粉末很好地提高了膜层的耐磨性，而添加 TiO_2 纳米粉末膜层的耐磨性则有所降低。之所以出现这样的规律，是由于添加 Al_2O_3 纳米粉末的陶瓷膜层较未添加时的膜层更致密且表面光滑，硬度也大幅度提高，从而导致膜层的摩擦系数有所减小，因此其耐磨损性也就提高。虽然添加 TiO_2 纳米粉末时的膜层与未添加时的膜层相比致密性和硬度均有所提高，但是其表面比未添加时的膜层粗糙，从而导致添加 TiO_2 纳米粉末时的膜层的摩擦系数较未添加时膜层的摩擦系数有所增大，因此其耐磨性不如未添加的膜层好。

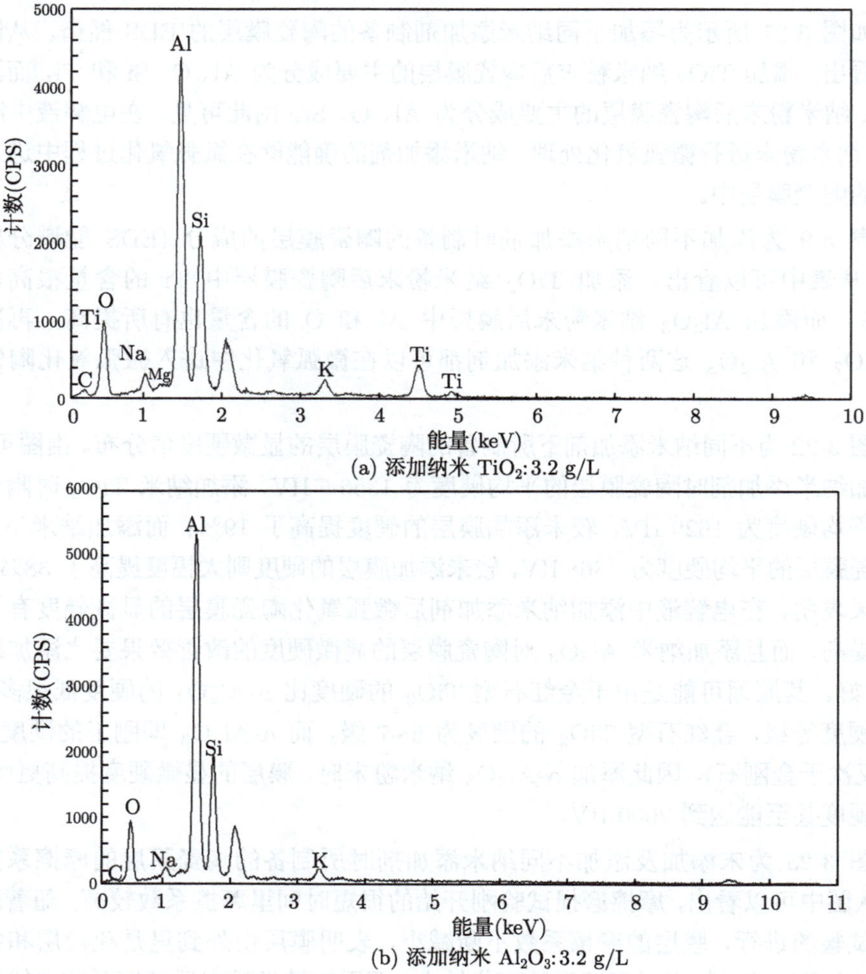

图 3-21　不同纳米添加剂时膜层的能谱

表 3-9 不同纳米添加剂时陶瓷膜层的成分 (单位：%)

纳米添加剂	化学成分		
	Al	O	Ti
未添加	31.70	32.74	—
TiO_2	24.43	36.48	8.69
Al_2O_3	34.13	35.42	—

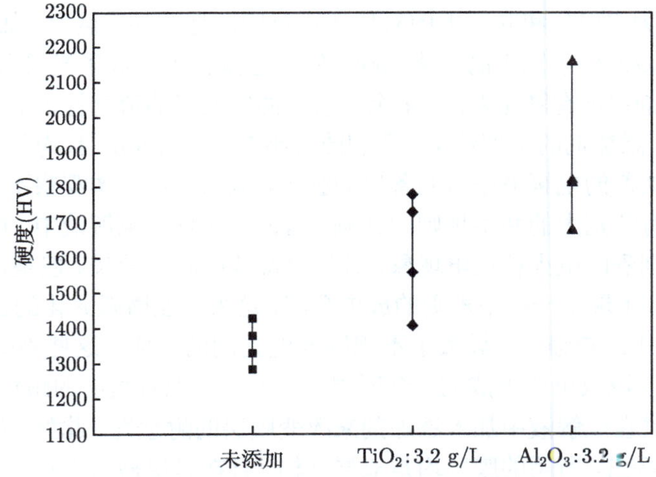

图 3-22 不同纳米添加剂时陶瓷膜层的硬度值分布

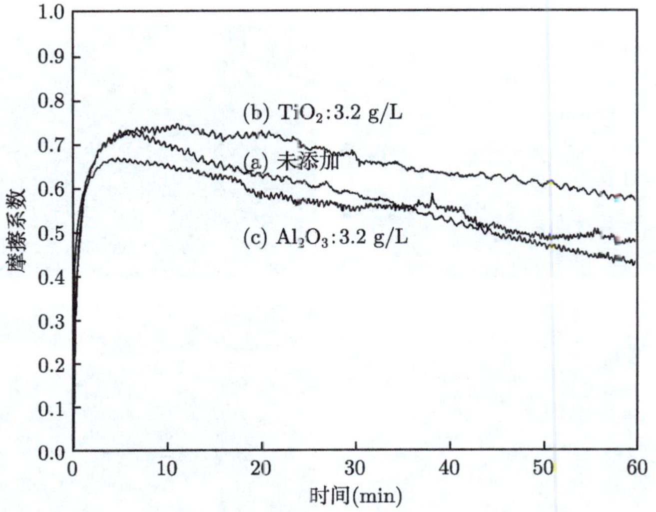

图 3-23 未添加及添加不同纳米添加剂时膜层的摩擦系数由线

2. Na_2WO_4 添加剂对陶瓷膜层组织与性能的影响

不同浓度 Na_2WO_4 添加剂条件下所制备的微弧氧化陶瓷膜层的表面和截面形貌如图 3-24 所示。这些照片都展示出了在硅酸盐电解液体系中所制备出的微弧氧化膜层的典型形貌。由图可以看出，膜层表面微孔密布，且这些微孔的数量随着添加剂浓度的增加而增加。在不含添加剂的电解液中，所制备出的膜层粗糙且零星地分布着一些孔洞。这些孔洞的尺寸在 0.5~5.5 μm。图 3-24(a) 中所出现的微裂纹主要是由于热应力 [17,18] 和高压下的氧化还原反应所造成的。然而，加入添加剂后，膜层的表面形貌发生了巨大的变化，6063 铝合金基体上形成了光滑且致密的膜层，这是由于添加剂中含有氧元素，且多余熔融态的氧元素的流动性很好。尤其是对于在含有 12 g/L 添加剂的电解液中，孔洞的大小在 1.2~4 μm，且均匀分布。另一方面，在含有添加剂的电解液中所制备出的膜层，显微裂纹基本观察不到，其结构较为均匀，且没有特别大的和不规则的孔洞，这说明在该种电解液中，电火花放电较为平稳，没有剧烈的电火花放电现象，且放电持续的时间较长。但是在不含添加剂的电解液中，却出现了一些不规则的放电孔洞，这表明在微弧氧化的过程中这些电火花的放电方式比较强烈，导致了不规则放电孔洞的形成。这些不规则的放电孔洞，主要是由区域放电所形成的。众所周知，表面形貌对膜层的耐蚀性影响很大，因此，可以通过在电解液中加入添加剂来改变膜层的耐蚀性。此外，从膜层的截面形貌照片可以看出，所用的膜层均是双层结构，且在膜层截面上孔洞密布，互不相连。从图 3-25 可以看出，膜层的厚度均在 10 μm 左右，且由截面和测厚仪所测出的厚度误差在 1~2 μm。

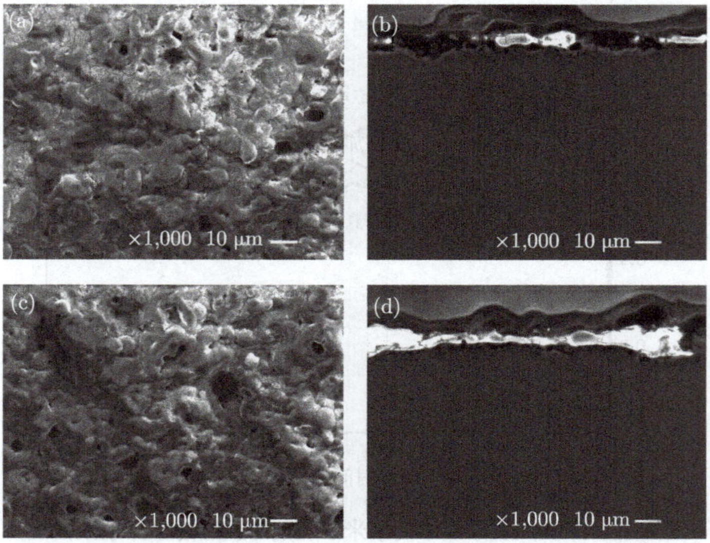

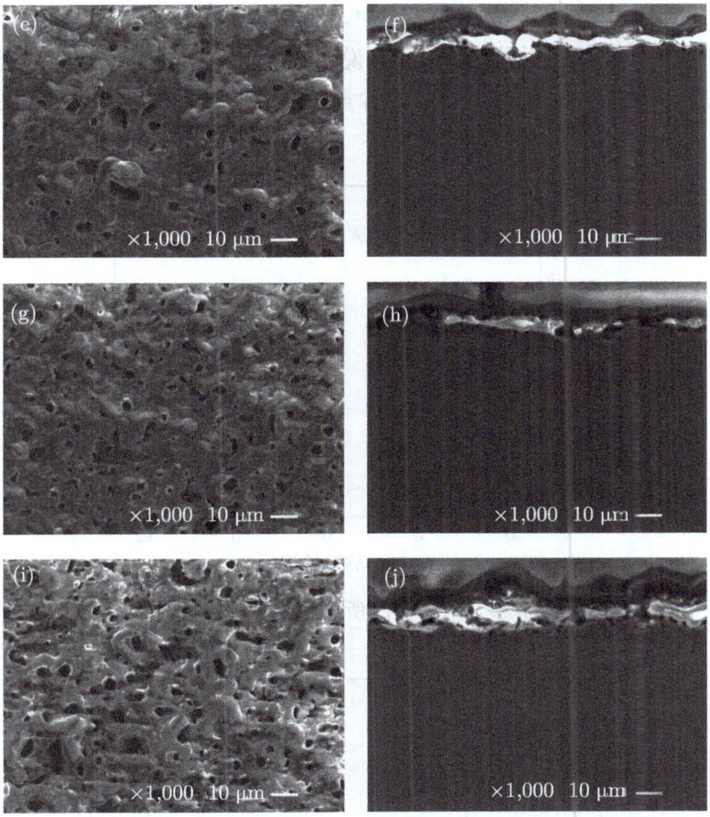

图 3-24 不同浓度 Na_2WO_4 添加剂时微弧氧化陶瓷膜层的表面和截面形貌

(a)、(b) 0 g/L; (c)、(d) 3 g/L; (e)、(f) 6 g/L; (g)、(h) 9 g/L; (i)、(j) 12 g/L

不同 Na_2WO_4 添加剂浓度所制备的微弧氧化陶瓷膜层 XRD 图谱如图 3-26 所示。可以看出，α-Al_2O_3 和 γ-Al_2O_3 占据了不含添加剂的电解液中所制备的陶瓷膜层的主要成分。α-Al_2O_3 属于热稳定相，一般不会发生相变，而 γ-Al_2O_3 在温度超过 1273 K 的时候很容易转变成 α-Al_2O_3。这也说明了图 3-26 中 α-Al_2O_3 峰的强度随着添加剂浓度的增加而增加的原因。

进一步来说，添加 Na_2WO_4 后，检测到了一些对应于 WO_3 的峰。WO_3 的形成主要是由于 WO_4^{2-} 离子在放电孔洞中的氧化还原反应 [19]，其反应如下：

$$2WO_4^{2-} - 4e \longrightarrow 2WO_3 + O_2 \uparrow \tag{3-2}$$

对于这些膜层来说，检测到了一些很强的对应于铝基体的峰，主要是由于这些膜层比较薄，只有 10 μm 左右。

表 3-10 为不同浓度 Na_2WO_4 添加剂时所制备的 6063 铝合金微弧氧化膜层中

各元素的含量。在不含添加剂的电解液中，只有 Al、Si、O、Mg、Ca 五种元素；加入 Na_2WO_4 后，膜层中侧出现了 W。这说明铝合金基体中的元素和溶液中的成分都参与了反应，且在这些元素中，Al 的含量最高，进一步表明了膜层的主要组成成分为氧化铝。

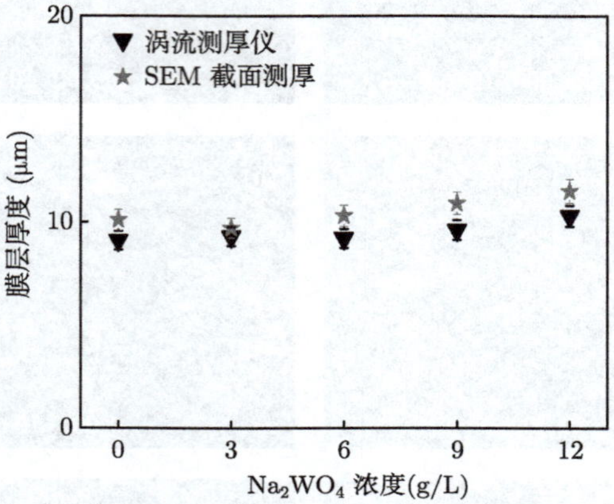

图 3-25　两种方法所测膜层的厚度对比

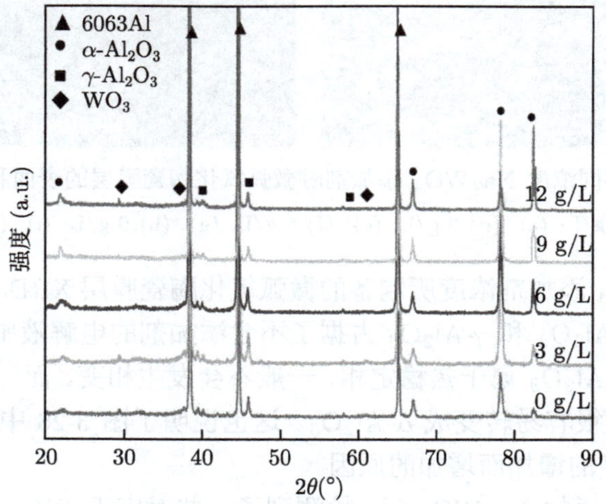

图 3-26　不同 Na_2WO_4 添加剂浓度时陶瓷膜层的 XRD 图谱

6063 铝合金基体和在 0 g/L、3 g/L、6 g/L、9 g/L、12 g/L Na_2WO_4 添加剂浓度的电解液中所制备的微弧氧化膜层在质量分数为 3.5% NaCl 溶液中所得的动电位极化曲线如图 3-27 所示。一般来说较高的自腐蚀电位 (E_{corr}) 和较小的自腐蚀电流 (I_{corr}) 对应于较低的腐蚀速率和较好的耐蚀性。E_{corr}、I_{corr} 以及与之相关的阳极/阴极塔费尔常数 (β_a 和 β_c) 均是由塔费尔拟合的方法得到的，所得数据均列在

表 3-11 中。从图 3-33 和表 3-11 中可以看出，在不含添加剂的电解液中所制备出的 6063 铝合金微弧氧化膜层相对于 6063 铝合金基体的自腐蚀电位高了大约 40 mV，同时，其自腐蚀电流相对于基体铝合金减小了一个数量级。这意味着经过微弧氧化所处理后的 6063 铝合金，其自腐蚀电位得到了提升，自腐蚀电流得以减小，意味着其在腐蚀环境中能更加耐腐蚀，同时也表明陶瓷膜层能很好地保护 6063 铝合金基体。然而，随着添加剂浓度的增加，相对于在不含添加剂的电解液中所制备的微弧氧化膜层，膜层的自腐蚀电位逐渐增加，自腐蚀电流逐渐减小。同时，随着添加剂量的增加，膜层的动电位极化曲线向左 (更低的自腐蚀电流) 和向上 (更高的自腐蚀电位) 移动，这表明在含有添加剂的电解液中所制备的 6063 铝合金微弧氧化显著提高了其耐蚀性。微弧氧化膜层的耐腐蚀性能是由很多方面所决定的，例如膜层的厚度、粗糙度、孔隙率及表面结构。通过添加剂 Na_2WO_4 的加入，膜层的均匀度和平整度得到了提高。另外，通过添加剂 Na_2WO_4 的加入，膜层中大孔洞的数量明显减少，出现的小孔洞较为规则且分布均匀，这是由于添加剂 Na_2WO_4 中含有氧原子。在微弧氧化的反应过程中，由于添加剂 Na_2WO_4 中含有较多的氧，在反应过程中，由于氧化还原反应，氧原子的运动，使得高温状态下的熔融态膜层的流动性更好，能更好地流动，因此膜层才表现出较好的平整度和较小的粗糙度。另外，高温状态下的熔融态膜层流动性好，大孔洞的数量就会减少，很多孔洞会被熔融态的膜层所填充，因此大孔洞的数量大大减少。同时，由于添加剂 Na_2WO_4 的加入，微弧氧化膜层的内膜层结构更为致密，由于在腐蚀环境中，微弧氧化膜层的耐腐蚀性能的好坏主要是由其内层致密层所决定的，添加剂 Na_2WO_4 的加入可以使其内部形成更加致密的内部致密层，所以在 Na_2WO_4 添加剂加入后，相对于未加入添加剂的膜层来说，其耐腐蚀性能能更好地提升。因此，在含 12 g/L 的 Na_2WO_4 添加剂浓度的电解液中所制备出的膜层表现出最佳的耐蚀性。

表 3-10 不同浓度 Na_2WO_4 添加剂时膜层的元素含量 (单位：%)

元素	0 g/L	3 g/L	6 g/L	9 g/L	12 g/L
Al	49.52	45.24	43.63	43.27	42.63
Mg	0.88	0.83	0.73	0.71	0.57
Si	5.90	4.53	4.24	4.35	4.34
W	—	6.42	7.23	8.82	10.13
O	42.63	42.19	43.32	42.08	41.44
Ca	1.07	0.79	0.85	0.77	0.89

为了定量地研究微弧氧化膜层的耐腐蚀行为，采用电化学阻抗谱测试研究了电解液/电极表面的腐蚀过程以及电极性能的腐蚀过程变化。这对于理解膜层系统的腐蚀机理十分重要 [20]。图 3-28 为 6063 铝合金基体及其微弧氧化膜层的 Nyquist 图 (图 3-28(a)) 和 Bode 图 (图 3-28(b)、(c))。很明显，在图 3-28(a) 中，微弧氧化过

的 6063 铝合金在中高频区表现出一个大的容抗弧且弧的半径随着添加剂浓度的增加而增大。与此同时，在图 3-28(b) 中，6063 铝合金微弧氧化膜层的阻抗模值远大于其基体的阻抗模值。具体表现在，6063 铝合金基体的阻抗模值在 $10\sim10^4\ \Omega\cdot cm^2$ 范围内变动，而膜层的阻抗模值在 $10\sim10^5\ \Omega\cdot cm^2$ 的范围内变动。因此，通过微弧氧化处理过的 6063 铝合金相对于其基体耐蚀性提高了一个数量级，且添加剂的浓度与膜层的耐蚀性成正比例，这与极化测试的结果是一致的。阻抗的这些测试结果表明，随着添加剂浓度的增加，膜层的耐蚀性在逐渐变好，这可能是由于 Na_2WO_4 浓度的提升，膜层的均匀性变好，且微孔的直径变小，所以产生了这种现象。频率与相位角的变化关系 (图 3-28(c)) 表明，6063 铝合金微弧氧化膜层的内层与外层结构，即内部致密层与外部疏松层对应于两个时间常数 [21,22]。此外，图 3-29(a) 所示为等效拟合电路，用以分析拟合结果。图 3-29(b) 所示为带感抗元件的等效电路图，用以拟合严重腐蚀时的等效电路图。等效电路与阻抗谱之间具有很好的线性拟合关系，所得参数也均在合理的误差范围内。在这个电路中，R_s 代表所用试样和参比电极之间的溶液电阻，R_p 代表膜层外部疏松层的电阻 (尤其是缺陷电阻，类似于孔洞和裂纹)，且它和常相位角元件 Q_p 是平行的，R_b 表示膜层内部致密层的电阻 (主要指膜层和基体表面部分的接触电阻)，且它和常相位角元件 Q_b 是平行的。常相位角元件 Q 代表一个电容元件，它是用来拟合膜层和基体之间的电容性质的行为 [23]。

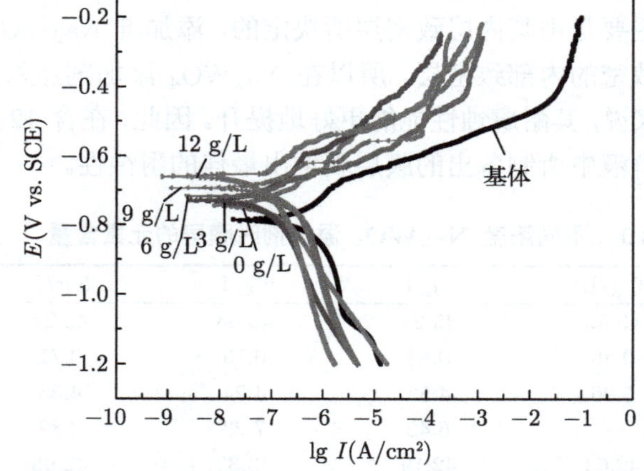

图 3-27 基体及不同浓度 Na_2WO_4 添加剂时陶瓷膜层的动电位极化曲线

根据所设计的电路图，阻抗谱曲线的拟合度很高且对应的元件值都记录在表 3-12 中。从表中可以看出，微弧氧化膜层的外部疏松层电阻 R_p 和内部致密层电阻随着添加剂浓度的增加逐渐增大。然而，R_p 和 R_b 不是一个数量级的，R_p 在数值上较 R_b 小一个数量级。根据 Su 等的研究 [24]，外部疏松层对膜层的耐腐蚀性能贡

表 3-11　基体及不同浓度 Na_2WO_4 添加剂时膜层的动电位极化曲线拟合结果

试样	β_a (mV)	β_c (mV)	E_{corr} (V vs. SCE)	I_{corr} (A/cm^2)
基体	144	285	−0.78	5.23×10^{-6}
0 g/L	142	243	−0.74	2.51×10^{-7}
3 g/L	163	281	−0.73	9.92×10^{-8}
6 g/L	64	168	−0.71	7.44×10^{-8}
9 g/L	63	168	−0.69	2.37×10^{-8}
12 g/L	75	204	−0.66	8.75×10^{-9}

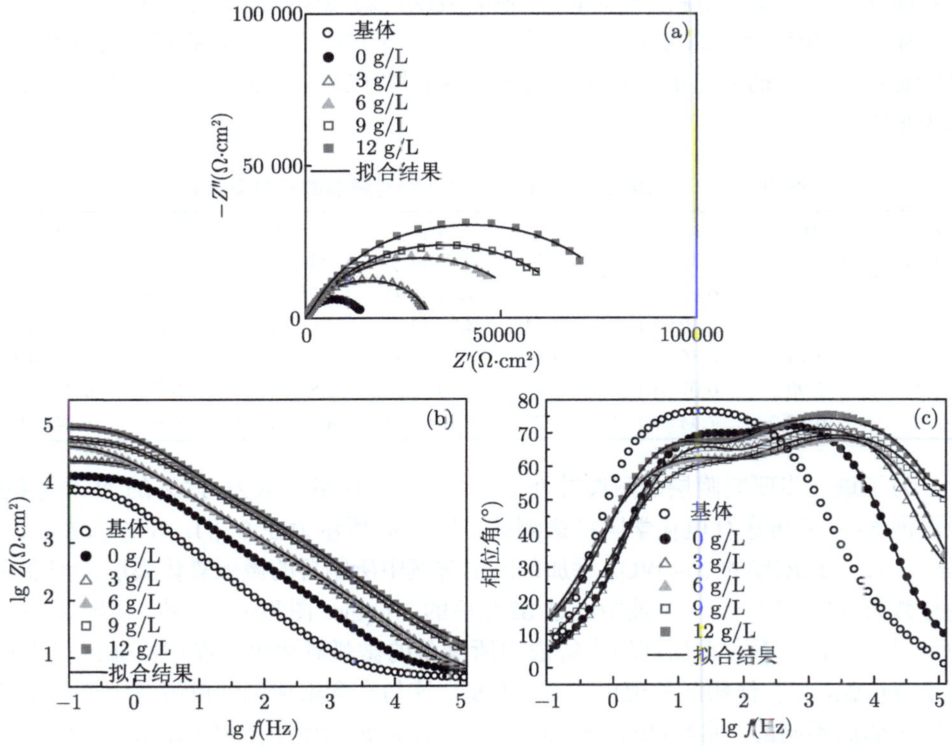

图 3-28　基体及不同浓度 Na_2WO_4 添加剂时膜层的 Nyquist 图 (a) 和 Bode 图 (b)、(c)

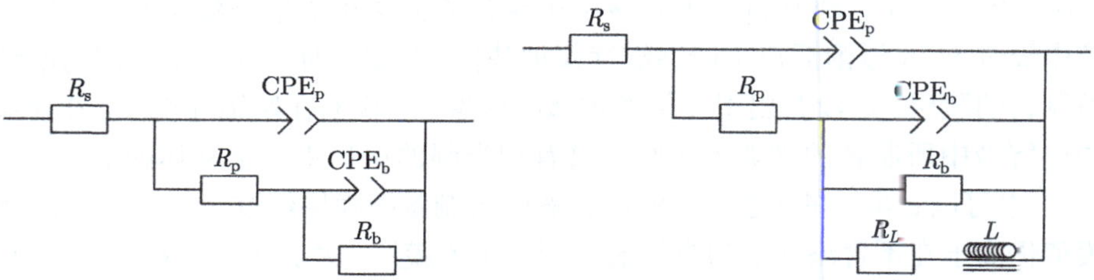

(a) 两个时间常数　　(b) 三个时间常数

图 3-29　微弧氧化膜层的等效电路

献不大，决定膜层的耐腐蚀性能的是其与基体紧密相连的内部致密层。高的 R_b 数值表明该膜层具有较佳的耐腐蚀性。从表 3-12 中可以看出，在含添加剂的电解液中所制备的微弧氧化膜层的 R_b 数值明显高于不含添加剂的电解液中所制备的微弧氧化膜层的 R_b 数值，且随着添加剂浓度的增加，所制备膜层的 R_b 数值和 R_p 数值同时增加，这表明膜层的耐蚀性与添加剂浓度呈正比例。另一方面，膜层的耐蚀性又与膜层的微观结构紧密相连。从图 3-24 中可以看出，在含添加剂的电解液中所制备的膜层的表面孔洞直径明显小于在不含添加剂的电解液中所制备的膜层，且表面基本无裂纹。在腐蚀环境中，孔洞和裂纹是腐蚀性氯离子进入膜层的主要途径。因此，在电解液中添加 Na_2WO_4 添加剂有助于提高微弧氧化膜层的耐蚀性，这可能是由于添加剂中充足的氧原子的流动性有助于提高膜层表面的平整性且可以减少缺陷。

表 3-12 不同浓度 Na_2WO_4 添加剂时膜层的等效电路数据

浓度 (g/L)	R_s ($\Omega\cdot cm^2$)	Q_p (F/cm^2)	n_p	R_p ($\Omega\cdot cm^2$)	Q_b (F/cm^2)	n_b	R_b ($\Omega\cdot cm^2$)
0	5.66	6.04×10^{-6}	0.86	1.91×10^3	4.58×10^{-6}	0.88	1.32×10^4
3	5.63	5.42×10^{-6}	0.84	3.29×10^3	4.64×10^{-6}	0.87	2.84×10^4
6	5.24	8.86×10^{-6}	0.82	5.52×10^3	3.27×10^{-6}	0.83	4.85×10^4
9	5.99	6.07×10^{-6}	0.80	6.74×10^3	5.83×10^{-6}	0.73	6.32×10^4
12	6.13	7.44×10^{-6}	0.79	8.73×10^3	4.01×10^{-6}	0.87	8.34×10^4

为了进一步研究膜层的耐腐蚀性能，将膜层在质量分数为 3.5%的 NaCl 溶液中浸泡 82 h 后再进行电化学阻抗谱测试。图 3-30 所示为在 0 g/L、3 g/L、6 g/L、9 g/L、12 g/L 浓度的 Na_2WO_4 添加剂的电解液中所制备的微弧氧化膜层浸泡在质量分数为 3.5% 的 NaCl 溶液中经过 82 h 后的 Nyquist 图和 Bode 图。从图 3-30(a) 中可以看出，在不含添加剂的电解液中所制备的微弧氧化膜层在中高频区呈现出两个容抗弧，且在低频区呈现出一个感抗弧，这与在含添加剂的电解液中所制备的膜层是截然不同的，尤其是对于在含 12 g/L 添加剂浓度中所制备的膜层。感抗弧的出现意味着具有腐蚀性的 NaCl 溶液已经渗入膜层当中且进入 6063 铝合金的基体，这就表示在不含添加剂的电解液中所制备的膜层在质量分数为 3.5%的 NaCl 溶液中经过 82 h 浸泡后已不能够继续保护基体。但是，对于在含添加剂的电解液中所制备的膜层，却没有出现任何感抗弧的现象，这说明在腐蚀环境中，在含添加剂的电解液中所制备的微弧氧化膜层具有相当强的保护铝合金基体的能力。从图 3-30(b) 中可以看出，在含添加剂的电解液中所制备的膜层经过 82 h 浸泡后，其阻抗模值仍高于在不含添加剂的电解液中所制备的膜层。尤其是对于在含 12 g/L 添加剂浓度的电解液中所制备的膜层，其阻抗模值仍高于 $10^4\ \Omega\cdot cm^2$。因此，可以得出 Na_2WO_4 添加剂有助于提高微弧氧化膜层的耐蚀性。

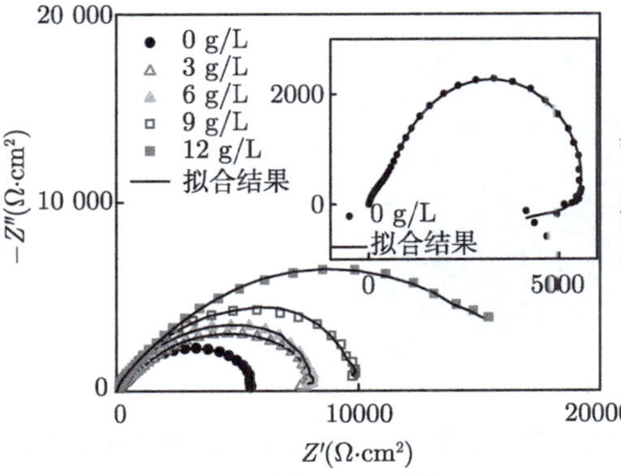

(a) Nyquist图

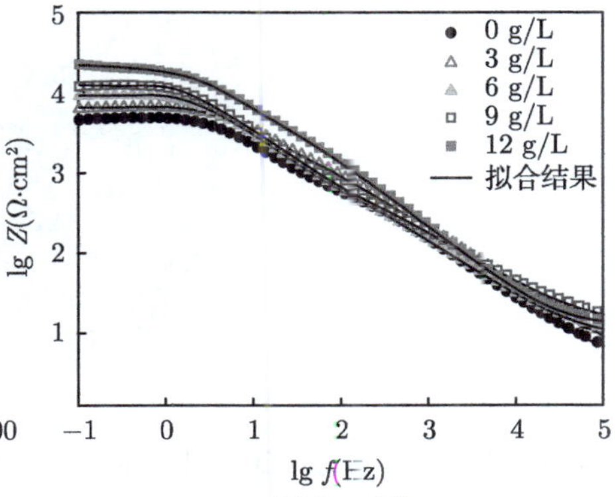

(b) Bode图

图 3-30 基体及不同浓度 Na_2WO_4 添加剂时微弧氧化膜层的 Nyquist 图和 Bode 图

图 3-31 为在 0 g/L、3 g/L、6 g/L、9 g/L、12 g/L 浓度的 Na_2WO_4 添加剂的电解液中所制备的微弧氧化膜层浸泡在质量分数为 3.5%的 NaCl 溶液中经过 82 h 后的微观形貌。从图 3-31(a) 中可以看出，在不含添加剂的电解液中所制备的膜层出现了一个很大的点蚀坑 (圆圈所示)，同时出现了大量的裂纹，这与电化学阻抗谱的测试是一致的。然而，对于在含添加剂的电解液中所制备的膜层，却没有出现任何明显的点蚀现象。对于在不含添加剂的电解液中所制备的膜层的拟合电路图如图 3-29(b) 所示，其额外包含了电路元件 L 和 R_L。感抗的出现，意味着带有腐蚀性的氯离子已经进入 6063 铝合金基体，此时膜层已经不能很好地保护 6063 铝合金的基体。

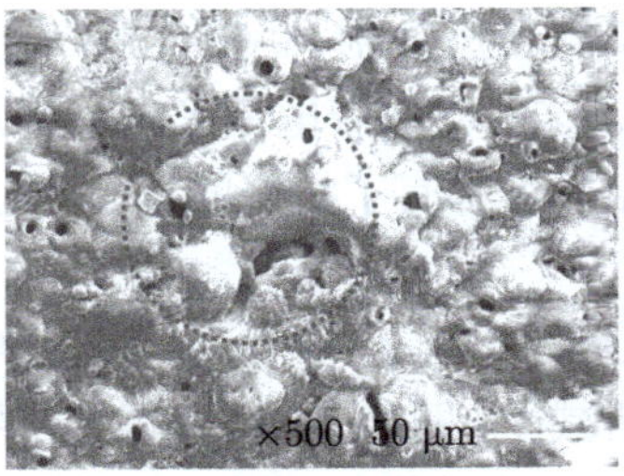

(a) 0 g/L

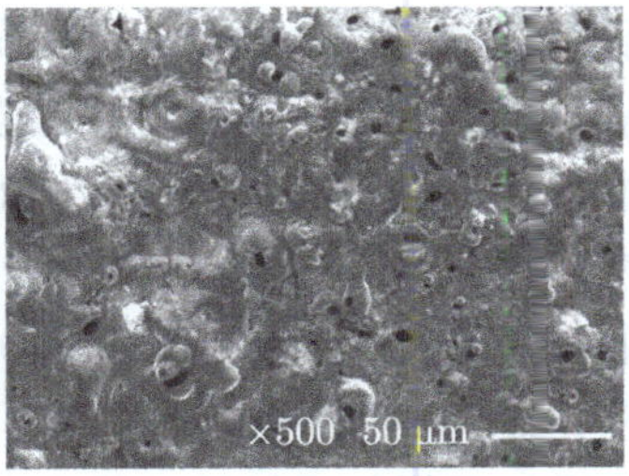

(b) 3 g/L

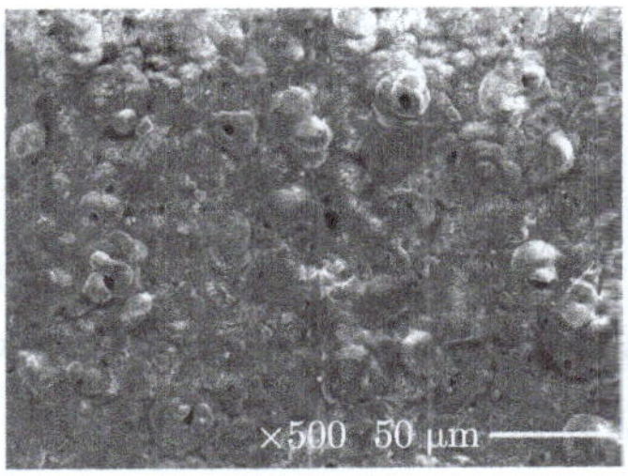

(c) 6 g/L

(d) 9 g/L

(e) 12 g/L

图 3-31　不同浓度 Na_2WO_4 添加剂时膜层浸泡在质量分数为 3.5% NaCl 溶液中的微观形貌

3.2.3　电流密度对 6063 铝合金微弧氧化陶瓷膜组织与性能的影响

在氧化时间、电解液成分及浓度等条件一定的情况下，本小节介绍了电流密度对 6063 铝合金微弧氧化陶瓷膜层组织与性能的影响 [25,26]。微弧氧化过程采用恒流模式，氧化时间为 60 min，电解液为 Na_2SiO_3 10 g/L 和 KOH 1 g/L，电流密度为 5~25 A/dm^2，电解液温度控制在 30℃ 以下。

1. 电流密度对微弧氧化陶瓷膜组织的影响

图 3-32 为 6063 铝合金在不同的电流密度条件下制备的微弧氧化陶瓷膜层的 XRD 图谱。从图中可以看出，在相同的电解液体系和相同的微弧氧化时间下制备的陶瓷膜层的 XRD 图谱的图形基本相同，说明膜层都是主要由 α-Al_2O_3 与 γ-Al_2O_3 相所组成。但在电流密度为 10 A/dm^2 时，铝基体的峰值较大而 Al_2O_3 的峰值较小，随着电流密度增大到 20 A/dm^2，微弧氧化反应加剧，铝基体的峰值不断减小而 α-Al_2O_3 与 γ-Al_2O_3 相的衍射峰明显增强。这表明随着电流密度的增加，α-Al_2O_3 与 γ-Al_2O_3 相增多，陶瓷膜层的致密性和结晶度都有了很好的提高，从而也会使膜层的性能有较大的提高。

微弧氧化的电流密度和起弧时间的关系，如表 3-13 所示。从表中可以看出随着电流密度的增加，所需要的起弧时间不断减少，即微弧氧化陶瓷膜层的成膜速率随电流密度的增加而增加。另外，随着电流密度的增加，微弧氧化反应变得剧烈，但如果电流密度过大，膜层表面会变得较为粗糙，并容易使得膜层崩裂或被烧蚀，进而影响膜层的质量。

不同电流密度条件下制备的陶瓷膜层的 SEM 照片如图 3-33 所示。从图中可以看出，不同的电流密度条件下制备的陶瓷膜层的表面形貌有所不同。当电流密度为 10 A/dm^2 时，膜层较光滑，但是膜层较薄、不够致密且存在较大的孔洞 (图 3-33(a))；当电流密度增大到 15 A/dm^2 时，膜层厚度增加且较为致密，表面陶瓷层大面积地熔融固化在一起 (图 3-33(b))；而当电流密度超过 20 A/dm^2 时，膜层变得较为粗糙，存在碎状颗粒，显微裂纹的数量也增加许多 (图 3-33(c)、(d))。由此可说明随着电流密度的增加，膜层厚度增加且更加致密。但当电流密度过大时，微弧氧化反应变得剧烈，使得膜层变得粗糙甚至开裂。

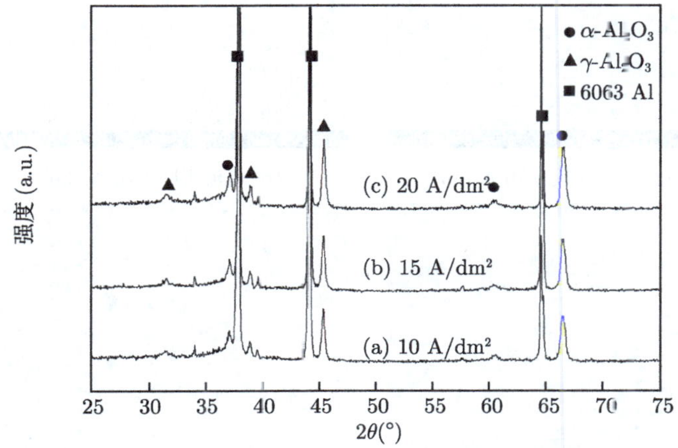

图 3-32　不同电流密度时陶瓷膜层的 XRD 图谱

表 3-13　电流密度和起弧时间的关系

电流密度 (A/dm^2)	起弧时间 (min)
10	4.5
15	4
20	3
25	2.5

2. 电流密度对微弧氧化陶瓷膜性能的影响

在一定的微弧氧化时间 (60 min) 和同样的电解液体系 (硅酸盐) 中制备的陶瓷膜层的平均显微硬度随电流密度的变化规律如图 3-34 所示。从图中可以看出，电流密度从 10 A/dm^2 增加到 20 A/dm^2 时，膜层的平均硬度值从 675 HV 增加到 1077 HV，提高了 59.6%；而当电流密度继续增加到 25 A/dm^2 时，膜层的平均硬度值反而有所降低，为 1055 HV。由此可以看出，在一定的范围内随着电流密度的提高，陶瓷膜层的平均硬度值随之明显提高，当电流密度过大时，膜层的平均硬度反而有所降低。

不同电流密度条件下制备的微弧氧化陶瓷膜层的结合力如图 3-35 所示。图中曲线峰值突然增大表示膜层在此载荷下被划破，划破时的临界载荷值越大，说明膜层的结合力性能越好。从中可以看出，电流密度从 10 A/dm^2 升高到 20 A/dm^2，划破时的临界载荷值从 50 N 提高到 60 N，说明膜层的结合力性能有所提高。

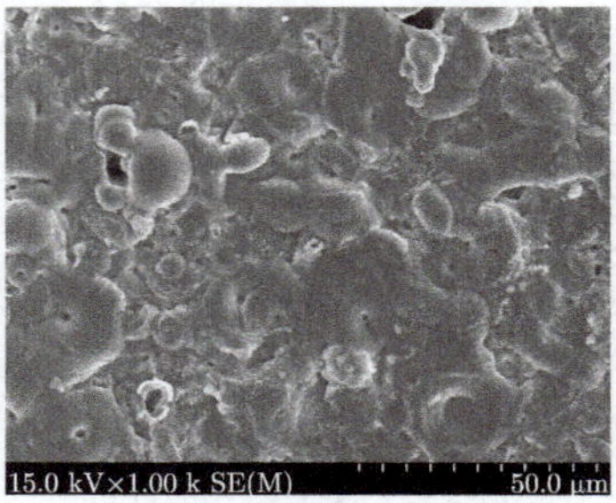

(a) 电流密度为10 A/dm²

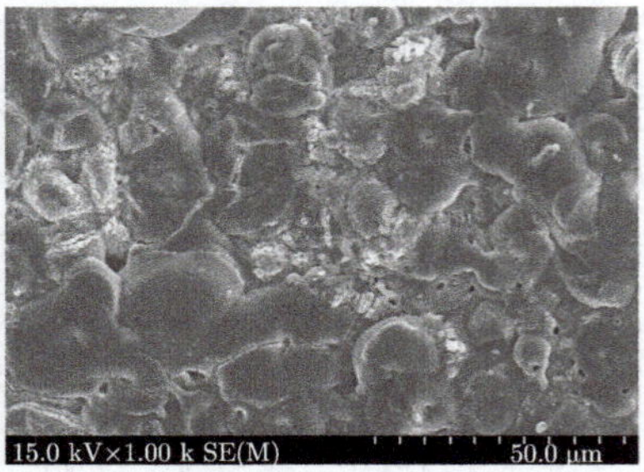

(b) 电流密度为15 A/dm²

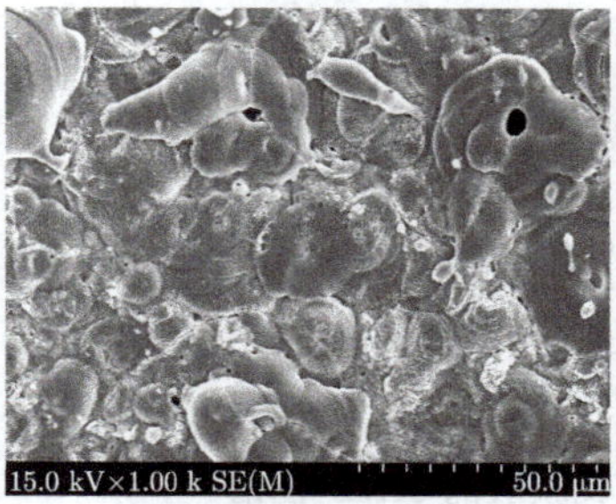

(c) 电流密度为20 A/dm²

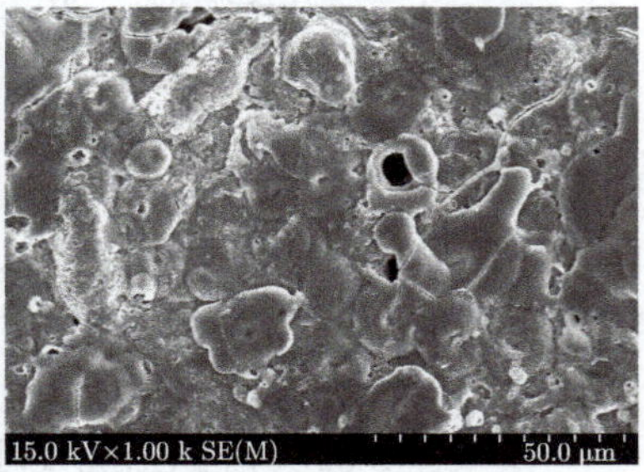

(d) 电流密度为25 A/dm²

图 3-33　不同电流密度时陶瓷膜层的表面微观形貌

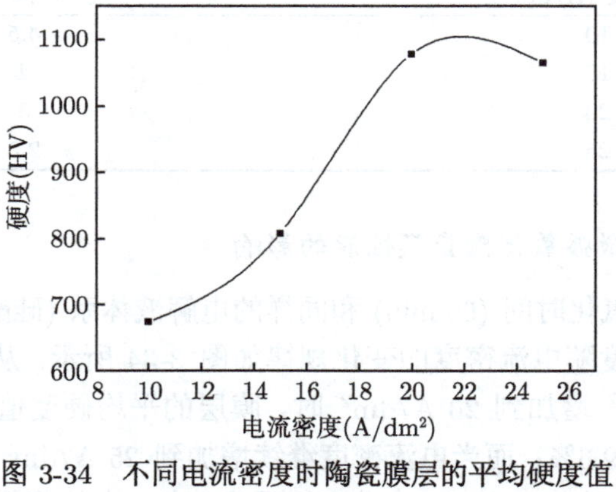

图 3-34　不同电流密度时陶瓷膜层的平均硬度值

图 3-36 为 6063 铝合金基体及其在不同的电流密度下所制备的微弧氧化膜层在 3.5% NaCl 溶液中的动电位极化曲线，预浸泡时间为 2 h。表 3-14 为这些曲线的拟合结果，从表中可以看出，在 5 A/dm² 的条件下所制备的膜层相对于 6063 铝合金基体自腐蚀电位增加了 50 mV，且自腐蚀电流下降了一个数量级。之后，电流密度越大，膜层的自腐蚀电位越大，自腐蚀电流越小。但是，当电流密度增加到 20 A/dm² 时，膜层的自腐蚀电流却增加了 1 个数量级。膜层的耐蚀性主要是由其微

观结构所决定的，在 5 A/dm^2 的条件下所制备的膜层微孔较多，到了 10 A/dm^2 的时候，微孔变少了，当电流密度增大到 15 A/dm^2 的时候，膜层的微孔最少，显微组织上相对致密，但当电流密度增大到 20 A/dm^2 的时候，微弧氧化的反应过于剧烈，对膜层的结构上造成了一定程度的烧蚀，破坏了其组织结构，所以在 15 A/dm^2 的条件下所制备的微弧氧化膜层具有最小的自腐蚀电流密度 6.69×10^{-8} A/cm^2，其耐蚀性最佳，而在 20 A/dm^2 的条件下制备的膜层其耐蚀性则有所下降。

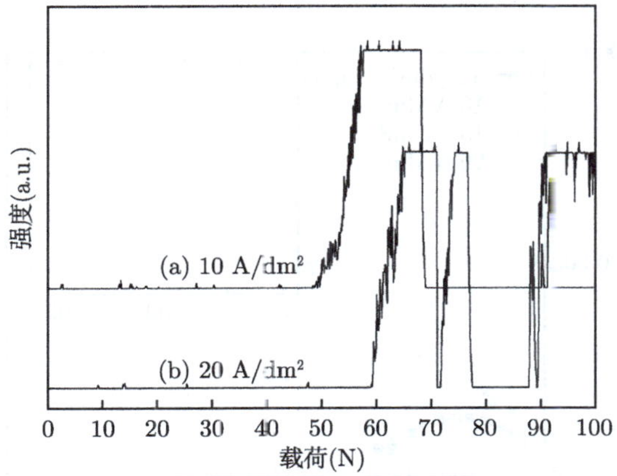

图 3-35　不同电流密度时陶瓷膜层的结合力值

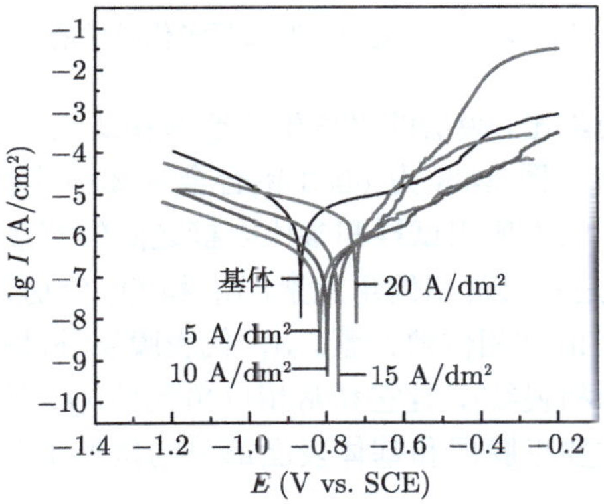

图 3-36　基体及不同电流密度时微弧氧化膜层的动电位极化曲线

图 3-37 为 6063 铝合金基体及其微弧氧化膜层的 Nyquist 图，表 3-15、表 3-16 分别为 6063 铝合金基体和其微弧氧化膜层的阻抗谱拟合参数的数据。从这两个表中可以看出，首先，膜层的耐腐蚀性能相对于铝合金基体明显提高。其次，膜层的电化学参数随着电流密度的增加，呈现出规律性的变化，即存在一个最佳的电流密度参数。

表 3-14　基体及不同电流密度时膜层的极化曲线拟合结果

试样	E_{corr} (V vs. SCE)	I_{corr} (A/cm^2)
基体	−0.87	9.20×10^{-6}
5 A/dm^2	−0.82	7.28×10^{-7}
10 A/dm^2	−0.80	2.15×10^{-7}
15 A/dm^2	−0.75	6.69×10^{-8}
20 A/dm^2	−0.72	3.38×10^{-6}

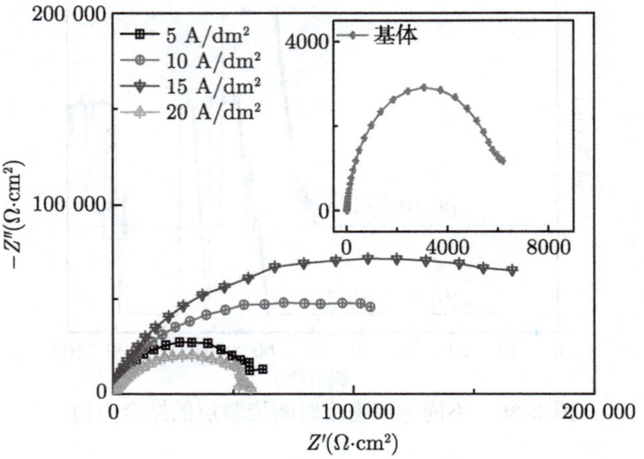

图 3-37　基体及不同电流密度时微弧氧化膜层的 Nyquist 图

从上述结果可以总结出，膜层的平均生长速率和缺陷程度在一定程度上，随着电流密度的增加而增加。图 3-38 为 6063 铝合金基体和其微弧氧化膜层阻抗谱的等效电路图。图中，R_s 代表所用试样和参比电极之间的溶液电阻，R_{dl} 代表双电层电荷转移的电阻，Q_{dl} 是双层常相位角元素，R_c 和 Q_c 分别为合金基体与腐蚀介质之间的电阻和它们之间的常相位角元素。R_p 代表膜层外部疏松层的电阻 (尤其是缺陷电阻，类似于孔洞和裂纹)，且它和常相位角元件 Q_p 是平行的，R_b 表示膜层内部致密层的电阻 (主要指膜层和基体表面部分的接触电阻)，且它和常相位角元件 Q_b 是平行的。

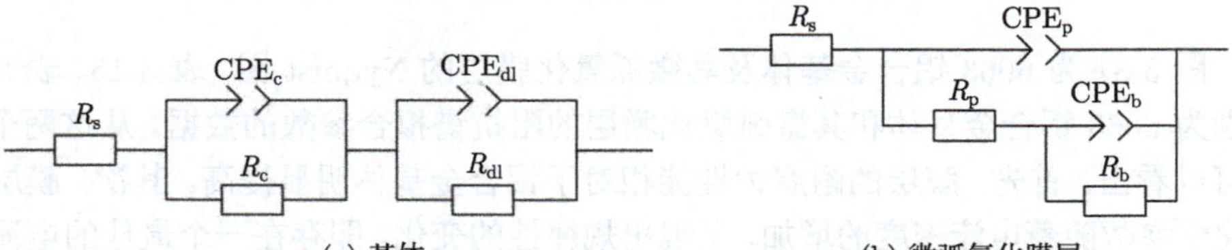

(a) 基体　　(b) 微弧氧化膜层

图 3-38　等效电路图

表 3-15　6063 铝合金的阻抗谱拟合数据

$R_s(\Omega\cdot cm^2)$	$R_{dl}(\Omega\cdot cm^2)$	Q_{dl} (F/cm^2)	n_{dl}	$R_c(\Omega\cdot cm^2)$	Q_c (F/cm^2)	n_c
13	6270	4.12×10^{-4}	0.51	11360	5.26×10^{-5}	0.72

表 3-16　微弧氧化膜层的阻抗谱拟合数据

电流密度 (A/dm^2)	R_s $(\Omega\cdot cm^2)$	$R_p(\Omega\cdot cm^2)$	Q_p (F/cm^2)	n_p	$R_b(\Omega\cdot cm^2)$	Q_b (F/cm^2)	n_b
5	15	6.9×10^3	1.56×10^{-5}	0.63	6.10×10^4	5.12×10^{-6}	0.85
10	14	7.25×10^3	2.24×10^{-6}	0.52	7.15×10^4	6.78×10^{-7}	0.76
15	19	1.08×10^4	1.38×10^{-6}	0.67	2.54×10^5	4.91×10^{-7}	0.81
20	16	4.20×10^3	2.21×10^{-6}	0.71	4.11×10^4	3.26×10^{-7}	0.84

图 3-39 是电流密度为 15 A/dm^2 条件下所制备的微弧氧化膜层在 3.5% 的 NaCl 溶液中浸泡不同时间段的 Nyquist 图和拟合数据，其等效拟合电路如图 3-38(b) 所示。很明显，该膜层的 Nyquist 图在每个时间段下均有两个时间常数 (图 3-39(a))。同时，随着浸泡时间的增加，膜层的阻抗谱半径随之减小，这表明膜层中致密层的导电性能受到了腐蚀介质的严重影响。另外，阻抗谱半径的减小，意味着致密层的耐蚀性变差，这主要归因于腐蚀介质的进入。

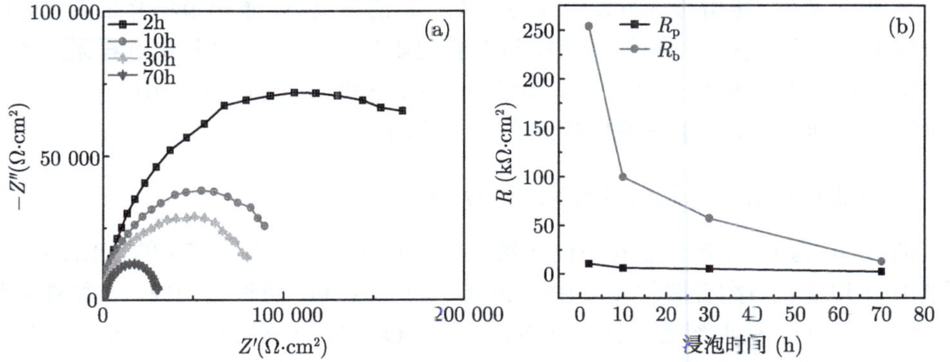

图 3-39　微弧氧化膜层浸泡不同时间段的 Nyquist 图 (a) 和阻抗谱拟合数据 (b)

通过电流密度的变化，膜层的表面结构、均匀性和平整度都有了明显的变化。在电流密度为 5 A/dm^2 的时候，膜层的厚度较薄，此时膜层的耐蚀性较差，当电流密度增加到 10 A/dm^2 的时候，此时膜层的厚度有所增加，因此膜层的耐腐蚀性能相对于在电流密度为 5 A/dm^2 时所制备的膜层更好。当电流密度增加到 15 A/dm^2 的时候，此时膜层的表面结构较为均匀且厚度较大，因此膜层具有最佳的耐蚀性。而当电流密度增加到 20 A/dm^2 的时候，此时膜层的表面有部分烧蚀现象，因此破坏了膜层的表面结构，导致膜层的耐蚀性变差。从另一方面来看，微弧氧化膜层的耐腐蚀性主要是由其内层致密层所决定的。从上面的膜层的结构图中可以看出，在电流密度为 15 A/dm^2 的条件下所制备的微弧氧化膜层的内部结构相对致密，而在其他电流密度条件下所制备的膜层的内部结构相对疏松，即在腐蚀环境中，具有腐蚀性的氯离子相对较难进入在电流密度为 15 A/dm^2 的条件下所制备的微弧氧化膜层的内部。从直观数据来看，为膜层耐蚀性提供保护的内部致密层的 R_b 值相对于外部疏松层的 R_p 值要高得多。而且，从整个腐蚀过程来看，在电流密度为 15 A/dm^2 的条件下所制备的微弧氧化膜层的内部致密层的 R_b 值和外部疏松层的 R_p 值相对于在其他电流密度条件下所制备膜层内部致密层的 R_b 值和外部疏松层的 R_p 值要高。随着浸泡时间的延长，膜层内部致密层的 R_b 值和外部疏松层的 R_p 值均在下降，然而在电流密度为 15 A/dm^2 的条件下所制备的微弧氧化膜层内部致密层的 R_b 值和外部疏松层的 R_p 值仍比在其他电流密度条件下所制备的膜层内部致密层的 R_b 值和外部疏松层的 R_p 值要高。这些数据都直观地反映了在电流密度为 15 A/dm^2 的条件下所制备的微弧氧化膜层的耐蚀性比在其他电流密度条件下所制备的膜层的耐蚀性要好。从图 3-39(b) 中可以看出，随着浸泡时间的增加，该膜层的致密层以及疏松层的电阻均随着时间的延长而减小。

3.2.4　氧化时间对 6063 铝合金微弧氧化陶瓷膜组织与性能的影响

在电流密度、电解液成分及浓度等条件一定的情况下，本小节将介绍氧化时间对 6063 铝合金微弧氧化陶瓷膜组织与性能的影响 [27,28]。微弧氧化过程采用恒流模式，工作电流密度为 15 A/dm^2，电解液为 Na_2SiO_3 10 g/L 和 KOH 1 g/L，氧化时间为 30~90 min，电解液温度控制在 30℃ 以下。

1. 氧化时间对微弧氧化陶瓷膜组织的影响

图 3-40 为 6063 铝合金在不同的氧化时间时微弧氧化陶瓷膜层的 XRD 图谱。从图中可以看出，陶瓷膜层主要由 α-Al_2O_3 与 γ-Al_2O_3 两种相构成。在微弧氧化过程中，Al_2O_3 从水溶液中结晶或者水合 Al_2O_3 (比如 $Al_2O_3{\cdot}H_2O$) 结晶时生成 γ-Al_2O_3，如果温度高达 1000℃ 以上，不稳定的 γ-Al_2O_3 将转化为稳定的 α-Al_2O_3。刚玉结构的 α-Al_2O_3 相的出现，说明了微弧放电区等离子体的温度非常高，而且致使陶瓷氧化膜硬度等性能有了较大提高 [29−31]。从图中还可以看出，随着氧化时间的增加，微弧氧化的过程加长，因此微弧氧化进行得更加充分，膜层的 α-Al_2O_3 和 γ-Al_2O_3 的峰值明显升高，说明随着氧化时间的增加，膜层的厚度有较大的提高，因而也将使得膜层硬度等性能有较显著的提高。

不同氧化时间时制备的膜层 SEM 照片如图 3-41 所示。从图中可以看出，陶瓷膜层表面凹凸不平呈现圆饼状结构，在每一圆饼的中心，存在一个放电通道，这种现象是由于在微弧氧化过程中放电通道中由于高温形成熔融 Al_2O_3 流出，并在其周围凝固所形成的。另外，一些微裂纹分布在膜层表面，这是由于 Al_2O_3 迅速固化产生的热应力造成的，这些都表现出明显的微弧氧化陶瓷膜层的微观特征。当氧化时间为 30 min 时，膜层较光滑，但是膜层较薄，结晶度不够，并且结合得不够致密，孔隙率较高 (图 3-41(a))；随着氧化时间的增加，表面陶瓷层大面积地熔融固化在一起，膜层的厚度增加，膜层的结晶度较好，膜层较致密 (图 3-41(b)、(c))；当氧化时间为 90 min 时，膜层的粗糙度较大，由于过长时间产生的热应力而导致了一些微裂纹 (图 3-41(c))。因此，微弧氧化时间存在一个较合理的范围，不宜过长或过短。

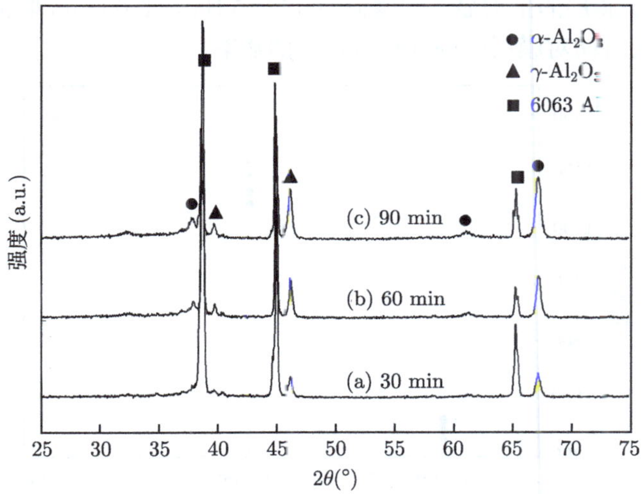

图 3-40　不同氧化时间时陶瓷膜层的 XRD 图谱

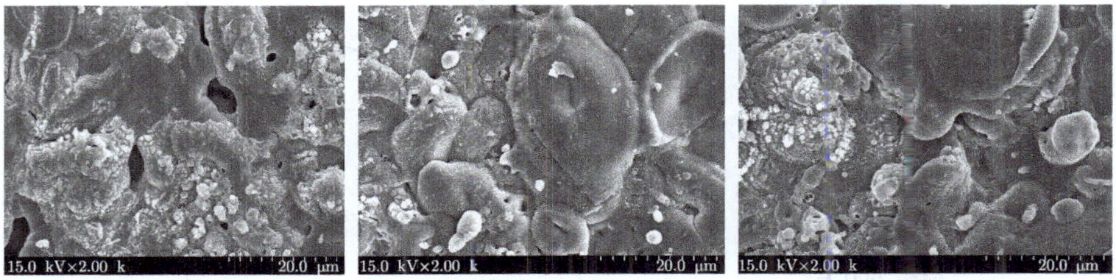

(a) 氧化时间：30 min　(b) 氧化时间：60 min　(c) 氧化时间：90 min

图 3-41　不同氧化时间时陶瓷膜层的表面微观形貌

2. 氧化时间对微弧氧化陶瓷膜性能的影响

图 3-42 是氧化时间分别为 30 min、60 min 和 90 min 时膜层的显微硬度值分布，在不同条件下制备的膜层表面都选取 4 个点来进行显微硬度测量取平均值。从图中可以看出，其硬度值的分布有着不均匀性，这是由于微弧氧化膜的表面形貌

(凹凸不平的圆饼状结构) 所决定的。当氧化时间从 30 min 增加到 60 min 时，膜层的硬度值有了明显的提高，继续增加氧化时间，膜层硬度也有所增加，但不是十分显著。

图 3-43 所示为不同氧化时间时制备的陶瓷膜层的平均显微硬度值。当氧化时间为 30 min 时，膜层的硬度不是很高，平均显微硬度值为 497.5 HV，但较基体的硬度 (基体的硬度值为 112 HV) 则提高了 344.2%。当氧化时间为 60 min 时，膜层的平均显微硬度值为 1356.5 HV，较 30 min 时大幅提高了 172.7%。当氧化时间增加到 90 min 时，膜层的平均显微硬度值为 1524.5 HV，比 60 min 时提高了 12.4%。由此可知，氧化时间对膜层的硬度有着较大的影响。

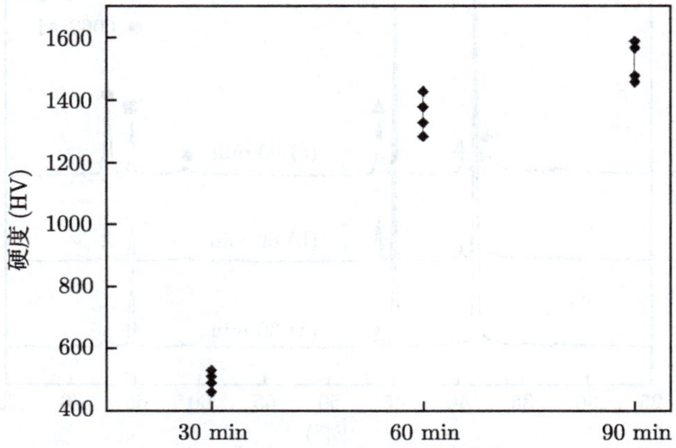

图 3-42 不同氧化时间时陶瓷膜层的硬度值分布

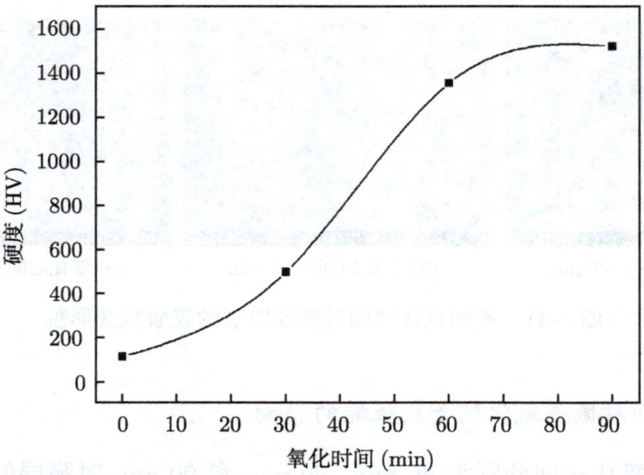

图 3-43 不同氧化时间时陶瓷膜层的平均硬度值

3.3　7075 铝合金微弧氧化陶瓷膜的组织与性能

7000 系铝合金具有高强度、高断裂韧性、较好的抗应力腐蚀开裂和抗剥蚀腐蚀性能等，在航空航天、交通运输、模具加工、机械设备、仪器仪表和军事国防等领域有着广泛的应用 [32−34]。常用的零件如汽车轮毂、机翼蒙皮、螺旋桨和导弹壳体等结构件，都广泛地使用了 7000 系铝合金。铝合金在飞行器上使用比重高达 70%，其中最主要使用的是 7000 系高强铝合金。1943 年，日本住友金属工业株式会社秘密研发出了 7075 铝合金，并开始应用于机身材料服役于日本帝国海军，为高强度铝合金的迅速发展奠定了基础。1969 年，美国 Alcoa 公司在 7075 铝合金的基础上，通过进一步降低 Fe、Si 杂质含量，控制 Cr 含量，调整 Mn、Cu 含量以及提高断裂韧性和抗应力腐蚀性能，研制出 7475 铝合金 [35]。

随着铝合金在工业上的应用越来越广泛，各领域对铝合金抗腐蚀、抗磨损和抗疲劳等性能提出了更高的要求。7000 系铝合金的主要失效形式之一是环境腐蚀，例如，航空铝合金在工作环境中，受到大气、气温、降雨和微生物等污染物的影响，容易发生点蚀、晶间腐蚀、剥蚀、电偶腐蚀、应力腐蚀等腐蚀行为，对飞行器使用安全、服役寿命和飞行器制造成本有深刻影响。交通运输装备行业尤其是汽车、铁路轻量化、高性能的发展趋势也对铝合金的摩擦磨损性能提出了更高的要求，如全铝发动机活塞，是发动机中处在恶劣环境下工作的一个重要零件，工作在高温、高压及高冲击载荷的条件下，发动机中的活塞气缸组件一直做相对滑动，并且长时间处于高速状态，同时润滑油膜在高温下难以形成。气缸–活塞组件成为发动机中磨损程度最高的运动副，随着各领域提出发动机的轻量化、高性能化和对噪声污染、废气排放要求更加苛刻，对气缸–活塞组件高温下的机械性能要求也越来越高，运动部件的磨损情况也不容乐观。因此，改善气缸活塞运动副的摩擦磨损状况对于发动机提高使用寿命、提升动力性能、节约成本、增加使用可靠性以及节能减排等方面具有重大意义。国内外学者针对 7000 系铝合金所存在的上述问题开展了大量的研究工作 [36−45]，但是这些问题至今仍然没有得到很好的解决，并且严重地制约了该材料在国防工业及民用工业等领域进一步应用。将微弧氧化技术应用于 7000 系铝合金，则可以大幅度提高其性能，从而扩大其应用领域。本节将主要介绍 7075 铝合金微弧氧化膜层的组织与性能 [46]，其化学成分见表 3-17。

表 3-17　7075 铝合金的化学成分

元素组成	Zn	Mg	Cu	Mn	Cr	Ti	Fe	Si	Al
质量分数 (%)	5.9	0.3	1.5	0.3	0.25	0.2	0.5	0.4	余量

3.3.1 电解液体系对 7075 铝合金微弧氧化陶瓷膜组织与性能的影响

不同的电解液体系对 7075 铝合金微弧氧化陶瓷膜层的组织与性能有着极其关键的影响。本小节中的试验条件为微弧氧化过程采用恒流模式，氧化时间为 30 min，工作电流密度为 12 A/dm^2，电解液温度控制在 30℃ 以下，分别在硅酸盐体系 [成分为 Na_2SiO_3 (10 g/L)+NaOH(5 g/L)+NaF(1 g/L)]、硼酸盐体系 [成分为 $Na_2B_4O_7$ (10 g/L)+ NaOH(5 g/L)+NaF(1 g/L)]、铝酸盐体系 [成分为 $NaAlO_2$ (10 g/L)+NaOH(5 g/L)+NaF(1 g/L)] 中制备三种微弧氧化陶瓷膜层，即硅酸盐膜层，简称 Si-MAO 膜层；硼酸盐膜层，简称 B-MAO 膜层；铝酸盐膜层，简称 Al-MAO 膜层)。考查不同电解液体系对其组织与性能的影响。

1. 电解液体系对微弧氧化陶瓷膜组织的影响

图 3-44 为 7075 铝合金在不同电解液体系中制备的微弧氧化膜层的 XRD 图谱。由图可知，7075 铝合金在不同的电解液中微弧氧化所形成的膜层组成相基本一致，主要由 α-Al_2O_3 和 γ-Al_2O_3 两相所组成，从这个情况可以说明微弧氧化在高温高压电弧下发生的反应机理基本上是一致的。通过进一步的观察可以发现，Al-MAO 膜层的 α-Al_2O_3 和 γ-Al_2O_3 相的衍射峰值相对于 B-MAO 膜层较高，这可能是由于 Al-MAO 电解液体系其本身含有较多的铝元素，在微弧氧化反应过程中，更多的铝元素被氧化生成了氧化铝；而 Si-MAO 膜层的 Al_2O_3 组成相的衍射峰强度介于两者之间。一般认为 α-Al_2O_3 含量较高的组织显微硬度会比较高。

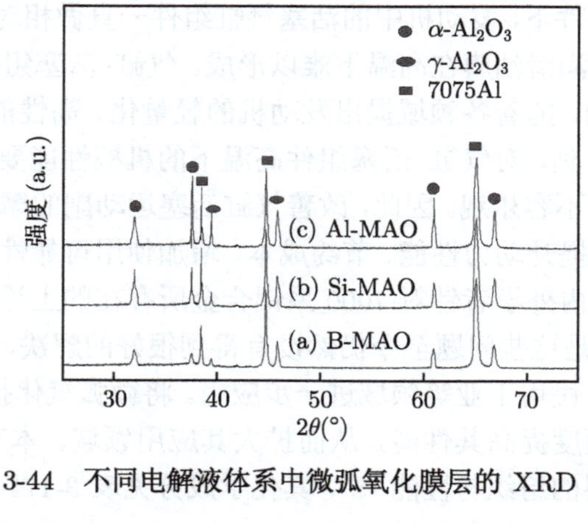

图 3-44 不同电解液体系中微弧氧化膜层的 XRD 图谱

图 3-45 为在不同电解液体系中 7075 铝合金微弧氧化膜层的 SEM 照片。从表面形貌可以发现，Si-MAO 膜层的表面较为平整光滑；Al-MAO 膜层表面的孔隙较大，出现较多的孔洞与放电通道；B-MAO 膜层表面不仅孔洞更多，而且还布满了裂纹。这可能与微弧氧化过程中在恒流模式下，最终的反应电压有关。Si-MAO 体

系反应 30 min 的最终电压在 450 V 左右，较低的电压导致较少的击穿与膜层表面放电通道，表现为膜层较为光滑平整；Al-MAO 体系反应最终电压为 510 V 左右，在较高的电压下，膜层表面电弧放电反应剧烈，放电通道较多；B-MAO 体系的最终电压达到 580 V 左右，更高的反应电压导致表面出现更多的放电通道，且高热量电弧导致表面出现了烧蚀作用，因而出现了裂纹。

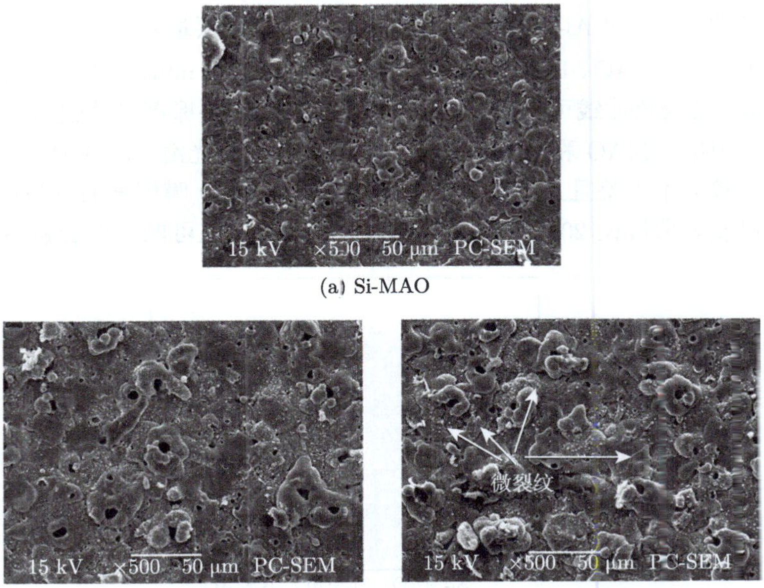

(a) Si-MAO

(b) Al-MAO (c) B-MAO

图 3-45 不同电解液体系中微弧氧化膜层的表面微观形貌

2. 电解液体系对微弧氧化陶瓷膜性能的影响

表 3-18 为不同电解液体系中微弧氧化膜层的显微硬度值。从表中可以发现，Si-MAO、Al-MAO 和 B-MAO 膜层的平均硬度值分别为 1486 HV、1460 HV 和 1431 HV。Si-MAO 膜层平均硬度较 B-MAO 膜层只提高了 1.12%；而 Al-MAO 膜层平均硬度较 B-MAO 膜层也仅提高了 0.15%。由此可见，不同电解液体系对膜层显微硬度影响并不是很明显。

表 3-18 不同电解液体系中微弧氧化膜层的显微硬度值

微弧氧化膜层	显微硬度值 (HV)
Si-MAO	1486
Al-MAO	1460
B-MAO	1431

图 3-46 为不同电解液体系中微弧氧化膜层的显微硬度值分布，从图中可以看出微弧氧化膜层显微硬度值具有一定的分布性，这个结果表明微弧氧化膜层的组织是不均匀的。

表 3-19 为 Si-MAO、B-MAO 和 Al-MAO 膜层进行 30 min 摩擦磨损试验后的磨损量。由表 3-19 可以看出，Si-MAO 膜层磨损量最小，在 Al-MAO 电解液体系中所制备的膜层磨损量居中；而 B-MAO 膜层的磨损量最大。这个结果表明 Si-MAO 膜层的耐磨性最好，而 Al-MAO 膜层居中，B-MAO 膜层最差。

图 3-47 是 Si-MAO、B-MAO 和 Al-MAO 膜层在 30 min 摩擦磨损试验中的摩擦系数曲线。观察该曲线可知，Si-MAO 和 Al-MAO 膜层摩擦系数较为平缓且上下浮动不大，表明 Si-MAO 和 Al-MAO 膜层表面较为平整光滑；而 B-MAO 膜层摩擦曲线表现得较为不平整且上下波动较大，这表明 B-MAO 膜层表面较为粗糙，进一步观察可以发现曲线在 20 min 的时候出现了突变，这很可能是由于膜层被磨穿。

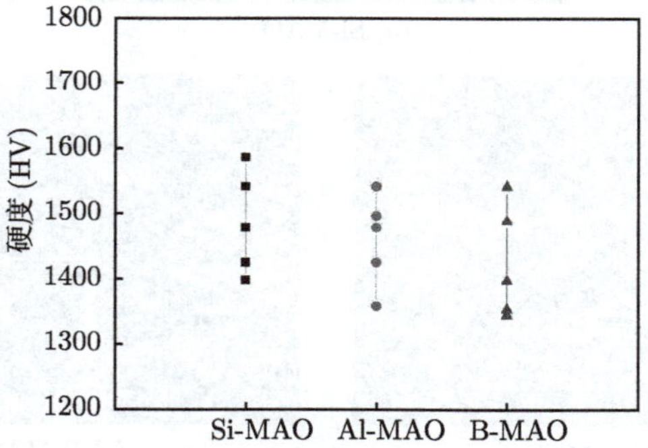

图 3-46　不同电解液体系中微弧氧化膜层的硬度值分布

表 3-19　不同电解液体系中微弧氧化膜层的磨损量

微弧氧化膜层	Si-MAO	Al-MAO	B-MAO
磨损量 (mg)	0.15	0.28	2.65

图 3-48 为 Si-MAO、Al-MAO 和 B-MAO 膜层所测得的动电位极化曲线图。I_{corr}、E_{corr} 和 R_p 的值分别是用来评价膜层耐腐蚀性的重要参数。一般来说，较高的 E_{corr}、较低的 I_{corr} 和较高的 R_p 通常预示着该膜层具有较好的耐腐蚀性 [47-49]。从图 3-48 中可以看出，微弧氧化膜层能够较好地起到保护基体的作用。表 3-20 是根据图 3-48 拟合所得到的不同电解液体系中制备微弧氧化膜层的极化曲线拟合参数值。从表中可以看出，Si-MAO 膜层具有最低的腐蚀电流密度 I_{corr} 和最高的极化电阻 R_p，说明该体系下所制得的膜层耐腐蚀性能最好；对比 Al-MAO 和 B-MAO 膜层，Al-MAO 膜层的 I_{corr} 值较 Si-MAO 膜层上升了一些，同时 R_p 值也出现了升高的情况；而观察 B-MAO 膜层可以发现 I_{corr} 值较前两个试样出现较大提高，而

R_p 值也出现了较大的回落，结合前面微弧氧化膜层的组织形貌 (图 3-45)，Si-MAO 膜层孔洞较少，较为平整；而 B-MAO 膜层孔洞与裂纹均较多，而 Al-MAO 膜层的情况居于两者之间。这样结合电化学的测试结果可以判断，Si-MAO 膜层的耐蚀性最佳。

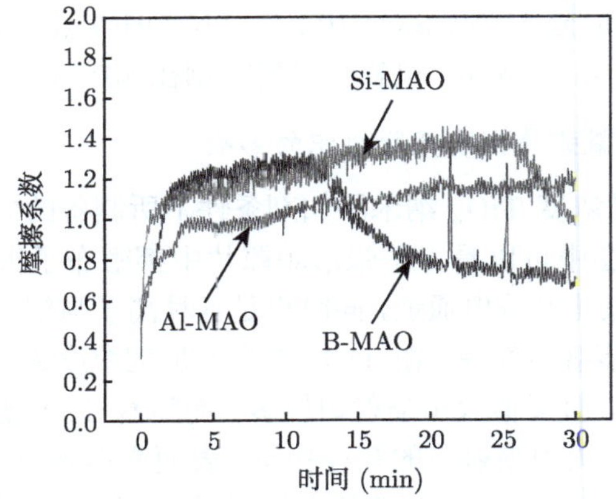

图 3-47 不同电解液体系中微弧氧化膜层的摩擦系数曲线

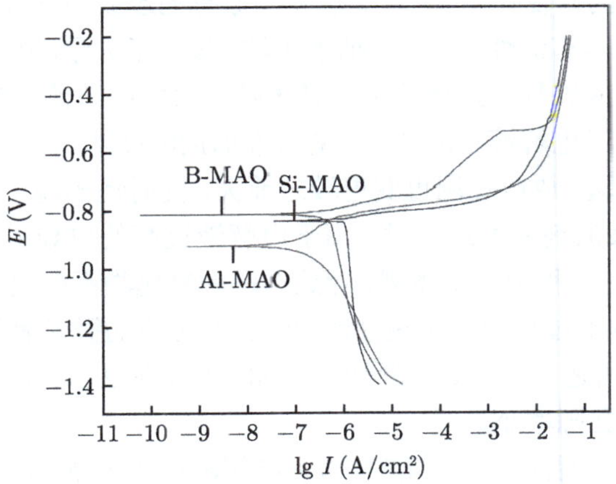

图 3-48 不同电解液体系中微弧氧化膜层的动电位极化曲线

表 3-20 不同电解液体系中微弧氧化膜层的极化曲线拟合参数

微弧氧化膜层	E_{corr}(V)	I_{corr}(A/cm^2)	β_a(m·V)	β_c(m·V)	R_p(Ω·cm^2)
Si-MAO	−0.84	1.88×10^{-7}	235	9.38×10^5	5.44×10^8
Al-MAO	−0.92	2.19×10^{-7}	176	6.79×10^5	3.51×10^8
B-MAO	−0.81	9.15×10^{-7}	68	7.74×10^5	0.33×10^8

3.3.2　纳米添加剂对 7075 铝合金微弧氧化陶瓷膜组织与性能的影响

本小节将介绍在电解液中加入纳米 TiO_2 粉末 (金红石型，尺寸 $\leqslant$ 10 nm) 添加剂，研究添加剂对 7075 铝合金微弧氧化陶瓷膜层显微组织与性能的影响。具体试验条件如下：微弧氧化过程采用恒流模式，氧化时间为 25 min，工作电流密度为 10 A/dm^2，电解液的成分为 [Na_2SiO_3(10 g/L)+NaOH(5 g/L)+NaF(1 g/L)]，添加剂为不同浓度的纳米 TiO_2 粉末，电解液温度控制在 30℃ 以下。

1. 纳米添加剂对微弧氧化陶瓷膜组织的影响

图 3-49 是在不同浓度 TiO_2 纳米添加剂条件下所制备的微弧氧化膜层的表面形貌 SEM 照片。从图中可以看出每张形貌照片中都密布了很多类似火山口的孔洞，这些孔洞是微弧氧化的放电通道，同时也是各种离子与铝合金基体在高温下发生反应的通道。进一步观察发现，在 TiO_2 纳米添加剂浓度为 1 g/L 时微弧氧化膜层表面有较多的裂纹，且类似火山喷射口较多；而随着 TiO_2 浓度的增加，表面裂纹减少，孔隙率降低，火山喷射口的孔径变小，表面变得光滑。其原因可能是：一方面，随着 TiO_2 浓度的增加，电解液的电导率增加，加剧了微弧氧化过程的放电过程，反应变得比较剧烈。熔融的氧化物不断地从火山口流出，对已经形成的微弧氧化膜层具有一定的修复作用 [50-53]，填补了原有的裂纹与孔隙；另一方面，随着 TiO_2 浓度的增加，具有活性的 TiO_2 纳米颗粒，吸附了大量游离的电解液离子，加剧了微弧氧化的反应过程，弥补了微弧氧化膜层表面的缺陷。然后进一步观察图 3-49(d) 可以发现，当电解液中的 TiO_2 纳米添加剂浓度达到 2.5 g/L 时，可发现膜层表面反而变得粗糙，放电孔洞也变得较之前大，同时还出现了裂纹。进一步分析认为，TiO_2 纳米添加剂浓度过高时，由于电解液过高的电导率，试样表面上聚集过高的能量，在反应过程中发生飞溅，导致熔融的氧化物不能很好地凝固在试样表面。与此同时，试样上过高的反应热量也导致已经形成的微弧氧化膜层表面出现了烧蚀的现象。综上所述，当 TiO_2 纳米添加剂的浓度在 2 g/L 时，所制备的微弧氧化膜层光滑平整且孔隙率小。

图 3-50 为 7075 铝合金在硅酸盐体系电解液中未添加和添加不同浓度 TiO_2 纳米添加剂所制备的微弧氧化膜层的 XRD 图谱。从图 3-50 可以看出，在未添加 TiO_2 纳米添加剂的微弧氧化膜层主要是由 α-Al_2O_3 与 γ-Al_2O_3 这两相所组成；当在电解液中添加了 TiO_2 纳米添加剂后，膜层中除了存在 α-Al_2O_3 与 γ-Al_2O_3 这两相外，同时还出现了 AlTi、Ti_3O_5 和 TiO_2 相，这就说明了在微弧氧化反应过程中，TiO_2 不仅在高温环境中镶嵌在微弧氧化膜层中，同时还参与了化学反应。而随着 TiO_2 添加剂浓度的增加，α-Al_2O_3 与 γ-Al_2O_3 衍射峰的强度不断地增加，这很好地说明了 TiO_2 纳米添加剂具有促进反应的作用。当 TiO_2 添加剂达到 2.5 g/L 时，α-Al_2O_3 与 γ-Al_2O_3 衍射峰的强度却戏剧性地出现了下降的趋势。这可能是由

于过高的 TiO_2 纳米添加剂吸附于试样表面，阻碍了放电通道内基体与离子发生化学反应，从而导致 α-Al_2O_3 与 γ-Al_2O_3 含量的下降。

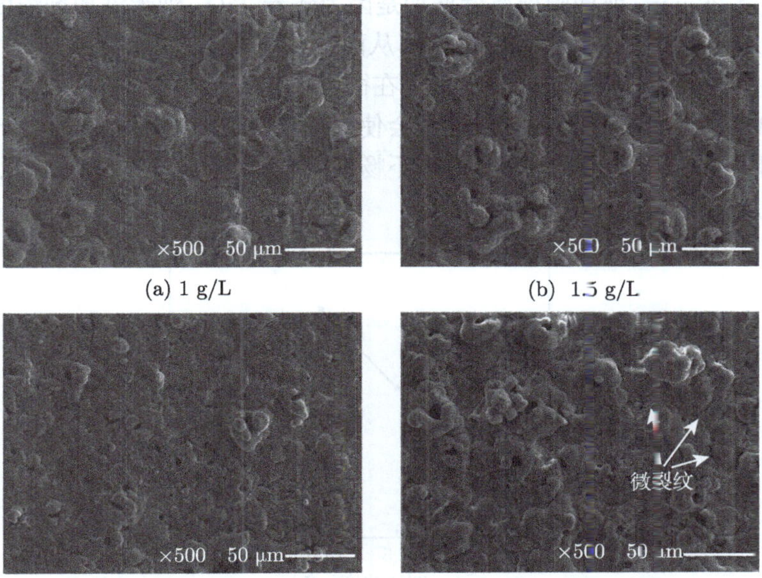

(a) 1 g/L (b) 1.5 g/L (c) 2 g/L (d) 2.5 g/L

图 3-49 不同浓度 TiO_2 纳米添加剂时微弧氧化膜层的表面微观形貌

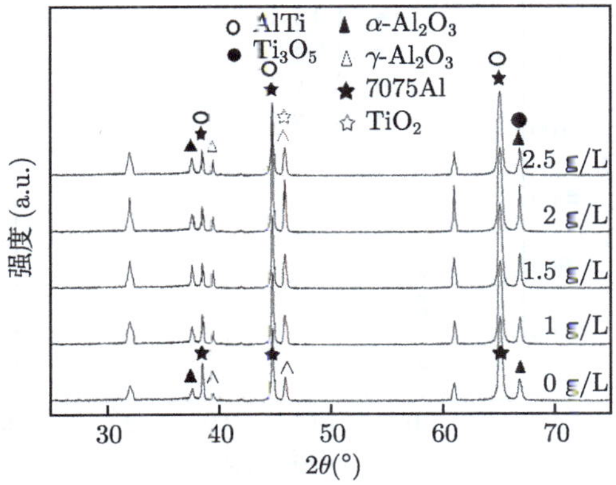

图 3-50 不同浓度 TiO_2 纳米添加剂时微弧氧化膜层的 XRD 图谱

2. 纳米添加剂对微弧氧化陶瓷膜性能的影响

图 3-51 为不同浓度 TiO_2 纳米添加剂条件下所制备的微弧氧化膜层厚度的变化情况曲线。从图中可以看出随着 TiO_2 纳米添加剂浓度的增加，微弧氧化膜层厚

度出现了一个先增后减的趋势。当 TiO_2 纳米添加剂浓度为 2 g/L 时，微弧氧化膜层的厚度达到了 32 μm，而当 TiO_2 纳米添加剂浓度达到 2.5 g/L 时，膜层的厚度反而减小至 26 μm。前期膜层厚度增加是因为随着 TiO_2 纳米添加剂浓度的增加，活性的纳米颗粒增加了电解液的电导率从而导致了微弧氧化剧烈的反应，大量的熔融态氧化物从放电通道中流出，凝固在微弧氧化膜层的表面，增加了膜层的厚度；而过高的 TiO_2 纳米添加剂浓度则会使得大量的 TiO_2 纳米颗粒弥散于试样表面，部分颗粒也会分布于放电通道中，不畅的放电通道阻碍了微弧氧化反应，由此膜层厚度反而出现了下降的趋势。

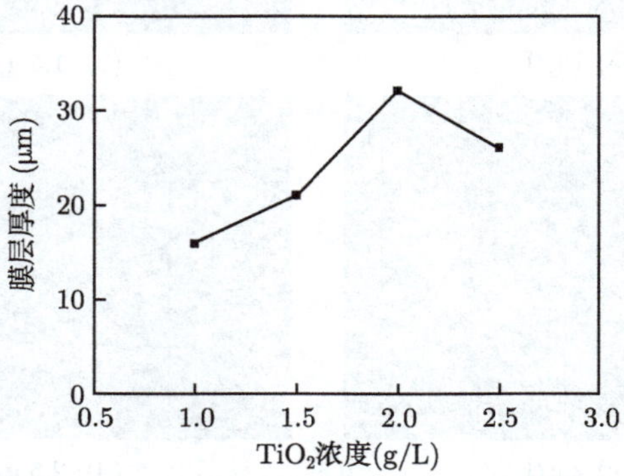

图 3-51 不同浓度 TiO_2 纳米添加剂时微弧氧化膜层厚度的变化情况

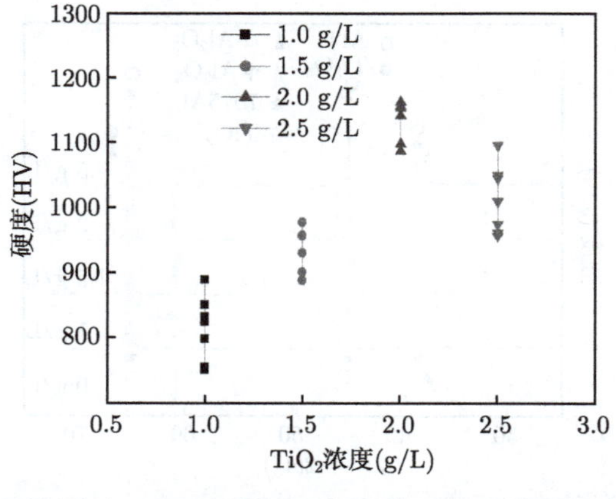

图 3-52 不同浓度 TiO_2 纳米添加剂时微弧氧化膜层的硬度值分布

图 3-52 为不同浓度 TiO_2 纳米添加剂条件下所制备的微弧氧化膜层的显微硬度值分布。从图中可以看出膜层的显微硬度值的分布具有不均匀性。图 3-53 为显微硬度平均值。从图中可以看出，随着 TiO_2 纳米添加剂浓度的增加，膜层平均硬度值也随之增加。当 TiO_2 纳米添加剂浓度达到 1 g/L 时，膜层的平均显微硬度值

为 785 HV。然而，随着 TiO_2 纳米添加剂浓度的增加，其膜层的平均显微硬度值达到 1158 HV。其主要原因一方面是 γ-Al_2O_3 与 α-Al_2O_3 含量的增加所导致的，另一方面可能是质地坚硬的纳米 TiO_2 颗粒本身镶嵌在微弧氧化膜层表面的结果。最终，当 TiO_2 纳米添加剂浓度达到 2.5 g/L 时，膜层的平均显微硬度出现了一些下降，这是由于 γ-Al_2O_3 与 α-Al_2O_3 的含量下降所造成的。

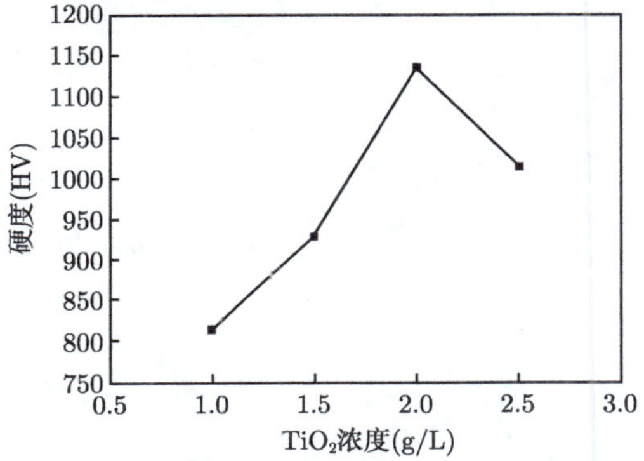

图 3-53　不同浓度 TiO_2 纳米添加剂时微弧氧化膜层的硬度平均值

3.3.3　电流密度对 7075 铝合金微弧氧化陶瓷膜组织与性能的影响

本小节将介绍电流密度对 7075 铝合金微弧氧化陶瓷膜层显微组织与性能的影响 [54]。具体试验条件如下：在硅酸盐电解液体系中，微弧氧化过程采用恒流模式，氧化时间为 30 min，电解液为硅酸盐体系 [成分为 Na_2SiO_3(10 g/L)+ NaOH (5 g/L)+ NaF(1 g/L)]，电解液温度控制在 30℃ 以下，电流密度分别为 6 A/dm^2、8 A/dm^2、10 A/dm^2、12 A/dm^2，所制备的膜层试样分别标记为 S1、S2、S3、S4，未微弧氧化处理的基体试样标记为 S0。

1. 电流密度对微弧氧化陶瓷膜组织的影响

图 3-54 为在不同的电流密度条件下所制备的微弧氧化膜层的表面及截面 SEM 照片。从表面形貌图中可以看到，所有的膜层均布满了微孔。在试样 S1 图中，可以看到膜层表面的微孔较大，而其膜层表面虽较为光滑但不够致密与均匀 (图 3-54(a))。在试样 S2 图中，可以看到微孔的数量减少了，孔径也变小了，而与此同时膜层表面也变得更加的光滑和致密 (图 3-54(c))。而当电流密度达到 10 A/dm^2 时 (试样 S3 图)，膜层的表面光滑度及致密度大幅度提高 (图 3-54(e))。然而，当电流密度超过 10 A/dm^2 达到 12 A/dm^2 时 (试样 S4 图)，膜层表面不仅变得凹凸不平，还布满了许多破碎的颗粒，而微裂纹的数量也增加许多 (图 3-54(g))。从微弧氧化膜层截面形貌图中可以看到，在膜层与基体的界面上存在着一个锯齿状的波浪形

面，这是在微弧氧化过程早期的高温作用下基体表面金属发生溶解而形成的 [55,56]。进一步观察可以发现，试样 S3 的截面形貌在所有的试样截面中表现得较为致密(图 3-54(f))。

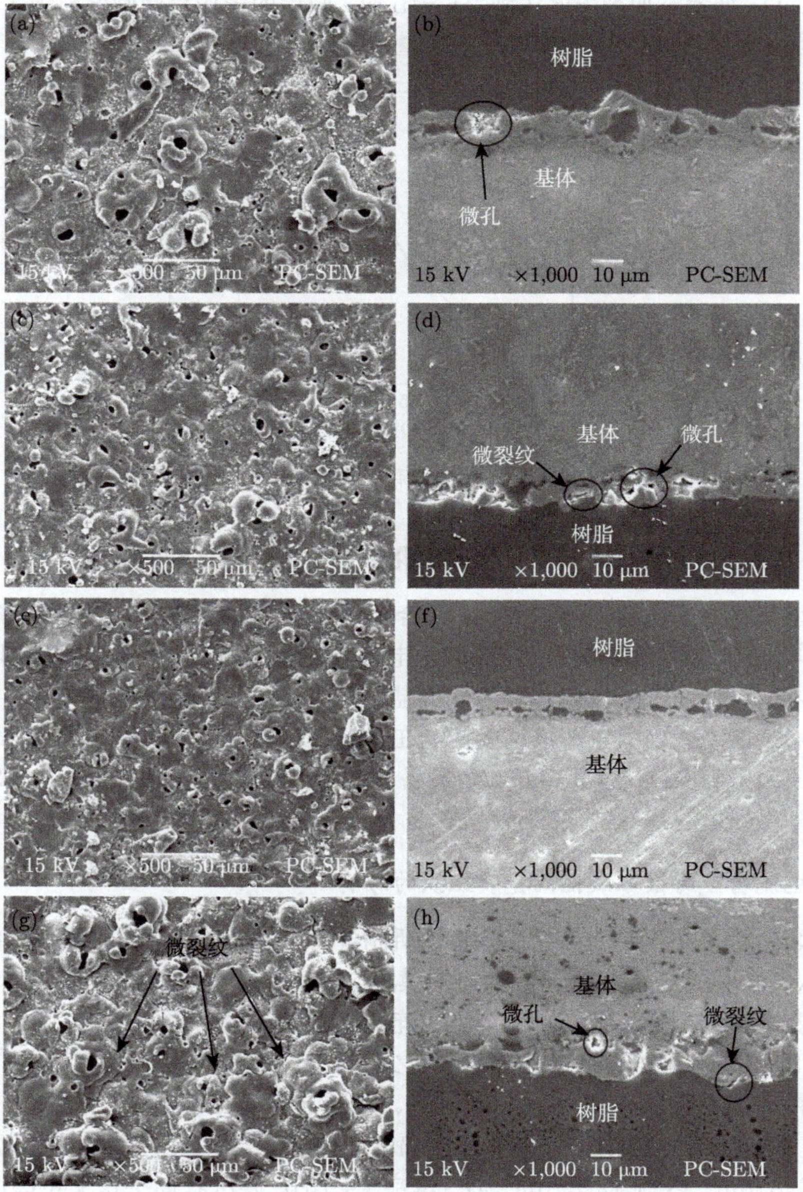

图 3-54　不同电流密度时微弧氧化膜层的表面及截面微观形貌

(a)、(b) 6 A/dm^2；(c)、(d) 8 A/dm^2；(e)、(f) 10 A/dm^2；(g)、(h) 12 A/dm^2

图 3-55 为三维立体显微镜拍摄的微弧氧化膜层表面 3D 微观形貌。图中的 R_a 值反映的是膜层表面粗糙度。具体来说，较高的 R_a 代表了较粗糙的膜层表面。随着电流密度的增大，从 6 A/dm^2 增加到 12 A/dm^2，膜层的表面粗糙度先减小后逐渐增大。由图可见，试样 S4 膜层具有最高的表面粗糙度 R_a 值，表明 S4 膜层表面最为粗糙 (图 3-55(d))。

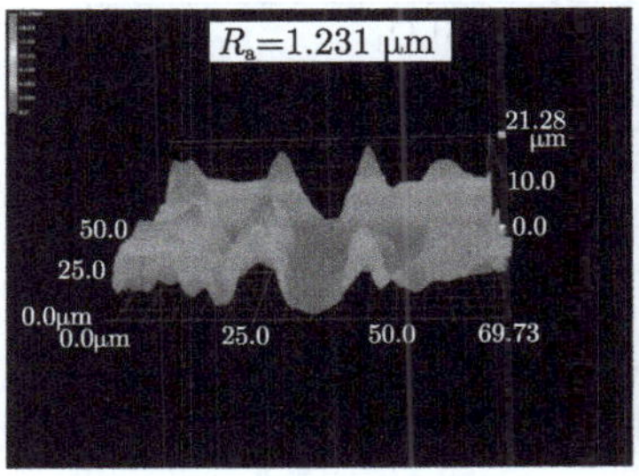

(a) 6 A/dm^2

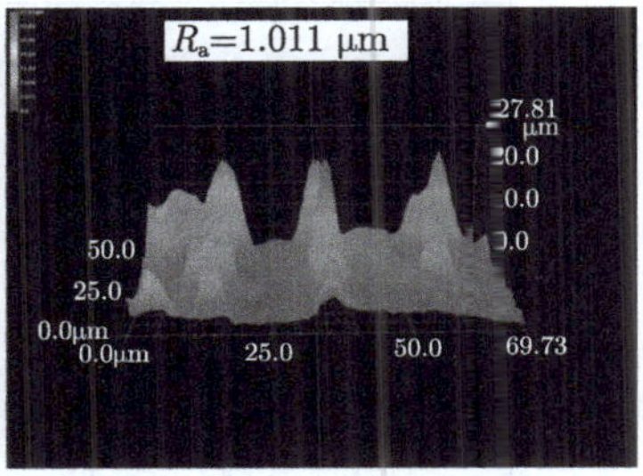

(b) 8 A/dm^2

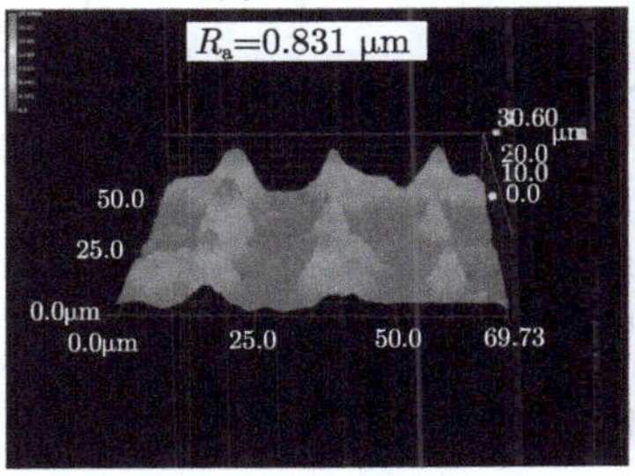

(c) 10 A/dm^2

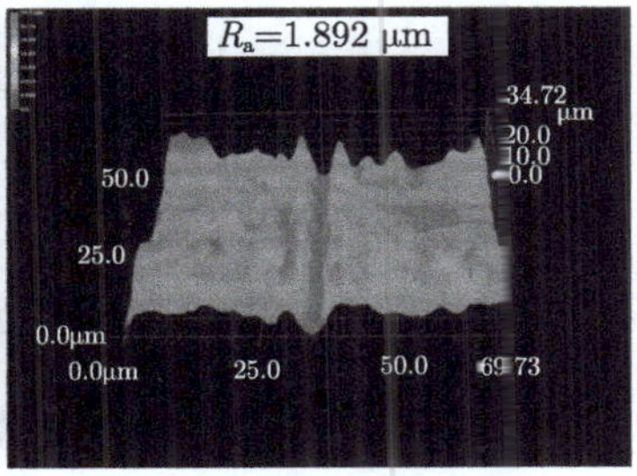

(d) 12 A/dm^2

图 3-55　不同电流密度时微弧氧化膜层的 3D 微观形貌

图 3-56 为不同电流密度条件下所制备的微弧氧化膜层试样的 XRD 图谱。从图中可以看出 7075 铝合金微弧氧化膜层主要由 α-Al_2O_3 与 γ-Al_2O_3 相组成，其中 α-Al_2O_3 是最主要的组成相。当电流密度达到 6 A/dm^2 时，铝基体的峰值较大而 Al_2O_3 的峰值较小，然而随着电流密度达到 10 A/dm^2 时，铝基体的峰值减小而 α-Al_2O_3 和 γ-Al_2O_3 相的衍射峰明显增强。这个结果暗示着微弧氧化膜层的厚度随着电流密度的增加而增加。

2. 电流密度对微弧氧化陶瓷膜性能的影响

图 3-57 为不同电流密度条件下所制备的微弧氧化膜层试样的显微硬度值分布，从图中可以看出显微硬度值的分布具有不均匀性，这是由于微弧氧化膜层表面凹凸不平的圆饼状结构所决定的。

图 3-58 为上述 7 个测量点的显微硬度平均值，从图中可以看出，随着电流密度的增加，膜层平均硬度值也随之增加。当电流密度达到 6 A/dm^2 时，样品 S1

的平均显微硬度值为 879 HV。然而，随着电流密度的增加，样品 S3 的平均显微硬度值达到 1069 HV，其主要原因是 α-Al_2O_3 的增加导致的。最终，当电流密度达到 12 A/dm^2 时，样品 S4 的平均显微硬度出现了一些下降，这是由于 γ-Al_2O_3 向 α-Al_2O_3 的转化并不活跃导致的，这与 XRD 物相分析 (图 3-56) 的结论是一致的。

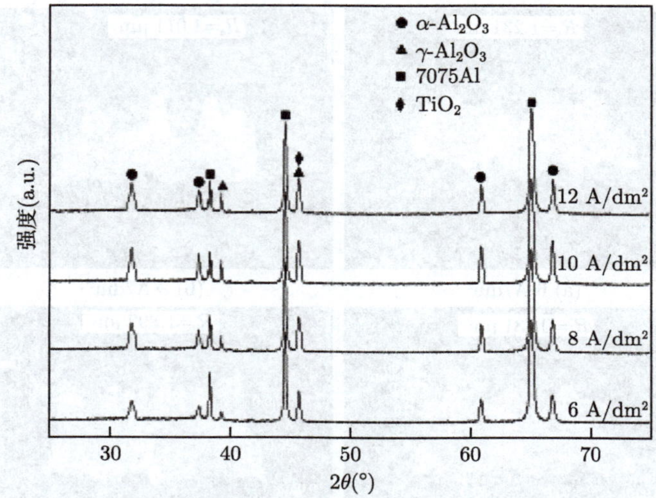

图 3-56　不同电流密度时微弧氧化膜层的 XRD 图谱

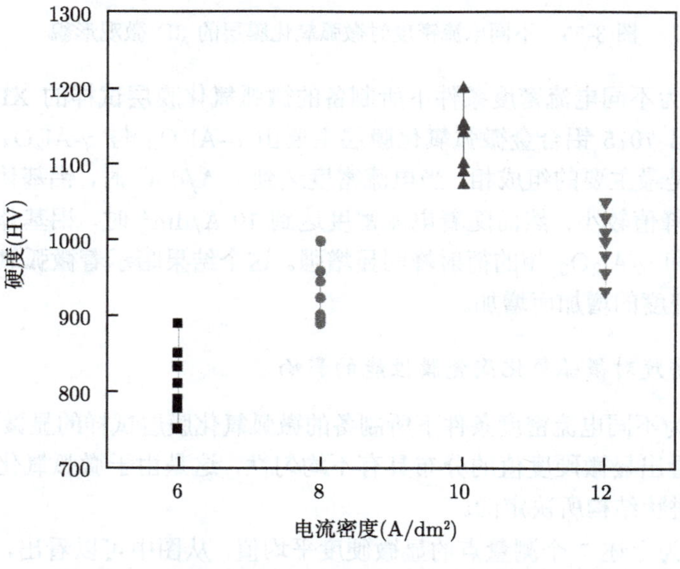

图 3-57　不同电流密度时微弧氧化膜层的硬度值分布

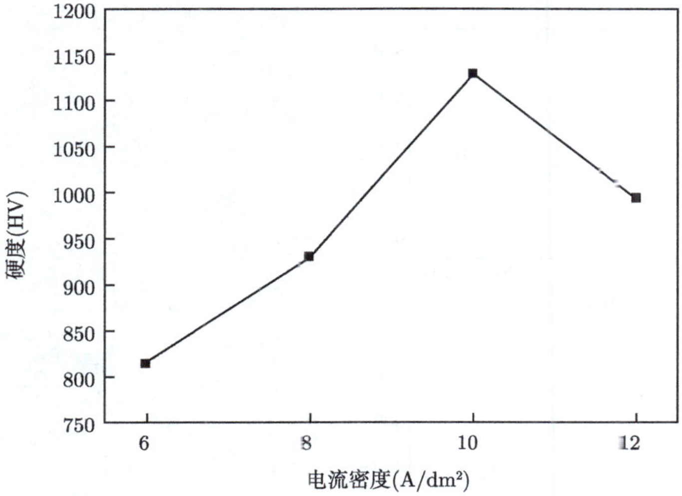

图 3-58 不同电流密度时微弧氧化膜层的平均硬度值

图 3-59 为微弧氧化膜试样的声发射强度、摩擦力与加载力的关系曲线及其所对应的表面划痕微观形貌。从图中可以看到摩擦力曲线随着加载力不断地加载而发生突变 (图中用框线圈出)，与此同时声发射信号被收集到，这种情况一般认为是膜层和基体发生脱离的迹象 (图 3-59 (a1)~(d1))。图 3-59(a2)~(d2) 为划痕的微观形貌图。由该图可以看出，在划痕的起始阶段，被挤压的膜层上依然分布着许多微孔，其周围的膜层也依然很均匀并没有被剥离的迹象。随着划痕的加深，膜层上的微孔逐渐消失。最终，随着膜层的磨穿，铝合金基体显露出来。此外，随着电流密度的增加，膜层的临界载荷逐渐减小 (这很有可能是因为在较高的电流密度下生成的 α-Al_2O_3 较多，而 α-Al_2O_3 相硬且易碎)，但是依然维持在一个较高的水平。即使当电流密度达到 12 A/dm^2 时，膜层的临界载荷依然能够维持在 26 N。这表明微弧氧化膜层与基体具有较好的结合力。进一步分析可知，在微弧氧化过程中，瞬间产生的高温高压作用在已经形成的膜层和基体之间引发剧烈的扩散作用，使得氧化膜被嵌入在基体之中，所得的膜层与基体之间有着很强的结合力。

图 3-60 为不同电流密度下所制备的膜层摩擦系数随时间变化的曲线，由图中可知基体铝合金的摩擦系数在 0.5~0.9 振荡。由图可知微弧氧化膜层的摩擦系数大于基体的摩擦系数，这很可能是因为基体较为光滑的缘故。在起始阶段，膜层的摩擦系数随着滑行距离的延长而迅速增大，后逐渐趋于平缓。随着电流密度的增加，样品的摩擦系数逐渐增加。然而当电流密度达到 12 A/dm^2 时，膜层的摩擦系数忽然出现戏剧性的减小。进一步观察可以发现，在相同的氧化时间

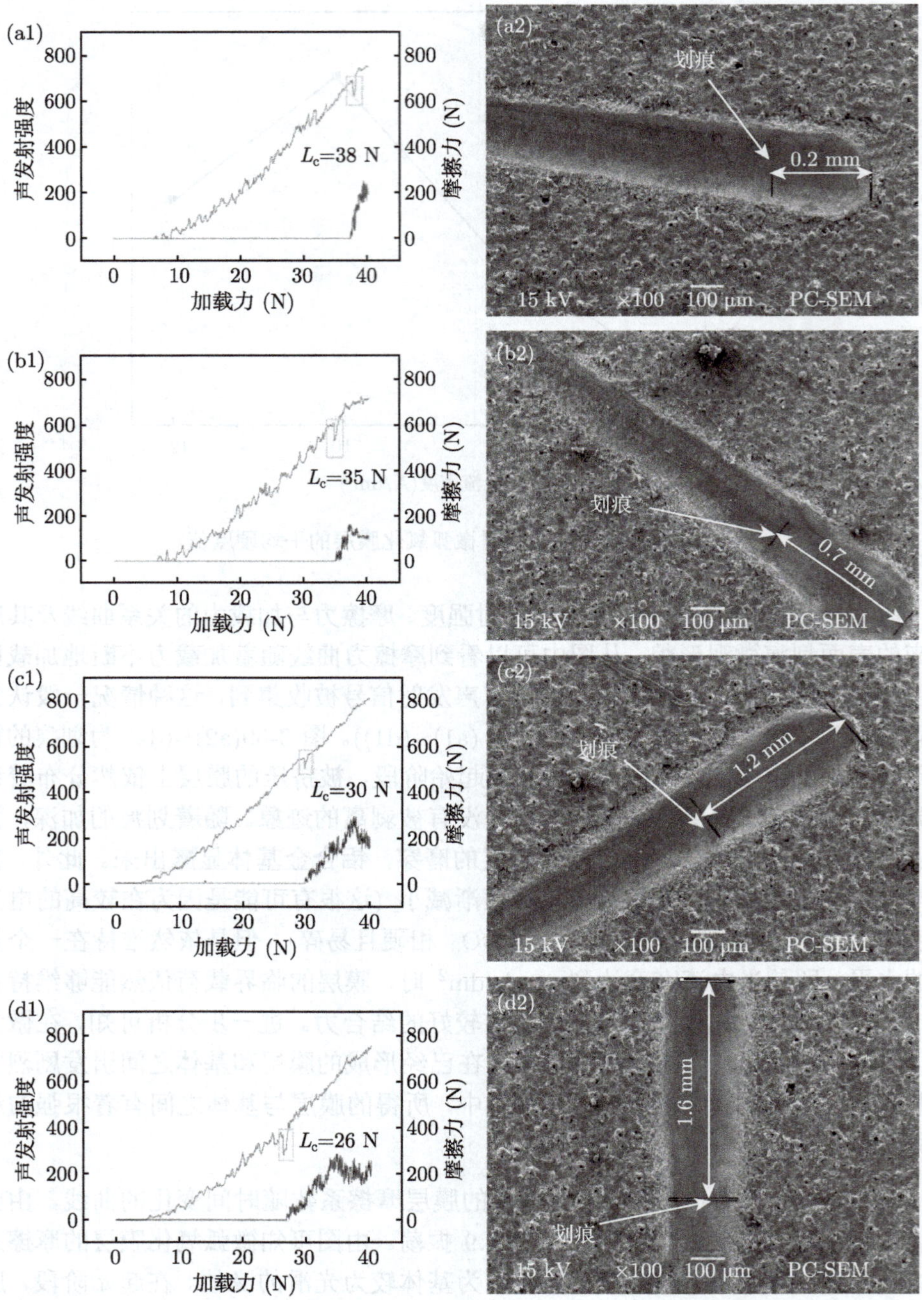

图 3-59　不同电流密度时微弧氧化膜层的声发射强度、摩擦力与加载力的关系曲线及其对应的表面划痕微观形貌

(a1)、(a2) 6 A/dm^2；(b1)、(b2) 8 A/dm^2；(c1)、(c2) 10 A/dm^2；(d1)、(d2) 12 A/dm^2

下，当电流密度在 6 A/dm²、12 A/dm² 时，膜层很快就被磨穿了。而电流密度在 8 A/dm²、10 A/dm² 时，膜层未被磨穿，其摩擦系数分别维持在 1 和 1.6。表 3-21 给出了各试样经摩擦磨损试验后的磨损体积损失和磨损率，由表可知膜层的磨损体积和磨损率经历了先减少后增大的变化。进一步观察发现，在相同摩擦材料的情况下，磨损体积与摩擦系数之间存在一定的比例关系。但考虑到试验样品是在不同的条件下制备的，摩擦材料表面条件不一致，导致磨损量的产生可能与许多其他因素有关。当电流密度为 10 A/dm² 时，膜层的磨损体积和磨损率均较小。

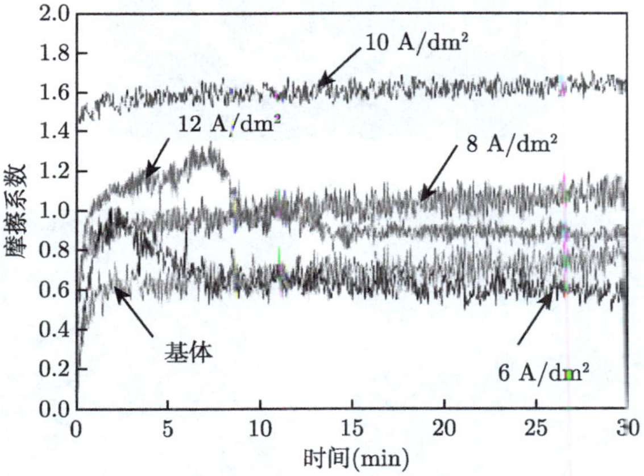

图 3-60 不同电流密度时微弧氧化膜层的摩擦系数曲线

表 3-21 不同电流密度时微弧氧化膜层进行摩擦磨损试验后的结果

样品编号	平均摩擦系数	平均体积损失 (mm^3)	磨损率 ($mm^3/(N\cdot m)$)
S0	0.684	5.341×10^{-2}	4.217×10^{-5}
S1	0.602	2.535×10^{-2}	2.001×10^{-5}
S2	0.983	1.984×10^{-3}	1.566×10^{-6}
S3	1.552	1.241×10^{-3}	9.797×10^{-7}
S4	1.012	3.259×10^{-2}	2.573×10^{-5}

图 3-61~ 图 3-63 是在电流密度分别为 6 A/dm²、10 A/dm²、12 A/dm² 条件下所制备的微弧氧化膜层在进行摩擦磨损试验后磨痕的表面形貌照片。对比图 3-61(a)，发现图 3-62(a) 和图 3-63(a)，发现图 3-62(a) 中所示的磨痕较浅，同时从图 3-61(b)~(e) 和图 3-63(a)~(e) 中可以发现磨痕的破坏程度较图 3-62(a)~(e) 所示要严重许多。进一步仔细观察磨痕可以发现，在图 3-61(b)~(e) 和图 3-63(b)~(e) 的磨痕中出现了底部呈现黑色的现象。这是由于膜层被磨穿后，铝合金基体暴露出来，在空气中发生氧化所致。然而，在图 3-62(b)~(e) 中并未发现有磨穿的迹象。从图

3-61(c)、(d) 中可以看出磨痕非常深，膜层表面还有拖拽的痕迹，在图 3-63(c)、(d) 的磨痕中也可以发现类似的情况。从磨痕的表面形貌观察可以认为，微弧氧化膜层的磨损机制为磨料磨损。磨料磨损具有两种不同的磨损机制，根据磨痕表面形貌可以认为，此次的磨损机制为三倍体磨损机制。

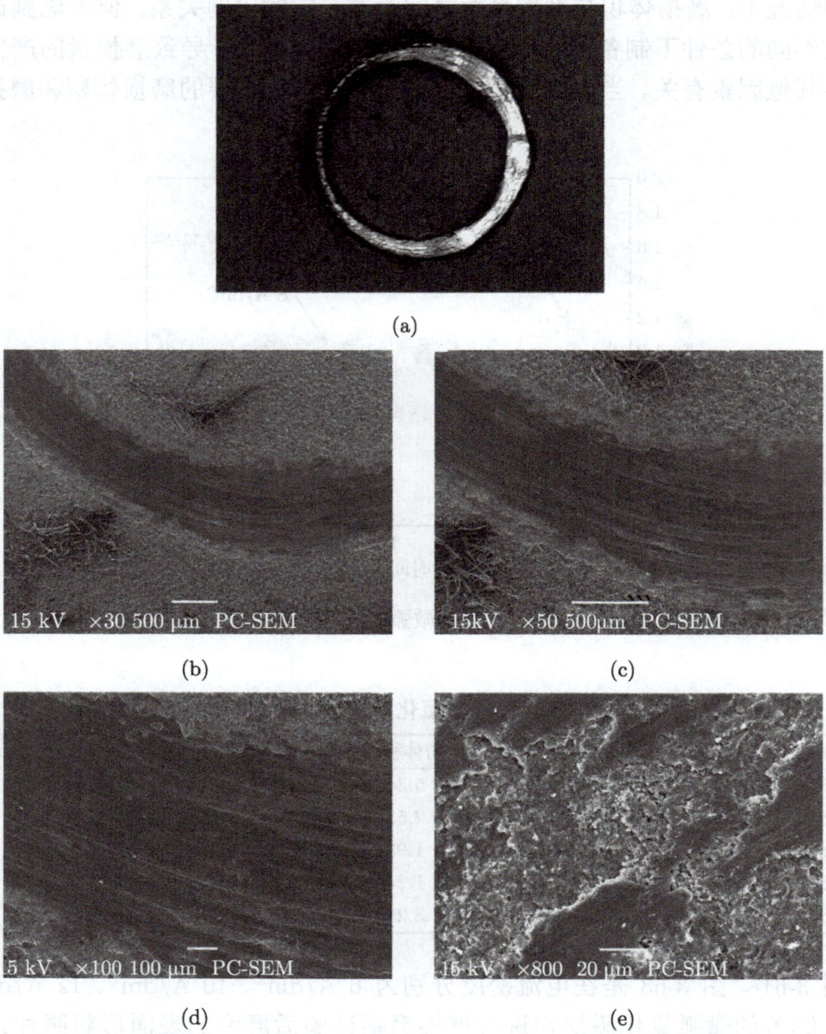

图 3-61 电流密度为 6 A/dm^2 时膜层表面磨痕的宏观与微观形貌

图 3-64 为不同电流密度下所制备的陶瓷膜层在 3.5% NaCl 溶液中的动电位极化曲线，表 3-22 是极化曲线的拟合数据。从表中可以看到，随着电流密度的增加，陶瓷膜层的腐蚀电位也在正移，同时腐蚀电流却下降了，说明在一定范围内电

流密度的增加，能提高微弧氧化膜层的耐腐蚀性能。换句话说，膜层的腐蚀率降低了。当电流密度达到 10 A/dm^2 时，腐蚀电流忽然降低了两个数量级，这说明膜层的耐腐蚀性能大幅度提高。这是因为随着电流密度的不断增加，陶瓷膜层厚度也在增大。陶瓷膜层厚度的增加，尤其是致密层的增加，能提高铝合金表面的耐腐蚀性。然而，当电流密度增大到 12 A/dm^2, 时，腐蚀电流密度却发生了下降的趋势，这是由于电流密度过大，虽然陶瓷膜层厚度也有所增加，但是陶瓷层变得疏松，表面粗糙，会使得腐蚀介质更容易接触基体 [57−61]，从而耐腐蚀性能变差。

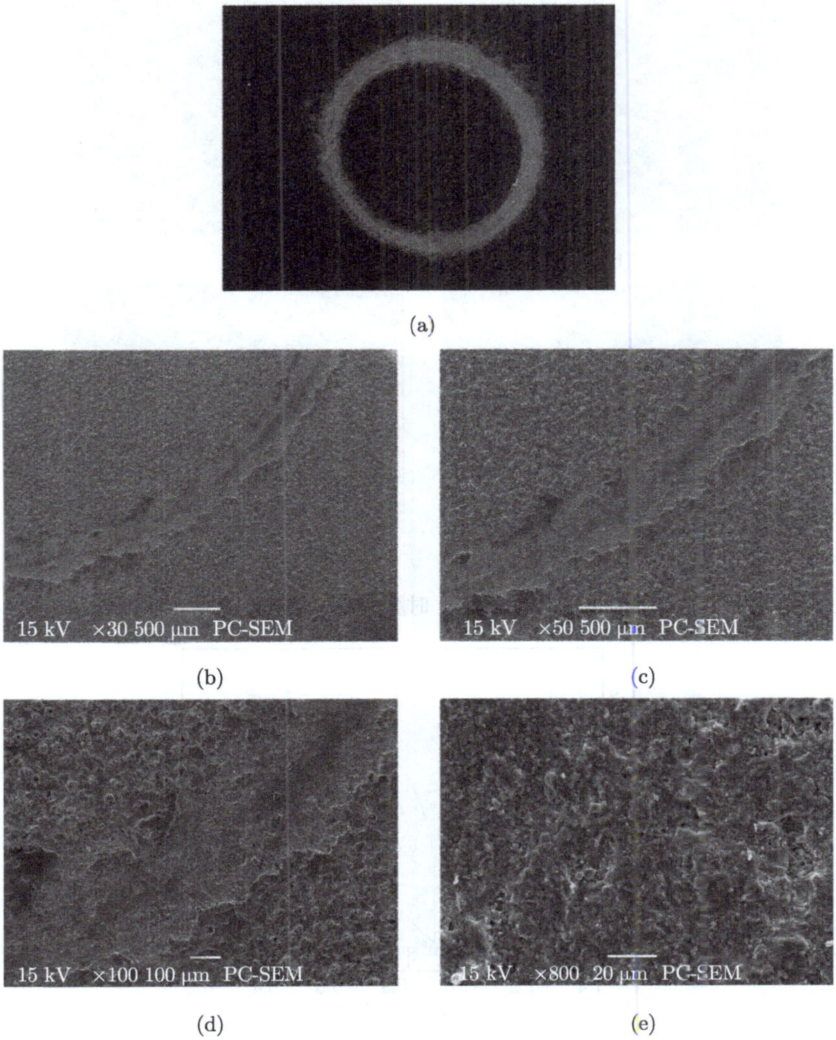

图 3-62　电流密度为 10 A/dm^2 时膜层表面磨痕的宏观与微观形貌

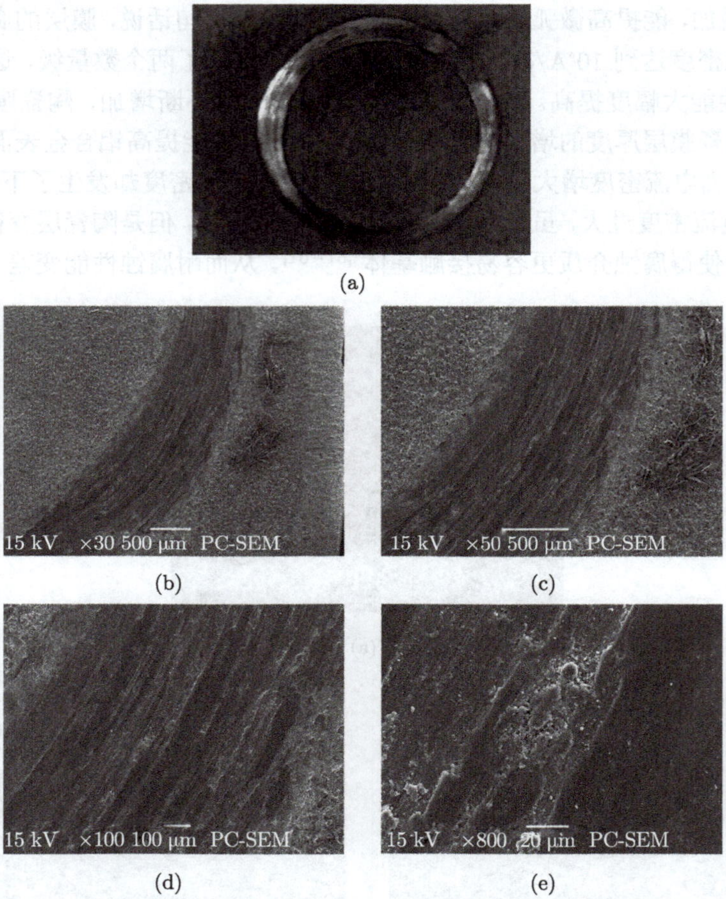

图 3-63 电流密度为 12 A/dm^2 时膜层表面磨痕的宏观与微观形貌

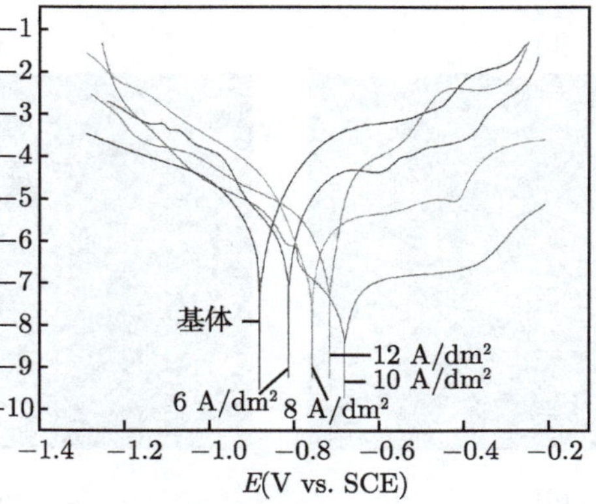

图 3-64 不同电流密度时微弧氧化膜层的动电位极化曲线

表 3-22 不同电流密度时微弧氧化膜层的极化曲线拟合数据

试样	E_{corr}(V vs. SCE)	lg I_{corr}	I_{corr}(A/cm^2)
S0	−0.88	−5.32	4.74×10^{-6}
S1	−0.81	−5.56	2.75×10^{-6}
S2	−0.76	−5.76	1.73×10^{-6}
S3	−0.68	−7.68	2.08×10^{-8}
S4	−0.72	−5.01	9.73×10^{-6}

3.4 7475 铝合金微弧氧化陶瓷膜的组织与性能

本节将主要介绍 7475 铝合金微弧氧化陶瓷膜层的组织与性能 [62−65]，其化学成分见表 3-23。

表 3-23 7475 铝合金的化学成分

元素	Zn	Mg	Cu	Mn	Ti	Cr	Si	Fe	Al
质量分数 (%)	6.2	2.6	1.9	⩽ 0.06	⩽ 0.06	0.25	⩽ 0.10	⩽ 0.12	余量

试验条件为：微弧氧化过程采用恒流模式，工作电流密度为 10 A/dm^2，电解液为硅酸盐体系 [成分为 Na_2SiO_3(10 g/L)+ KOH(5 g/L)]，氧化时间为 30 min，电解液温度控制在 30℃ 以下。

3.4.1 7475 铝合金微弧氧化陶瓷膜的组织

1. 微弧氧化膜表面、界面形貌

7475 铝合金微弧氧化膜表面形貌如图 3-65(a) 所示，氧化膜粗糙多孔，颜色为灰色，孔径为 5~20 μm，部分孔洞相互连通。周围还存在大小不一的颗粒，一些颗粒熔融后相互粘连，类似火山喷发残留形貌。这是由于氧化物和电化学沉积物在放电通道的高能量作用下熔化、蒸发并沿放电通道喷出，产生微弧氧化过程中的“爆炸”现象，形成微孔周围的火山丘状形貌，氧化膜击穿部位得不到修复，从而发生重复击穿；放电结束后，微弧消失，熔融体在电解液中快速凝固。熔融物一部分由放电通道喷出，沉积在放电通道周围，一部分在放电通道中冷却凝固，将微弧氧化的放电通道封闭 [67]，这一过程在铝合金表面各处重复，这就是工件表面出现游移的火花的原因。氧化膜–基体界面形貌如图 3-65(b) 所示，氧化膜厚度为 50 μm 左右，分为疏松层、致密层和过渡层。其中疏松层质地疏松，颜色较深，接近背景色；致密层质地紧密，颜色与基体相近，间隙层和致密层之间无明显的界面；在氧化膜与基体间存在一个过渡层，过渡层为 O 原子与电解液成分向基体扩散的终点，厚度很薄，约 3~5 μm，氧化膜在基体上原位长成，膜/基结合平整牢固。

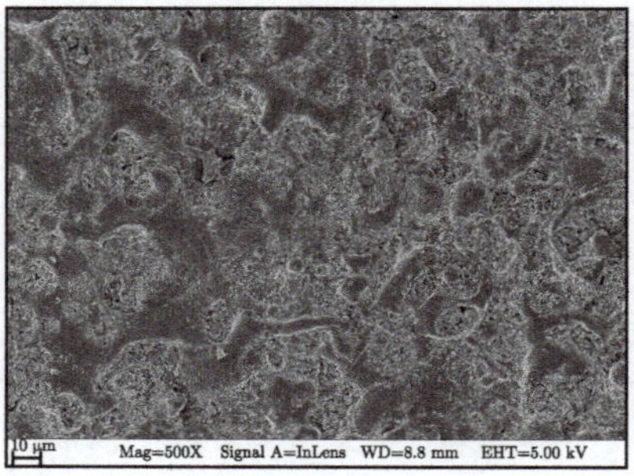

(a) 表面

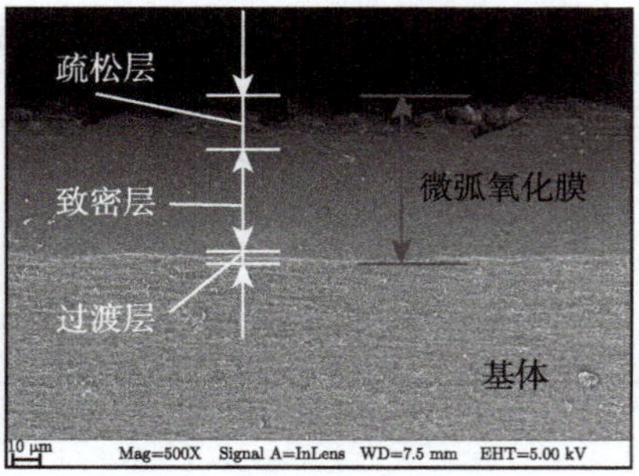

(b) 界面

图 3-65　7475 铝合金微弧氧化膜的表面与界面形貌

2. 微弧氧化膜表面、界面 EDS 分析

微弧氧化膜表面扫描位置和 EDS 能谱如图 3-66(a)、(b) 所示，Al 元素和 O 元素能谱特征峰强度高，表明氧化膜主要是由 Al 和 O 组成。图 3-66(f) 所示的 Si 元素富集在氧化膜小孔周围的颗粒中，主要来自电解液中的 SiO_3^{2-} 离子。Mg 元素来自于铝合金基体，在氧化膜表面均匀分布，其含量极其微弱，对陶瓷膜层成分和性能影响很小，如图 3-66(e) 所示。氧化膜中出现了 Na、K 元素，如图 3-66(h)、(i) 所示，说明电解液中 Na^+、K^+ 参加了微弧氧化过程中的电化学反应。图 3-66(g)、(j) 中 C 和 Ca 是微弧氧化过程中的杂质相，Fe、Mn 等元素含量低，没有出现在氧化膜中。

微弧氧化膜界面的面扫描位置和 EDS 能谱如图 3-67(a)、(b) 所示，Al、O 元素分布有明显的分界线，Al 元素在氧化膜中含量少，在基体中含量高，如图 3-67(c) 所示；O 元素在氧化膜中含量高，在基体中含量低，如图 3-67(d) 所示，这表明氧化膜主要是由 Al 和 O 元素组成。Mg 元素在氧化膜中含量略低于基体，如图 3-67(e) 所示，这由于 Mg 参加了氧化反应，致使 Mg 元素含量有所降低。Si 元素在氧化膜的间隙层表面富集，如图 3-67(f) 所示，形成非晶的 Si-Al-O 相。C 原子浓度在氧化膜界面没有变化，如图 3-67(g) 所示。

界面线扫描能谱分析位置如图 3-68(a) 所示，Al、O 和 Si 元素在氧化膜中有明显分层现象，其中 Al、O 元素分布在微弧氧化层–基体的界面处呈现阶梯状，分布规律与图 3-67(c)、(d) 中面扫描结果一致。这表明电解液中 O 元素以扩散形式进入基体中，与基体中 Al 元素生成 Al_2O_3，在基体上原位生长。氧化层中 Al 原子浓度明显低于基体，如图 3-68(b) 所示，这是由于微弧氧化使氧化膜中 Al 元素有所减少的缘故。O 元素在氧化层分布较多，基体中 O 元素含量几乎为 0，如图 3-68(c) 所示。Mg 元素在致密层中含量少于间隙层和基体，如图 3-68(d) 所示。Si 元素富集于间隙层表面，如图 3-68(e) 所示，是由于致密层放电通道细小，缺少裂纹孔洞等快速扩大通道，SiO_3^{2-} 离子难以进入。C 原子浓度在微弧氧化过程中没有变化，如图 3-68(f) 所示。

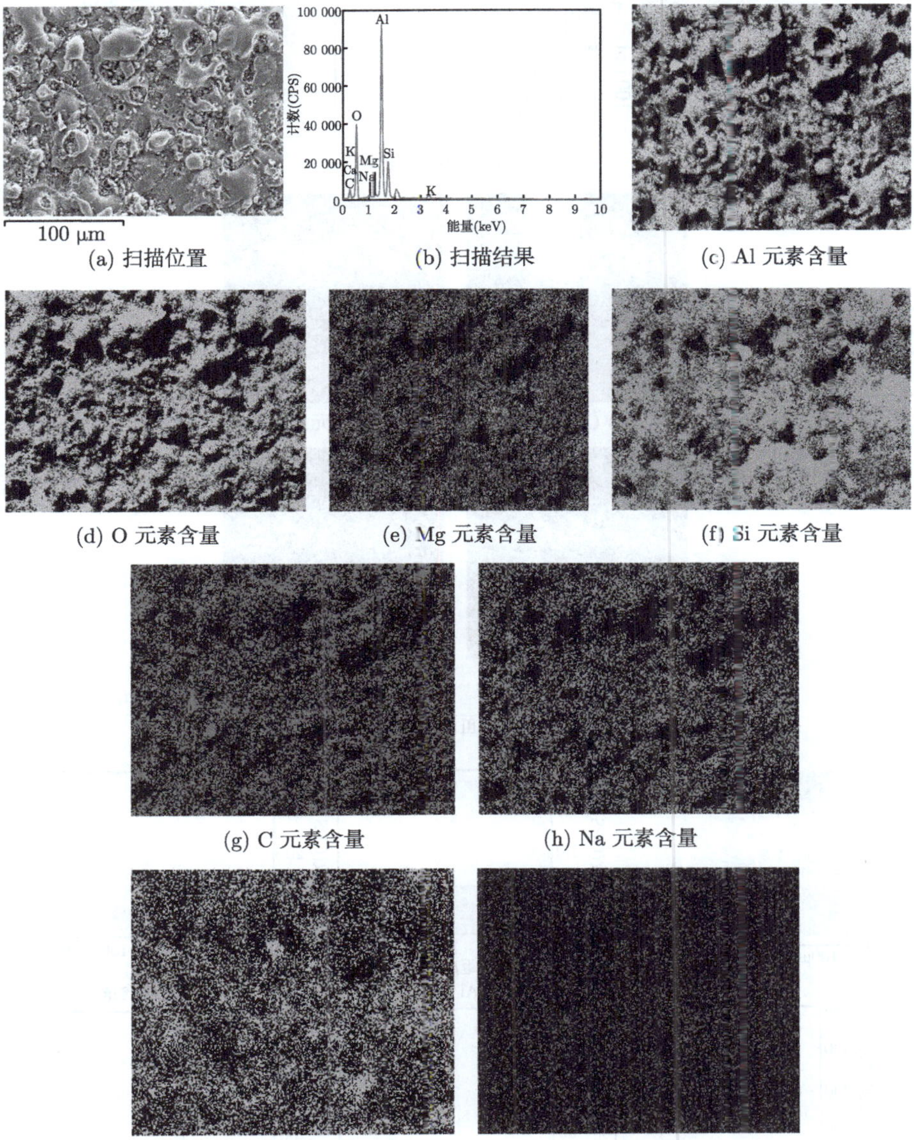

(a) 扫描位置　(b) 扫描结果　(c) Al 元素含量

(d) O 元素含量　(e) Mg 元素含量　(f) Si 元素含量

(g) C 元素含量　(h) Na 元素含量

(i) K 元素含量　(j) Ca 元素含量

图 3-66　微弧氧化膜层表面能谱分析

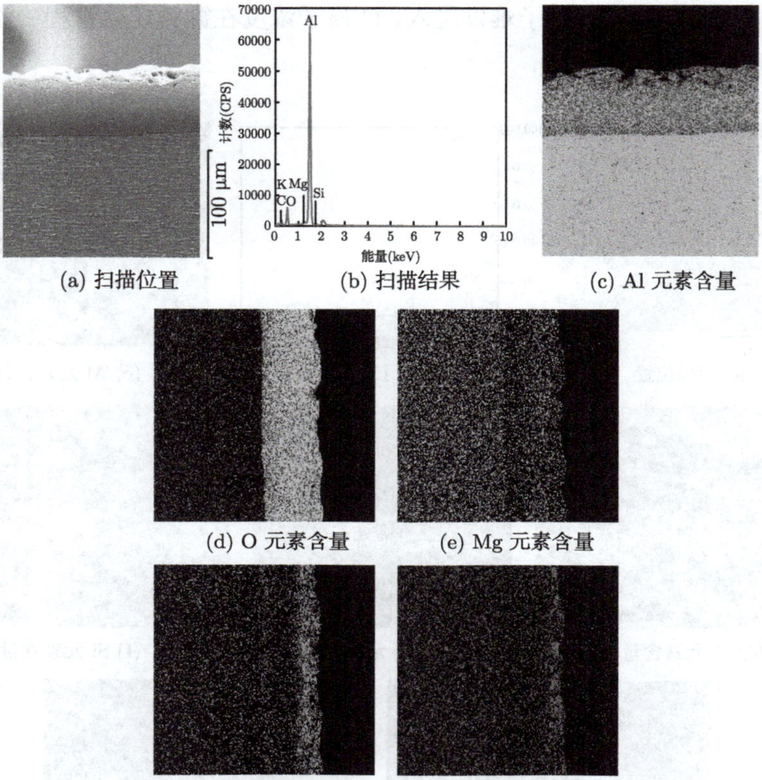

(a) 扫描位置　(b) 扫描结果　(c) Al 元素含量

(d) O 元素含量　(e) Mg 元素含量

(f) Si 元素含量　(g) C 元素含量

图 3-67　微弧氧化膜界面的面扫描位置和能谱分析

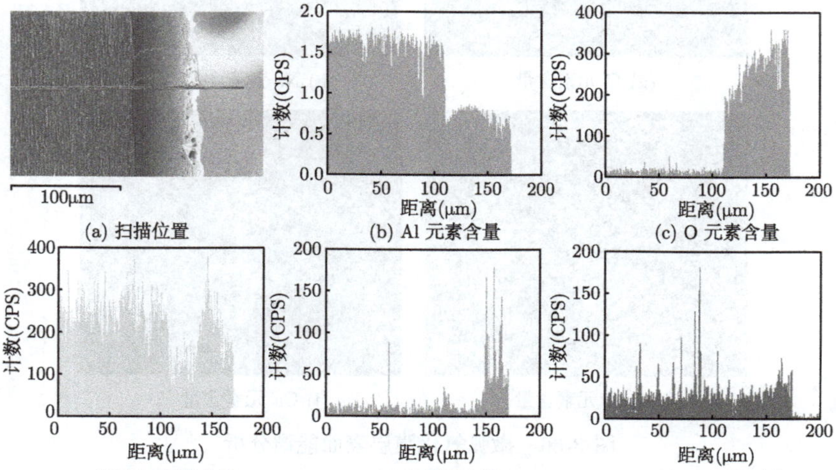

(a) 扫描位置　(b) Al 元素含量　(c) O 元素含量

(d) Mg 元素含量　(e) Si 元素含量　(f) C 元素含量

图 3-68　微弧氧化膜界面线扫描能谱分析

3.4.2　7475 铝合金微弧氧化陶瓷膜的性能

1. 摩擦磨损性能

图 3-69 为 7475 铝合金微弧氧化前后摩擦系数和磨痕显微组织 (载荷 =2 N；磨损速度 =0.1 m/s)。微弧氧化前试样的表面摩擦系数为 1.0，磨痕深度为 187.5 μm (图 3-69(b))；微弧氧化后试样摩擦系数有两个台阶，表明试样表面已被磨穿，磨穿行为发生在 7 min 左右，磨穿前的摩擦系数为 0.6 左右，为氧化膜的摩擦系数，磨穿后的摩擦系数为 0.8 左右，为基体摩擦系数，微弧氧化后试样磨痕深度为 137.8 μm (图 3-69(c))。与微弧氧化前试样相比，微弧氧化后试样摩擦系数降低了 40%，磨痕深度降低了 26.5%，这表明微弧氧化膜起到了良好的降摩减磨作用。

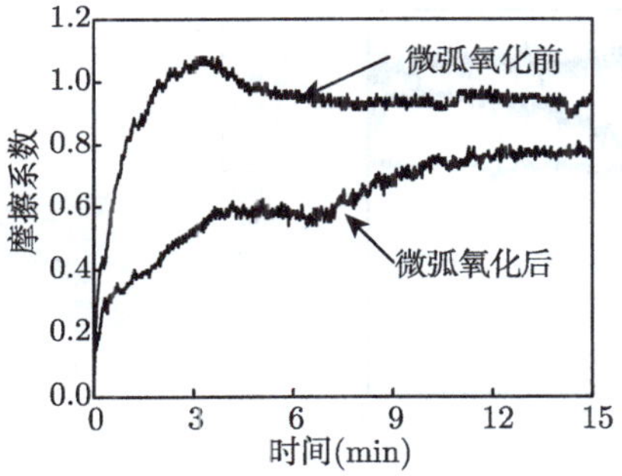

(a) 微弧氧化前/后摩擦系数

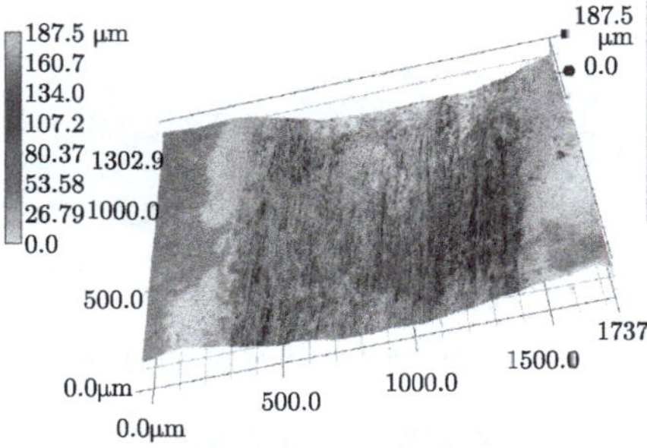

(b) 微弧氧化前磨痕显微组织

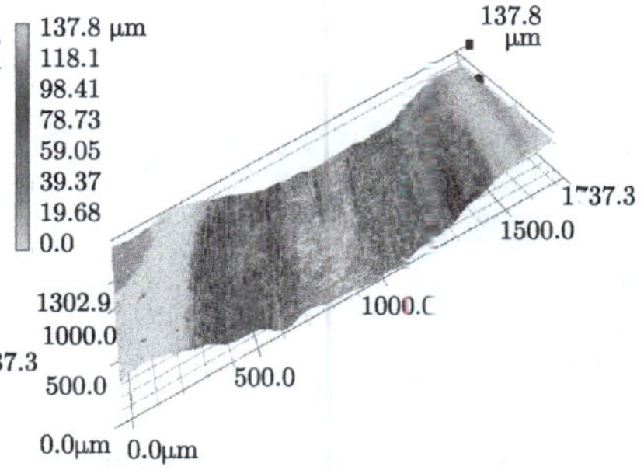

(c) 微弧氧化后磨痕显微组织

图 3-69　微弧氧化前后摩擦系数与磨痕显微组织

图 3-70 为磨损速度在 0.1 m/s 的条件下，不同载荷对微弧氧化后试样摩擦系数和磨损程度的影响。当载荷为 1.5 N 时，微弧氧化膜摩擦系数波动范围为 0.6~0.8，当载荷为 2 N 时，摩擦系数波动范围为 0.5~0.6，当载荷为 2.5 N 时，摩擦系数波动范围为 0.4~0.5；载荷为 1.5 N、2 N 和 2.5 N 时，磨痕深度分别为 100.6 μm(图 3-70(b))、137.8 μm(图 3-70(c)) 和 148.8 μm(图 3-70(d))。上述结果表明，随着载荷

增大，微弧氧化膜的摩擦系数降低，且载荷越大，摩擦系数值波动越小，磨损程度与载荷呈正相关。

图 3-71 为载荷 2 N 条件下，不同磨损速度对微弧氧化后试样摩擦系数和磨损程度的影响。当磨损速度为 0.05 m/s 时，摩擦系数为 0.7 左右；磨损速度为 0.1 m/s 时，摩擦系数为 0.6 左右，5 min 时摩擦系数开始上升，此时微弧氧化膜开始进入正常磨损阶段；磨损速度为 0.15 m/s 时，摩擦系数为 0.5~0.6，3 min 时摩擦系数开始上升，此时微弧氧化膜开始进入正常磨损阶段。当磨损速度为 0.05 m/s、0.1 m/s 和 0.15 m/s 时，磨痕深度分别为 71.33 μm (图 3-71(b))、137.8 μm (图 3-71(c)) 和 163.1 μm (图 3-71(d))。这表明磨损速度越大，摩擦系数越低，磨损越快，磨痕也越深。

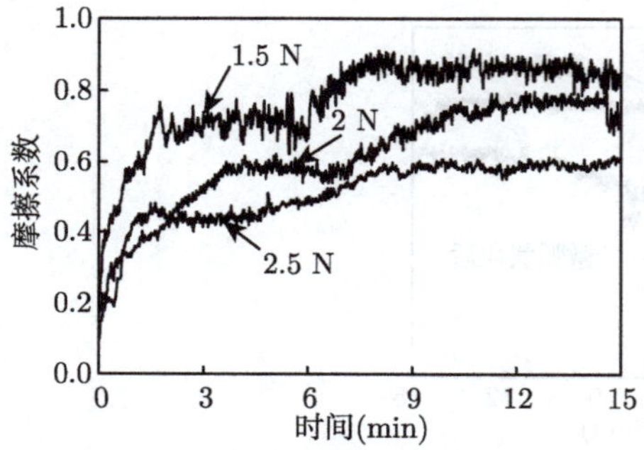

(a) 摩擦系数

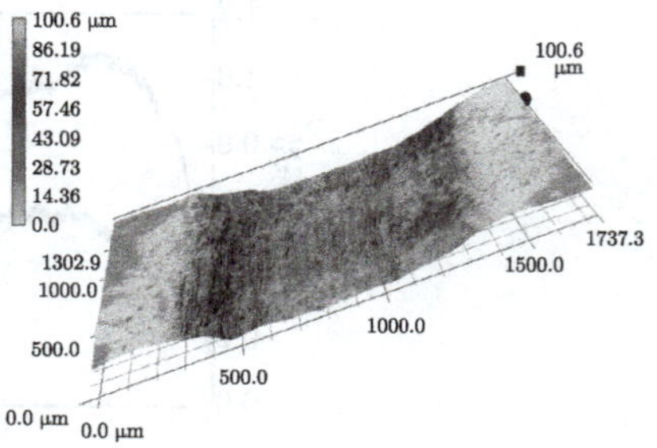

(b) 载荷为1.5 N 时磨痕显微组织

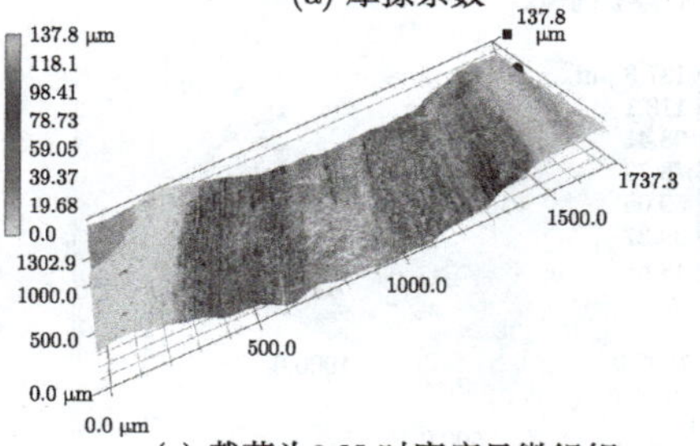

(c) 载荷为2 N 时磨痕显微组织

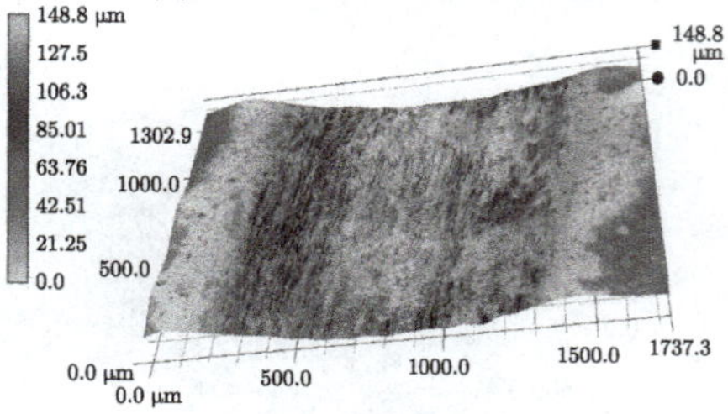

(d) 载荷为2.5 N 时磨痕显微组织

图 3-70　不同载荷下微弧氧化后试样摩擦系数和磨痕显微组织

当氧化膜与摩擦副 (陶瓷球) 对磨时，首先与氧化膜凸体接触，形成非均匀性接触，实际接触只发生在一些接触点上。在一定的载荷和速度下，表面形貌中可见的一些微凸体被磨损，如图 3-72(a) 所示，在试样表面形成磨屑，在随后的滑动摩擦中发生微切削现象，加速氧化膜表面的磨损。磨损进行一段时间后，微凸体表面被磨平，对磨件与试样表面的接触面积增大。当载荷超过氧化膜表面微凸体强度时，凸体产生断裂，形成大尺寸的磨粒。在与摩擦表面产生相对运动时，造成类似于研磨三体磨粒磨损，在磨粒与摩擦表面产生极高的接触压应力，导致氧化膜脆裂，如

图 3-72(b) 所示。在摩擦副和氧化膜之间接触应力的循环作用下，裂纹沿着氧化膜气孔边缘扩展，氧化膜发生片状脱落，这表明其磨损形式为磨粒磨损。

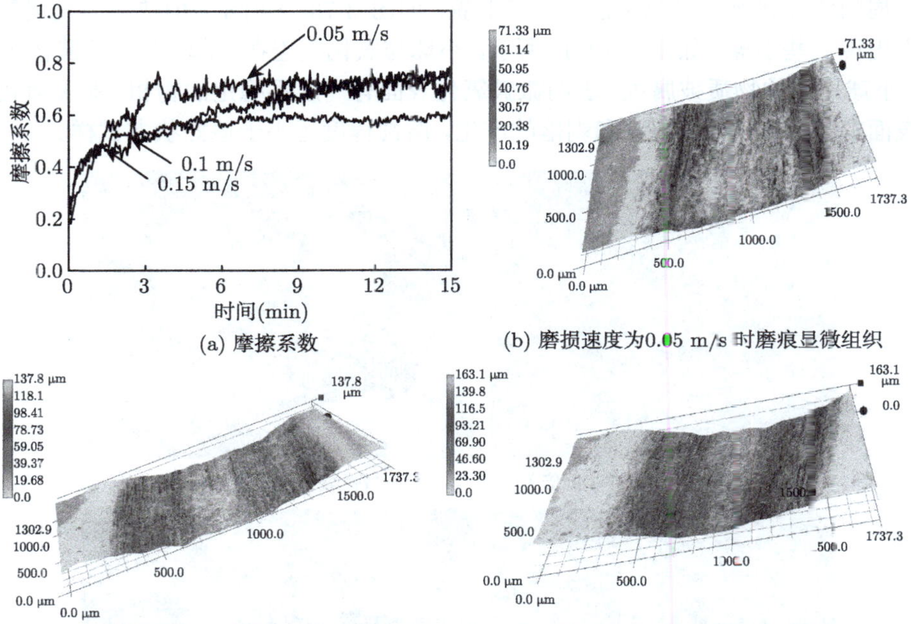

(a) 摩擦系数　(b) 磨损速度为0.05 m/s 时磨痕显微组织

(c) 磨损速度为0.1 m/s 时磨痕显微组织　(d) 磨损速度为0.15 m/s 时磨痕显微组织

图 3-71　不同磨损速度下微弧氧化后试样摩擦系数和磨痕的显微组织

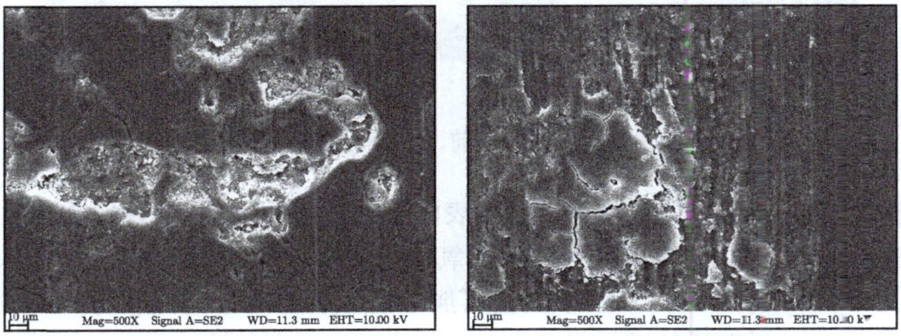

(a) 微凸体磨损　(b) 脆裂和犁沟

图 3-72　微弧氧化膜磨损形貌

2. 盐雾腐蚀性能

微弧氧化前试样盐雾腐蚀后自然氧化膜被严重破坏，表面出现大量裂纹和剥落，如图 3-73(a) 所示。放大后发现，原始试样表面物质溶解，布满了“网纹”的形貌，并向纵深发展，如图 3-73(b) 所示。

微弧氧化试样盐雾腐蚀后表面仍维持微弧氧化膜的典型形貌，表面有放电孔，孔与周围的金属颗粒形成类似火山口形貌，如图 3-73(c) 所示，但放大后发现氧化膜上出现一些小球，如图 3-73(d) 所示，小球与氧化膜连在一起，是氧化膜的一部分，小球周围的物质被腐蚀，表明微弧氧化表面有一层不稳定的物相。微弧氧化膜仅表面有溶解痕迹，无裂纹和剥落的产生，腐蚀程度远小于原始状态试样。

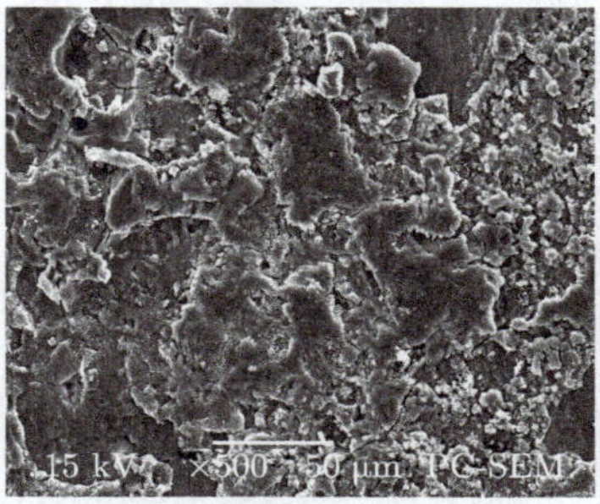

(a) 微弧氧化前试样（低倍）

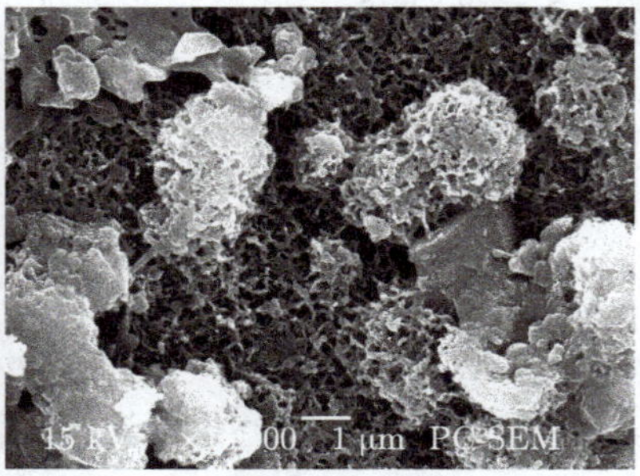

(b) 微弧氧化前试样（高倍）

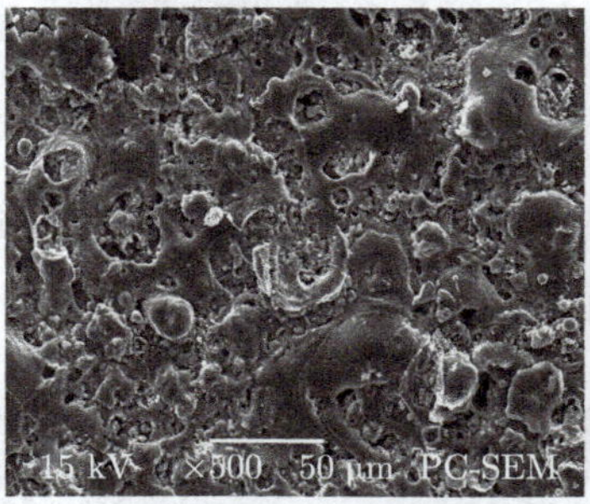

(c) 微弧氧化后试样（低倍）

(d) 微弧氧化后试样（高倍）

图 3-73　微弧氧化前、后试样的腐蚀形貌

对微弧氧化前试样盐雾腐蚀后进行表面面扫描分析，扫描位置如图 3-74(a) 所示。扫描结果表明，盐雾腐蚀后的微弧氧化前试样表面组成元素为 Al、O、Cl、Na、Si、Mg、Fe 等。Al 和 O 主要为盐雾腐蚀后形成的 Al-O 腐蚀产物，Al 分布存在很多缺失区，说明原始试样表面腐蚀程度高，表面剥落造成了 Al 元素的缺失，如图 3-74(b)、(c) 所示；Cl 和 Na 元素来自腐蚀介质，如图 3-74(d)、(e) 所示，Cl^- 是腐蚀发生的原因，Cl^- 具有很小的水合能，能在自然氧化膜薄弱处选择性吸附，形成活性-钝性电势差，为点蚀产生提供了条件。由于 Cl^- 半径小，容易穿过自然氧化膜进入铝合金基体，排挤并取代氧化物中 O 元素形成了可溶性的氯化物，导致氧化膜局部溶解破裂，使腐蚀深入基体中 [68]。Si、Mg 和 Fe 元素来自铝合金本身 (图 3-74(f)~(h))，Mg、Si 和 Fe 元素在铝合金中可以形成第二相粒子，在腐蚀

介质中电位与基体铝合金不同，在电解质环境下形成小的原电池区，对铝合金点蚀发生起到诱导作用 [69]。

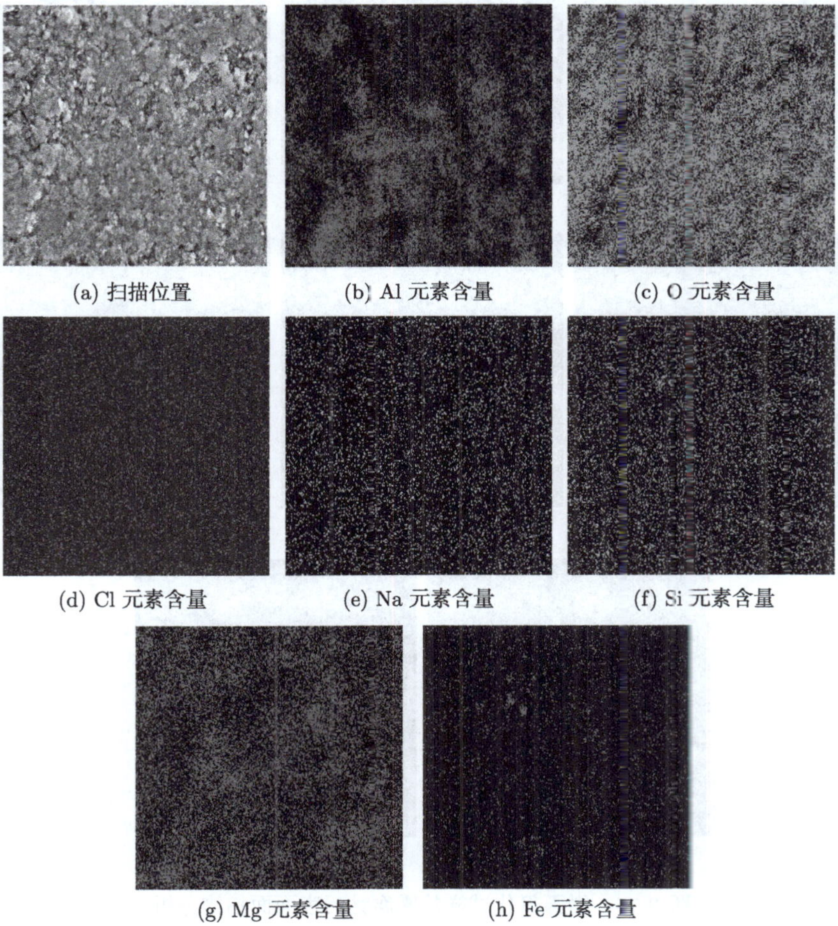

图 3-74　微弧氧化前试样盐雾腐蚀后表面面扫描分析

微弧氧化试样盐雾腐蚀后表面面扫描位置如图 3-75(a) 所示，扫描结果表明，盐雾腐蚀后的微弧氧化试样表面主要有 Al、O、Cl、Na、Si、Mg、Fe 等元素。其中 Al 和 O 具有相同的分布规律，说明微弧氧化膜的成分为 Al-O 化合物，微弧氧化试样腐蚀后表面没有剥落现象，腐蚀程度比微弧氧化前试样低，如图 3-75(b)、(c) 所示；Cl 和 Na 元素是腐蚀介质的残留 (图 3-75(d)、(e))，Si、Mg 和 Fe 元素来自铝合金本身 (图 3-75(f)~(h))。Mg、Si 元素经微弧氧化过程形成性质稳定的氧化物，Fe 在氧化膜中含量低，对腐蚀性能的影响可以忽略不计。

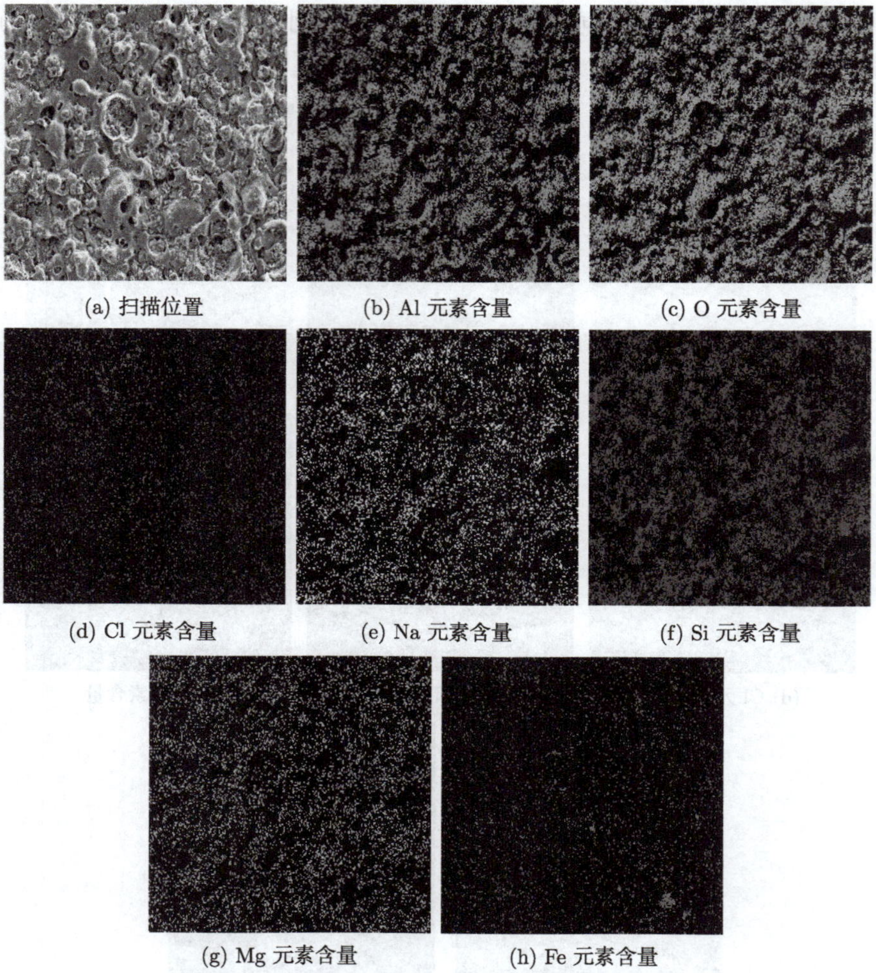

(a) 扫描位置　(b) Al 元素含量　(c) O 元素含量

(d) Cl 元素含量　(e) Na 元素含量　(f) Si 元素含量

(g) Mg 元素含量　(h) Fe 元素含量

图 3-75　微弧氧化试样盐雾腐蚀后表面面扫描分析

微弧氧化前试样盐雾腐蚀后的线扫描位置如图 3-76(a) 所示，Al、O、Mg 和 Si 原子浓度在腐蚀产物膜和基体的界面处都存在突变，其中 Al、Mg 和 Si 原子表面浓度较基体中明显减少 (图 3-76(b)、(d)、(e))，O 原子基体中浓度约为 0，而表层浓度很高 (图 3-76(c))，这是由于在盐雾腐蚀过程中 Al、Mg 和 Si 作为阳极，O 作为阴极，发生吸氧腐蚀，反应如下 [70]：

$$Al \longrightarrow Al^{3+} + 3e^- \tag{3-3}$$

$$Mg \longrightarrow Mg^{2+} + 2e^- \tag{3-4}$$

$$Si \longrightarrow Si^{2+} + 2e^- \tag{3-5}$$

$$O_2+2H_2O+4e^- \longrightarrow 4OH^- \tag{3-6}$$

原始试样盐雾腐蚀后，腐蚀产物为 Al-O 化合物，腐蚀深度约为 5～10 μm。

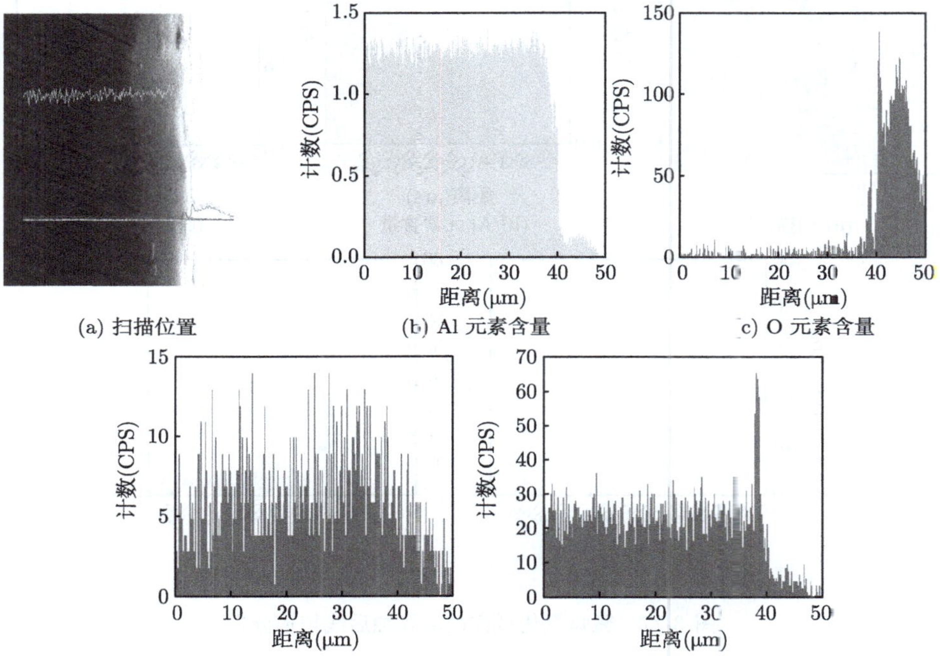

(a) 扫描位置　(b) Al 元素含量　(c) O 元素含量

(d) Mg 元素含量　(e) Si 元素含量

图 3-76　微弧氧化前试样盐雾腐蚀后线扫描分析

微弧氧化试样盐雾腐蚀后界面线扫描位置如 3-77(a) 所示，Al 和 O 元素在距离扫描起点位置 60～80 μm 和 80～130 μm 存在两个台阶，如图 3-77(b)、(c) 所示，台阶分别对应氧化膜的间隙层、致密层，间隙层的 Al 和 O 有所减少，这是因为间隙层在强电解质环境下发生了如下反应 [64]:

$$Al_2O_3+6H^+ \longrightarrow 2Al^{3+}+3H_2O \tag{3-7}$$

表面 Mg 浓度相对于基体降低 (图 3-77(d))，说明微弧氧化形成了 Mg-O 化合物。Si 元素在微弧氧化试样表面间隙层富集 (图 3-77(e))，这是因为致密层放电通道细小，阻止了含 Si 的离子向内扩散。盐雾腐蚀后的微弧氧化试样界面线扫描结果表明，微弧氧化在铝合金表面生成了一层由间隙层和致密层组成的氧化膜，氧化膜主要由 Al-O 化合物组成，盐雾腐蚀后，表面间隙层在一定程度上被腐蚀，但腐蚀介质被靠近基体一侧更厚的致密层阻挡，致密层为基体提供了良好的保护作用，腐蚀未深入基体中。

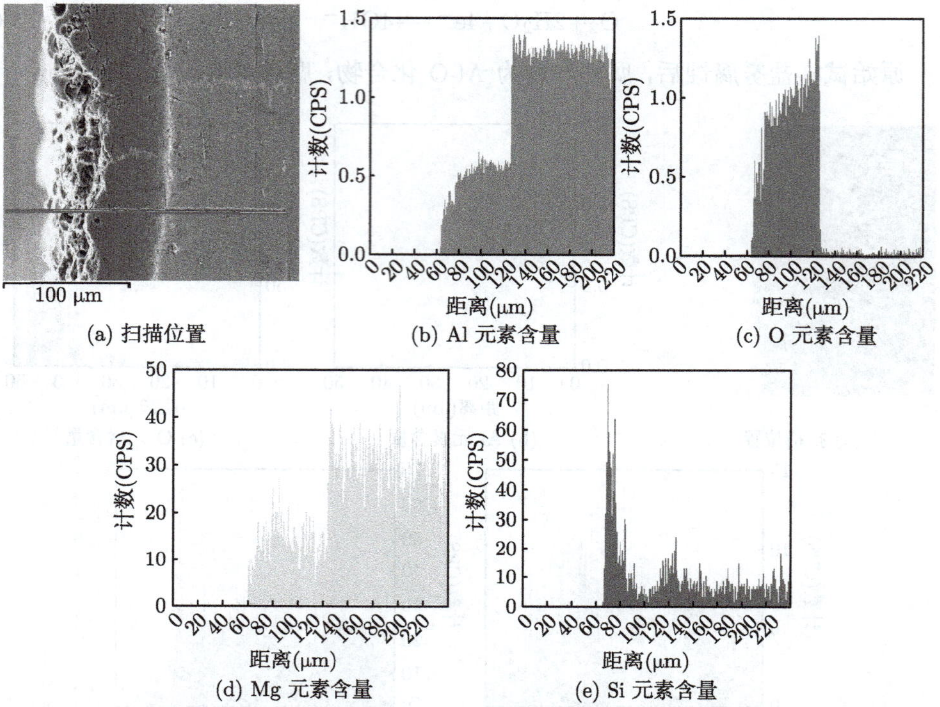

图 3-77　微弧氧化试样盐雾腐蚀后线扫描分析

微弧氧化前试样表面物相主要为 Al，Al 钝化能力强，能形成自然氧化膜，在中性水和大气中有很好的耐蚀性，但介质中有 Cl^- 时容易发生点蚀，这是因为 Cl^- 半径小，穿透力强，容易被吸附在自然氧化膜表面，形成很强的诱导电场，造成氧化物形成阳离子空位，促进孔蚀的形核。当孔蚀发生后，蚀孔内将进行自催化过程，使孔蚀快速发展，阴极反应为吸氧反应，孔内氧浓度下降，溶液相中保持富氧，形成“氧浓度差电池”。孔内阳极溶解使金属铝离子不断增加，发生溶解，孔外 Cl^- 向孔内迁移，使孔内铝合金在腐蚀介质中变成活化状态，而孔外溶液仍然维持电中性，孔外金属维持钝化态，构成了活化–钝化腐蚀电池，这样孔蚀以自催化过程迅速发展，试样基体 Al 发生溶解，随着腐蚀继续进行，腐蚀产物不断脱落，最终形成图 3-73(a)、(b) 中的形貌。微弧氧化生成的氧化膜间隙层以 γ-Al_2O_3 为主，致密层以 α-Al_2O_3 为主，盐雾腐蚀环境下，间隙层一定程度上发生了腐蚀反应，但致密层的结构致密性和化学稳定性实现基体与电解质溶液的物理和化学隔绝，使氧化膜的腐蚀终止于致密层，很好地保护了基体，提高了铝合金的耐盐雾腐蚀性能。

3.5 ZL101A 铸造铝合金微弧氧化陶瓷膜的组织与性能

铸造铝合金是在纯铝中加入硅、铜、镁等金属或非金属元素后进行合金化熔炼而成，经过一定的热处理后，使铸造铝合金具有比重小、比强度高、有一定的抗蚀性、良好的成型工艺性和较高的力学性能等良好的综合性能。随着铸造铝合金技术的迅速发展和快速推广应用，它在工业生产中有着极其重要的作用，大量应用于重工业、军事工业、航空航天、交通运输业、仪器仪表等领域 [71]。

本节主要介绍 ZL101A 铸造铝合金微弧氧化陶瓷膜的组织与性能 [72−74]，其化学成分见表 3-24。

表 3-24 ZL101A 铸造铝合金的化学成分

元素	Si	Fe	Cu	Mn	Mg	Zn	Ti	Al
质量分数 (%)	6.5～7.5	0.19	0.05	0.10	0.45～0.70	0.07	0.08～0.25	余量

3.5.1 电解液体系对铸造铝合金微弧氧化陶瓷膜组织与性能的影响

本小节中的试验条件为：微弧氧化过程采用恒流模式，工作电流密度为 15 A/dm^2，氧化时间为 60 min，电解液温度控制在 30℃ 以下，分别在硅酸盐体系 [成分为 Na_2SiO_3(10 g/L)+KOH(1 g/L)]、硼酸盐体系 [成分为 $Na_2B_4O_7$(10 g/L)+KOH(1 g/L)]、磷酸盐体系 [成分为 Na_3PO_4(10 g/L)+KOH(1 g/L)] 中制备三种微弧氧化陶瓷膜层，即硅酸盐膜层，简称 Si-MAO 膜层；硼酸盐膜层，简称 B-MAO 膜层；磷酸盐膜层，简称 P-MAO 膜层。考察不同电解液体系对其组织与性能的影响 [75]。

1. 电解液体系对微弧氧化膜组织的影响

图 3-78 为 B-MAO、P-MAO 和 Si-MAO 膜层的表面微观形貌 SEM 照片和 3D 体视显微镜形貌。从图中可以看到，膜层中存在着由于微弧氧化放电通道中金属氧化物和气泡的喷出而形成的孔洞。通过这些通道，熔融态的氧化铝溢出且迅速冷却，在孔洞周围形成大量的圆形堆积物。孔洞大致可以分为两种类型，一种为近似圆形的孔洞，另一种为类似火山坑状的孔洞。由图 3-78(a)、(b) 中可以看出，B-MAO 膜层表面分布着大量的微小孔洞，喷射出的氧化铝分布在孔洞周围，膜层比较疏松，膜层表面较为光滑。由图 3-78(c)、(d) 中可以看出，P-MAO 膜层表面的孔隙率变小，形成了较大的火山口形状的孔洞。由图 3-78(e)、(f) 中可以看出，Si-MAO 膜层表面的孔隙率较小，孔洞变大，氧化铝喷出后大面积地熔融在一起生成陶瓷膜层，膜层变得致密，但表面较为粗糙。

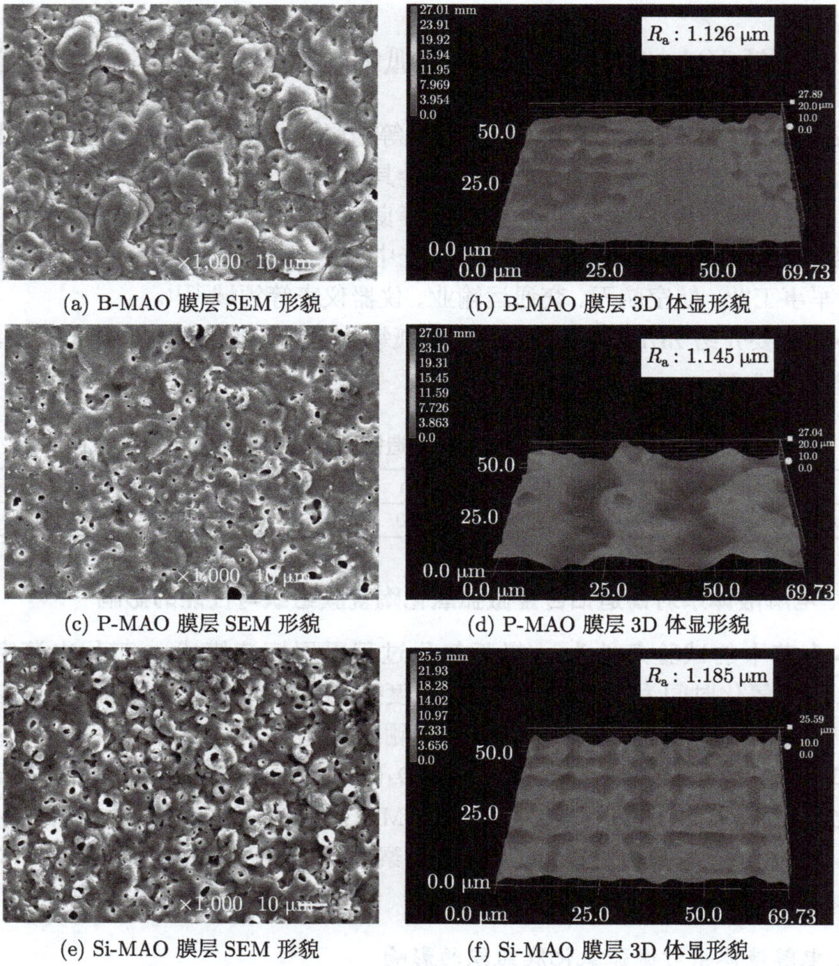

(a) B-MAO 膜层 SEM 形貌　(b) B-MAO 膜层 3D 体显形貌

(c) P-MAO 膜层 SEM 形貌　(d) P-MAO 膜层 3D 体显形貌

(e) Si-MAO 膜层 SEM 形貌　(f) Si-MAO 膜层 3D 体显形貌

图 3-78　不同电解液体系中陶瓷膜层的表面微观形貌 SEM 照片和 3D 体显形貌

不同电解液体系中制备的陶瓷膜层的 XRD 图谱如图 3-79 所示。从图中可以看出，不同的电解液体系下制备的陶瓷膜层的 XRD 图谱基本相同，α-Al_2O_3 和 γ-Al_2O_3 占据了三种膜层的主要成分。其中致密层主要是由 α-Al_2O_3 组成，而疏松层则是由 γ-Al_2O_3 构成。α-Al_2O_3 与 γ-Al_2O_3 相比有高硬度、高耐磨性与高耐蚀性的特点。γ-Al_2O_3 在 1500℃ 左右的高温下会不可逆转地转变为 α-Al_2O_3。α-Al_2O_3 的出现证明微弧氧化放电的过程中会产生很高的温度，有研究表明，表面的瞬间温度可达几千甚至上万摄氏度 [76]。而这样的变化使得陶瓷膜层的各个性能都得到了较大的提高。从图中可以看出，Si-MAO 膜层中氧化铝相的强度最大。值得注意的是，与铝合金基体相对应的铝衍射都被检测到了，这可能是因为氧化膜中有部分尚未完全氧化的 Al 或是信号来自于基体。

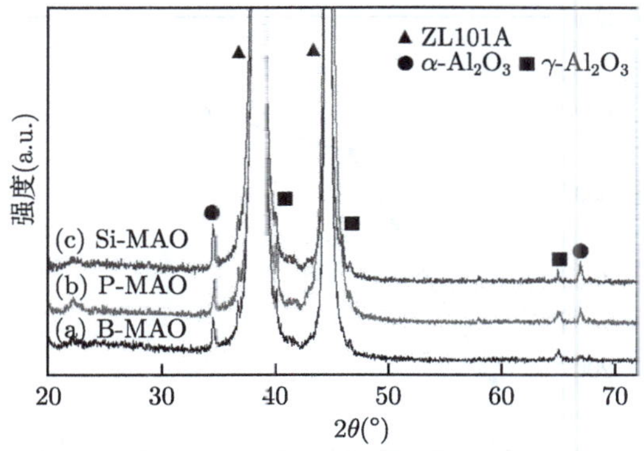

图 3-79 不同电解液体系中陶瓷膜层的 XRD 图谱

2. 电解液体系对微弧氧化膜性能的影响

图 3-80 为不同电解液体系中制备的陶瓷膜层的厚度。Si-MAO 膜层最厚，为 10.3 μm；P-MAO 膜层次之，为 9.5 μm；B-MAO 膜层最薄，为 7.6 μm。

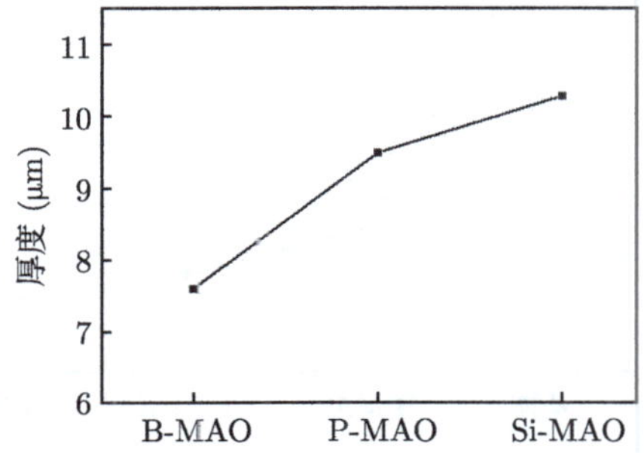

图 3-80 不同电解液体系中陶瓷膜层的厚度

图 3-81 为不同电解液体系中制备的陶瓷膜层的硬度。Si-MAO 膜层最高，为 803 HV；P-MAO 膜层次之，为 776 HV；B-MAO 膜层最低，为 682 HV。但是，三者都远远高于 ZL101A 基体的 158 HV。

图 3-82 为不同电解液体系中制备的陶瓷膜层，经过 30 min 的摩擦磨损试验后测得的摩擦磨损失重量。由图可见，Si-MAO 膜层最少，为 1.236 mg；P-MAO 膜层次之，为 1.319 mg；B-MAO 膜层最多，为 1.483 mg。然而，三者都远远低于 ZL101A 基体的 2.508 mg。陶瓷膜的失重量越小，陶瓷膜的耐磨性越好。

由上可见，Si-MAO 膜层最厚，硬度最高，膜层的磨损量最少，说明 Si-MAO 膜层的耐磨性最好，与基体结合良好；P-MAO 膜层的耐磨性能和硬度次之；B-MAO

膜层最薄，膜层的硬度也最低，耐磨性能最差。

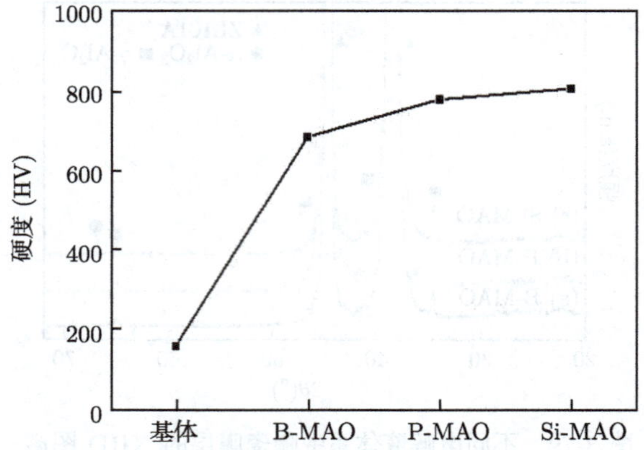

图 3-81 不同电解液体系中陶瓷膜层的硬度

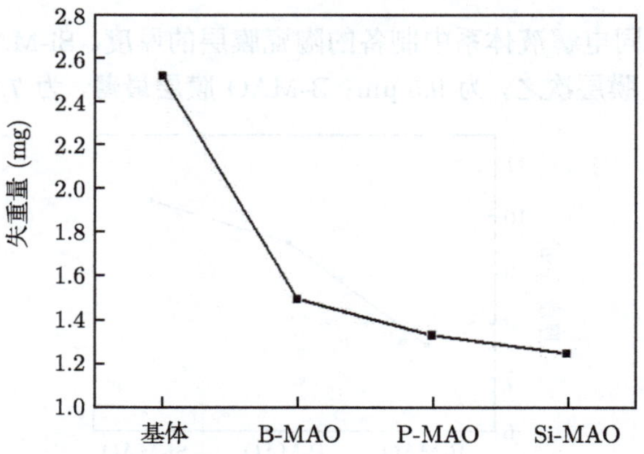

图 3-82 不同电解液体系中陶瓷膜层的失重量

不同电解液体系中制备的陶瓷膜层在 3.5% NaCl 溶液中的极化曲线见图 3-83。表 3-25 是通过 CView 软件拟合得到的自腐蚀电位 (E_{corr})、自腐蚀电流 (I_{corr})。从表 3-25 与图 3-83 中可以看出，铸铝经微弧氧化后试样的耐腐蚀性较未经微弧氧化的试样要好。比较不同电解液体系中制备的陶瓷膜层，P-MAO 膜层的 E_{corr} 为 -0.85 V，B-MAO 膜层的 E_{corr} 为 -0.74 V，Si-MAO 膜层的 E_{corr} 为 -0.70 V。相应地，三者逐渐正移。P-MAO 膜层的 I_{corr} 为 5.72×10^{-7} A/cm^2，B-MAO 膜层的 I_{corr} 为 2.75×10^{-7} A/cm^2，Si-MAO 膜层的 I_{corr} 为 2.21×10^{-7} A/cm^2。相应地，三者逐渐在减小。与未经微弧氧化处理时的 5.86×10^{-6} A/cm^2 相比，腐蚀电流密度下降了一个数量级。这证明在一定的腐蚀环境中，Si-MAO 膜层相对于 B-MAO 膜层和 P-MAO 膜层都具有更好的抵御局部腐蚀的能力。

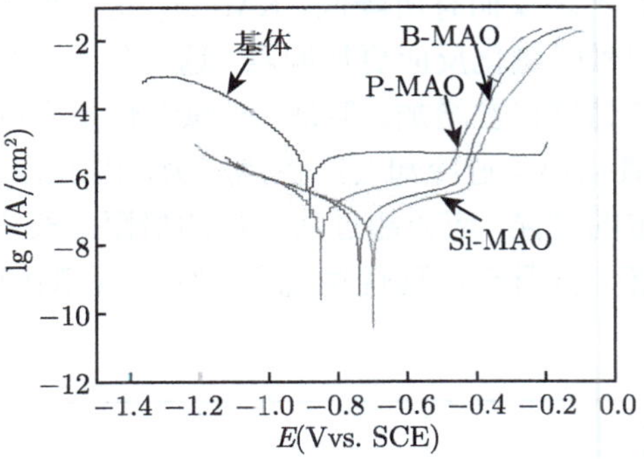

图 3-83 不同电解液体系中陶瓷膜层的极化曲线图

表 3-25 不同电解液体系中陶瓷膜层极化曲线的拟合结果

电解液体系	E_{corr}(V vs. SCE)	I_{corr}(A/cm^2)
基体	−0.88	5.86×10^{-6}
P-MAO	−0.85	5.72×10^{-7}
B-MAO	−0.74	2.75×10^{-7}
Si-MAO	−0.70	2.21×10^{-7}

3.5.2 添加剂对铸造铝合金微弧氧化陶瓷膜组织与性能的影响

本小节的试验条件为：微弧氧化过程采用恒流模式，工作电流密度为 15 A/dm^2，氧化时间为 60 min，电解液温度控制在 30℃ 以下，在基础电解液 (硅酸钠 10 g/L、钼酸钠 5 g/L、氟化钠 5 g/L、氢氧化钾 5 g/L 组成) 中添加不同浓度的 $KMnO_4$ 添加剂 (0.5 g/L、1 g/L、3 g/L、5 g/L、7 g/L) 考察添加剂对微弧氧化陶瓷膜组织与性能的影响。

1. $KMnO_4$ 添加剂对微弧氧化陶瓷膜组织的影响

图 3-84 为 7 g/L $KMnO_4$ 添加剂时制备的陶瓷膜层 EDS 能谱。从图中可以看出，Mn 元素的峰值较高，这证明 $KMnO_4$ 是参与微弧氧化的反应过程的，并且对陶瓷膜层的质量产生了显著的影响。

在不同浓度的 $KMnO_4$ 添加剂时制备的陶瓷膜层的表面微观形貌如图 3-85 所示，由图可见，陶瓷膜层表面呈现出凹凸不平的火山口形貌。孔洞为微弧氧化过程的放电通道，孔洞周围的堆积物为高温熔融氧化铝，在微弧氧化过程中，气体裹挟着高温熔融的氧化铝溢出放电通道，在电解液的冷却作用下在放电通道周围迅速冷却，便形成了如图 3-85 所示的表面形貌。观察图 3-85 中各浓度下陶瓷膜层形貌不难看出，0.5 g/L 到 5 g/L 时孔洞的分布趋于均匀。在 7 g/L 时，孔洞增加且伴随着片状碎屑的出现。结合图 3-86，随着 $KMnO_4$ 浓度的增加，陶瓷层厚度在不断增加，到 7 g/L 的时候不增反而有所降低。$KMnO_4$ 是一种强氧化物，对微弧氧化起到了促进作用，使得微弧氧化反应更加剧烈。这一促进作用，就使得陶瓷层的生长不断得到提高，生长速度也在增加。但是，微弧氧化是个剧烈反应的过程，膜生长的过程中由于熔融氧化铝急速冷却会产生热应力，$KMnO_4$ 的浓度越大，热应力就会越大，增加到一定的时候，应力超过陶瓷层的极限就会出现裂痕，应力的持续增加会使得陶瓷层破损，并且会出现烧蚀现象。图 3-86 陶瓷膜层厚度增长的规律也能验证这一说法。

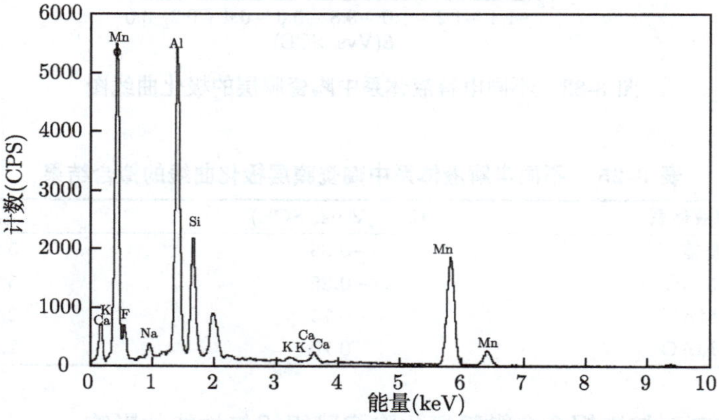

图 3-84 7 g/L $KMnO_4$ 添加剂时陶瓷膜层的能谱

图 3-87 为不同浓度 $KMnO_4$ 添加剂时制备的陶瓷膜层的 XRD 图谱。从图中可以看出，膜层主要由两种不同晶型的氧化铝 (α-Al_2O_3 和 γ-Al_2O_3) 组成。在浓度为 5 g/L 前，随着 $KMnO_4$ 浓度的升高，α-Al_2O_3 和 γ-Al_2O_3 的衍射峰均呈不断上升的趋势。这证明膜层中两种氧化物的含量是升高的，膜层也是在不断增厚的。而到了 7 g/L 时，两种峰又出现了下降的态势，膜层的生长受到了影响，陶瓷膜层厚度下降。这样的生长规律与图 3-86 膜层厚度是相统一的。

2. $KMnO_4$ 添加剂对微弧氧化陶瓷膜性能的影响

图 3-88 为不同浓度的 $KMnO_4$ 添加剂时陶瓷膜层的极化曲线，根据塔费尔外推法，利用 CView 软件拟合的腐蚀电流如表 3-26 所示。

从图 3-88 中可以看出，虽然不同浓度 $KMnO_4$ 制备的陶瓷膜层的极化曲线极为接近，但还是能看出一定的差异性，其中以 5 g/L 时的耐蚀性最为优异。结合图 3-86，随着 $KMnO_4$ 浓度的增加，陶瓷层厚度也不断增加，致密层厚度当然也相对应地增加了，从而提高了陶瓷膜层的耐蚀性。

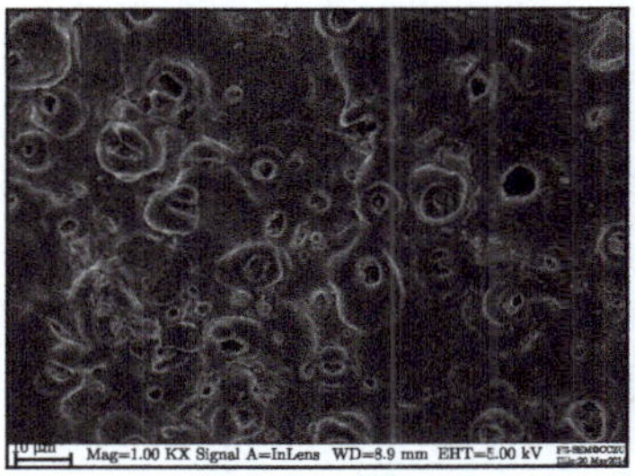

(a) 0.5 g/L

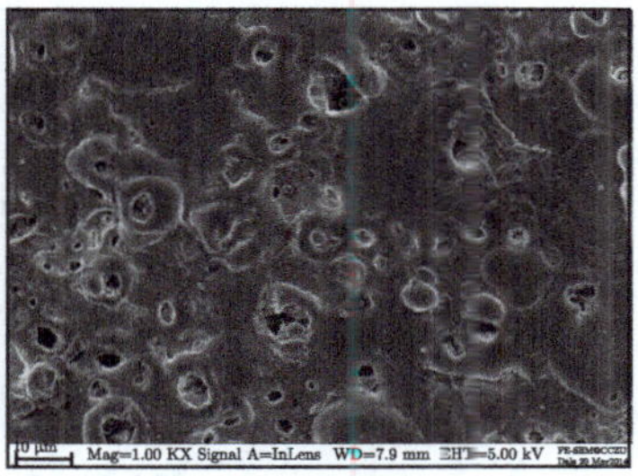

(b) 1 g/L

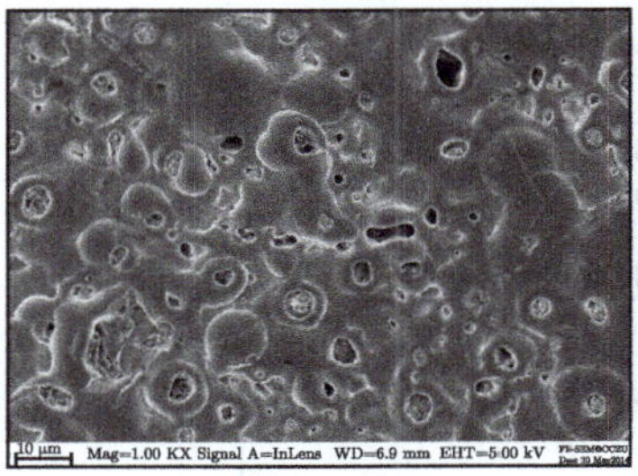

(c) 3 g/L

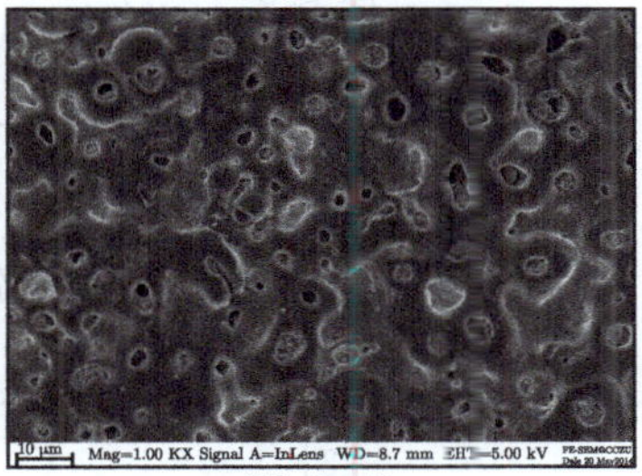

(d) 5 g/L

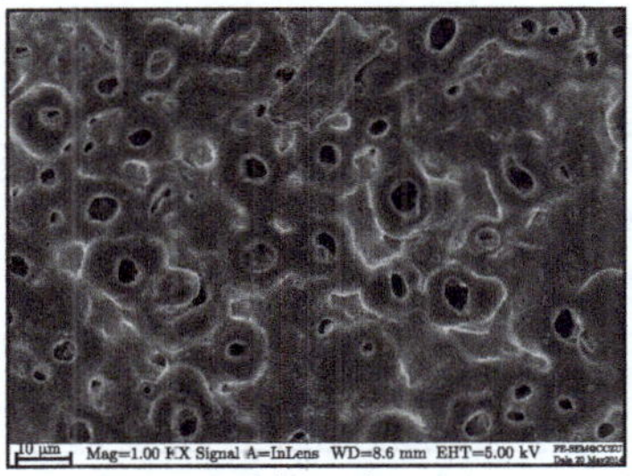

(e) 7 g/L

图 3-85 不同浓度 $KMnO_4$ 添加剂时陶瓷膜层的表面微观形貌

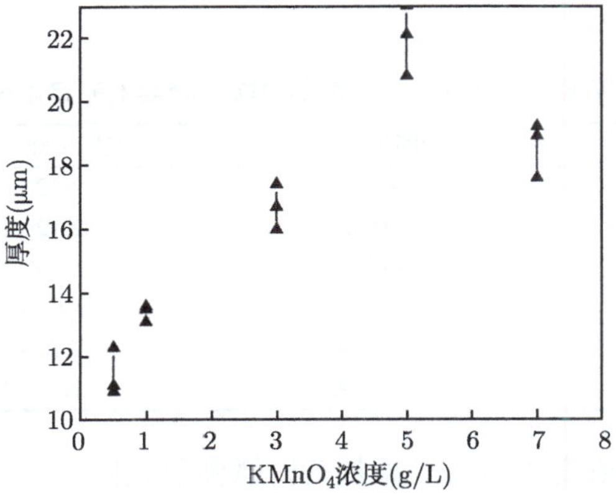

图 3-86 $KMnO_4$ 浓度对陶瓷膜层厚度的影响

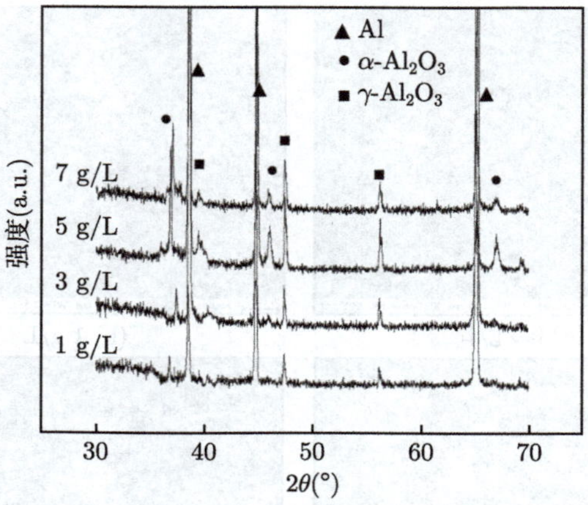

图 3-87　不同浓度 $KMnO_4$ 添加剂时陶瓷膜层的 XRD 图谱

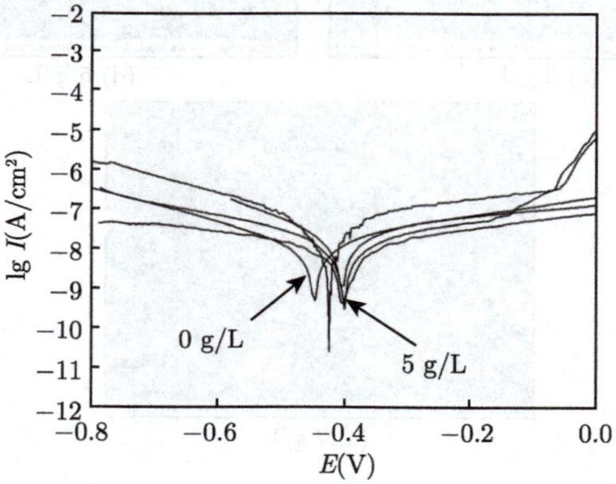

图 3-88　不同浓度 $KMnO_4$ 添加剂时陶瓷膜层的极化曲线

表 3-26　不同浓度 $KMnO_4$ 添加剂时陶瓷膜层的开路电位与腐蚀电流

$KMnO_4$ 浓度 (g/L)	开路电位 (V)	腐蚀电流 (A/cm^2)
0	−0.447	2.32×10^{-8}
0.5	−0.436	2.12×10^{-8}
1	−0.423	1.49×10^{-8}
3	−0.403	1.01×10^{-8}
5	−0.398	7.79×10^{-9}
7	−0.399	1.32×10^{-8}

图 3-89 为不同浓度 $KMnO_4$ 添加剂时微弧氧化陶瓷膜层的显微硬度，随着浓度的增加，陶瓷膜层的显微硬度在不断增加，最高能达到 1879 HV，与未添加 $KMnO_4$ 时的 1679.75 HV 相比得到了明显的提高。但是当浓度增加到 7 g/L 时，因

为表面出现烧蚀的原因，陶瓷膜层的硬度反而出现了下降。

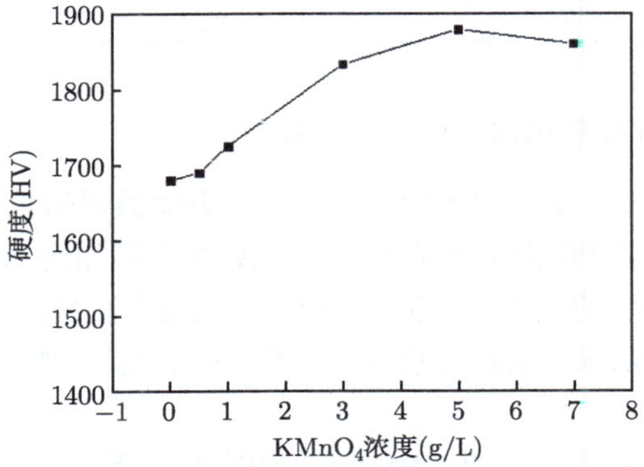

图 3-89 不同浓度 $KMnO_4$ 添加剂时陶瓷膜层的显微硬度

图 3-90 为不同浓度 $KMnO_4$ 添加剂时陶瓷膜层的摩擦磨损失重量，随着浓度的增加，膜层的失重量越小，耐磨性越好，且当浓度增加到 5 g/L 时膜层的耐磨性最优。

Al_2O_3 本身是一种很好的耐磨材料，具有优良的耐磨损性能，陶瓷层主要由 α-Al_2O_3 和 γ-Al_2O_3 组成，尤其是致密层的主要成分 α-Al_2O_3 具有较高硬度。当浓度增加到 7 g/L 时，膜层变薄且质量变差，因此耐磨性能出现了下降的趋势，这与硬度随浓度变化的规律也是相吻合的。

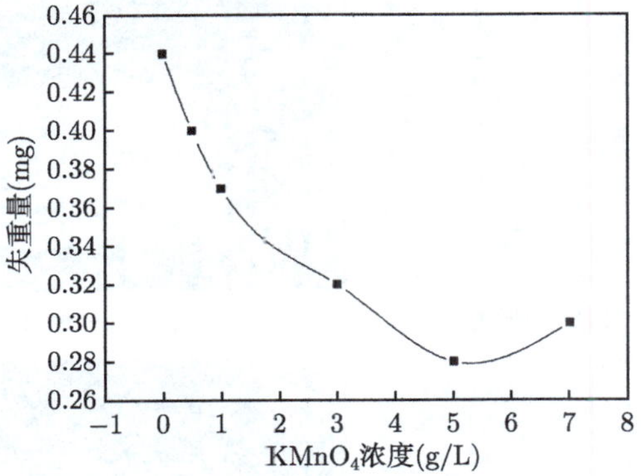

图 3-90 不同浓度 $KMnO_4$ 添加剂时陶瓷膜层的磨损失重量

3.5.3 电流密度对铸造铝合金微弧氧化陶瓷膜组织与性能的影响

本小结将介绍电流密度对铸造铝合金微弧氧化陶瓷膜的组织与性能的影响 [77]。试验的初始电参数见表 3-27。

表 3-27　初始电参数

频率 (Hz)	占空比 (%)	电流密度 (A/dm²)	氧化时间 (min)
400	50	7/10/13/16/19	30

1. 电流密度对微弧氧化陶瓷膜组织的影响

图 3-91 为不电流密度时制备的陶瓷膜层的表面微观形貌 SEM 照片和 3D 体显形貌。从图中可以看到，随着电流密度从 7 A/dm^2 增加到 16 A/dm^2 时，膜层表面孔洞数量减小，膜层的致密性在提高，膜层表面变得粗糙。当电流密度继续增大到 19 A/dm^2 时，膜层表面有烧蚀现象，出现了明显裂纹，膜层变得疏松，致密性下降。

不同电流密度时陶瓷膜层的 XRD 图谱如图 3-92 所示。从图中可以看出，不同的电流密度下制备的陶瓷膜层的 XRD 图谱基本相同，主要由 α-Al_2O_3 和 γ-Al_2O_3 组成。当电流密度从 7 A/dm^2 增加到 16 A/dm^2 时，α-Al_2O_3 强度在增加。当电流密度继续增大到 19 A/dm^2 时，α-Al_2O_3 强度有所下降。

2. 电流密度对微弧氧化陶瓷膜性能的影响

图 3-93 为不同电流密度时制备的陶瓷膜层的厚度。由图可见，随着电流密度的增加，膜层厚度一直在增加，从 8.2 μm 增加到了 23.1 μm。

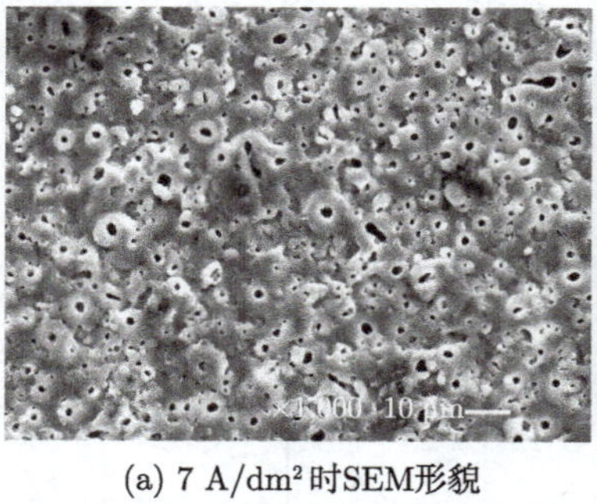

(a) 7 A/dm² 时SEM形貌

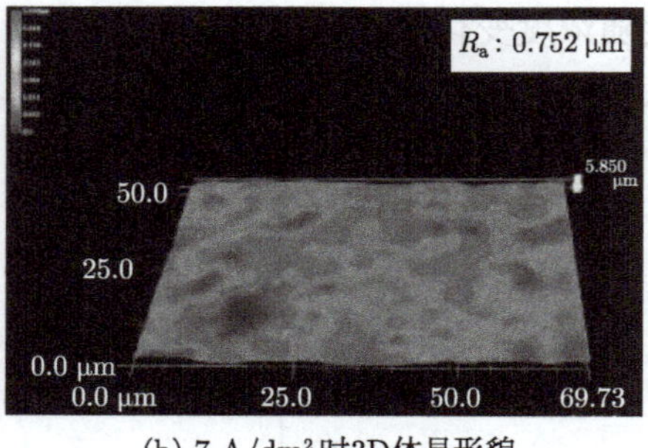

(b) 7 A/dm² 时3D体显形貌

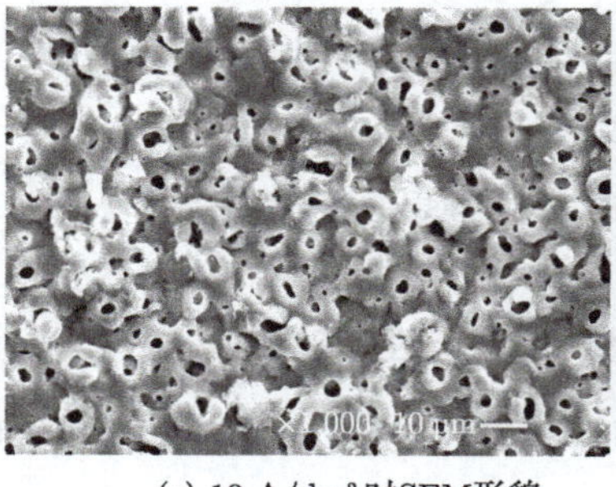

(c) 10 A/dm² 时SEM形貌

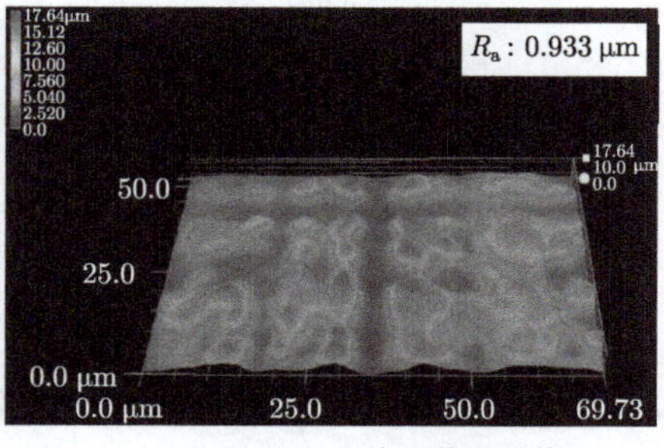

(d) 10 A/dm² 时3D体显形貌

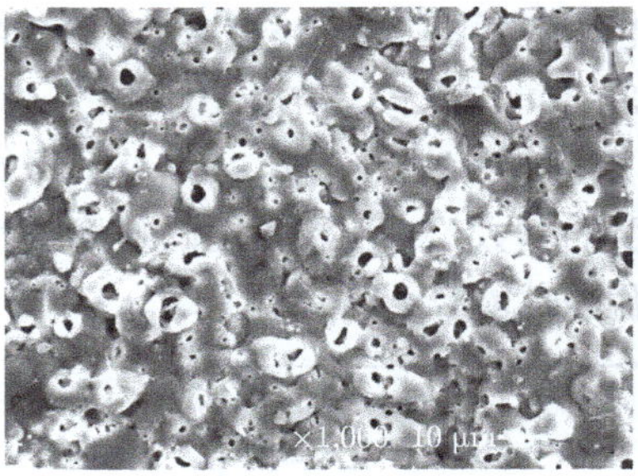

(e) 13 A/dm² 时SEM形貌

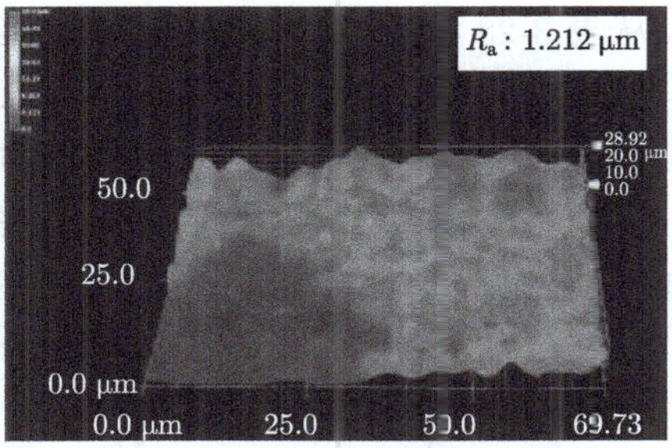

(f) 13 A/dm² 时3D体显形貌

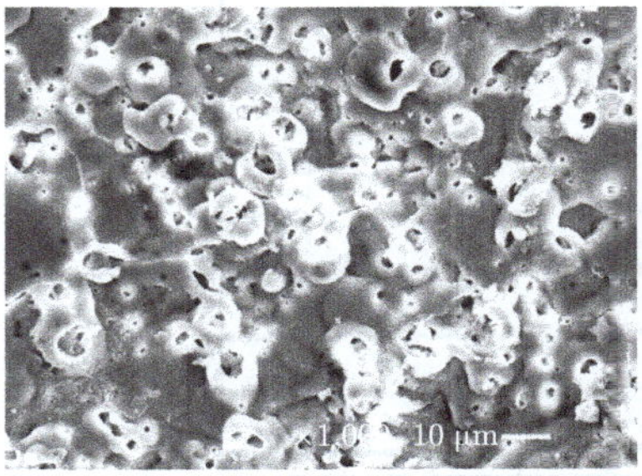

(g) 16 A/dm² 时SEM形貌

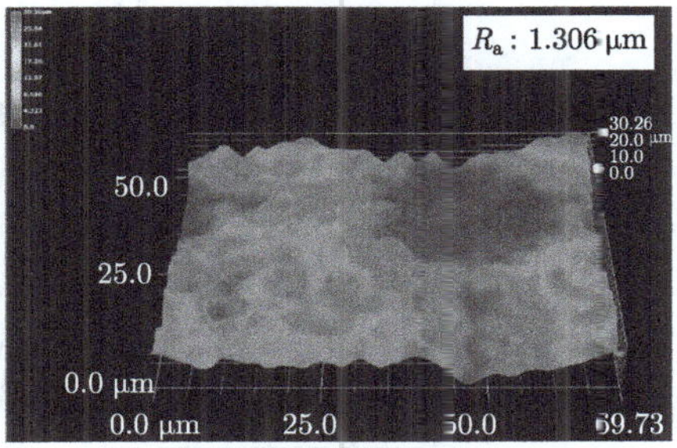

(h) 16 A/dm² 时3D体显形貌

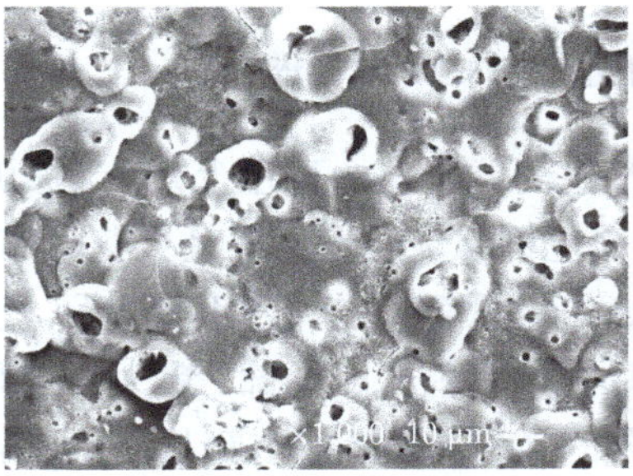

(i) 19 A/dm² 时SEM形貌

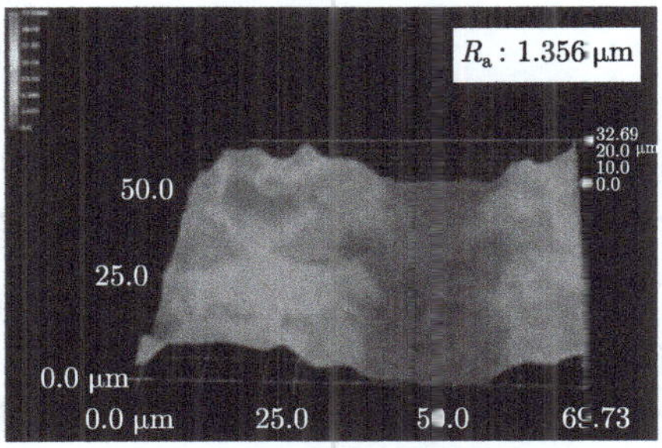

(j) 19 A/dm² 时3D体显形貌

图 3-91 不同电流密度时陶瓷膜层的表面微观形貌 SEM 照片和 3D 体显形貌

图 3-94 为不同电流密度时制备的陶瓷膜层的硬度。当电流密度由 7 A/dm^2 增加到 16 A/dm^2 时，膜层硬度也随之增加，从 667 HV 增加到 1256 HV。但当电流密度继续增加到 19 A/dm^2 时，硬度却降低到了 1160 HV。

图 3-95 为不同电流密度时制备的陶瓷膜层经过 30 min 的摩擦磨损试验后测得的摩擦磨损失重量。当电流密度由 7 A/dm^2 增加到 16 A/dm^2 时，膜层失重量随之减小，从 1.358 mg 减小到 0.623 mg；但当电流密度继续增加到 19 A/dm^2 时，失重量增加到 0.685 mg。

不同电流密度时制备的陶瓷膜层在 3.5% NaCl 溶液中的极化曲线如图 3-96 所示。表 3-28 是通过 CView 软件拟合得到的自腐蚀电位 (E_{corr}) 和自腐蚀电流

(I_{corr})。从表 3-28 与图 3-96 中可以看出，当电流密度由 7 A/dm^2 增加到 16 A/dm^2 时，膜层的 E_{corr} 从 −0.811 V 增加到 −0.537 V，I_{corr} 从 3.75×10^{-7} A/cm^2 减小到 8.49×10^{-8} A/cm^2；但当电流密度继续增加到 19 A/dm^2 时，E_{corr} 又开始有所减小，且 I_{corr} 有所增大。可见，随着电流密度的增大，一开始膜层的耐腐蚀性能是增加的，但电流密度增加到一定程度时，耐腐蚀性能反而开始下降。

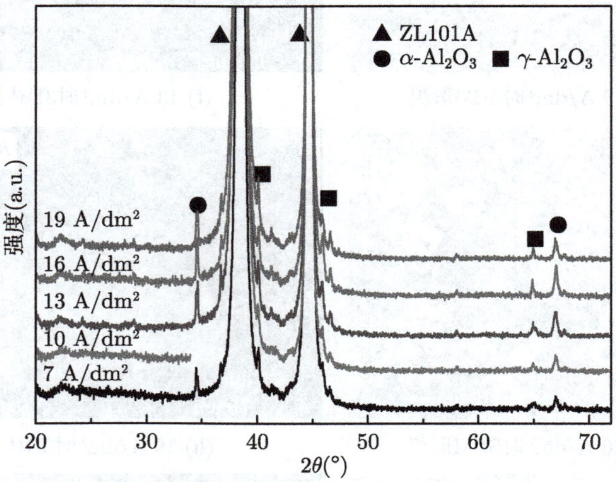

图 3-92　不同电流密度时陶瓷膜层的 XRD 图谱

随着电流密度的增加，微弧氧化过程中产生的能量也一直在上升。当微弧氧化电流密度较小时，可以看到膜层表面有大量白色针状火花跳跃，且火花分布均匀，这个时候生成的膜层表面光滑、粗糙度很小。当微弧氧化电流密度变大后，反应变得更加剧烈，膜层表面的火花从均匀、细小针状亮白色变成局部、粗大不规则的黄色、红色，这些局部地区就是膜层中较为薄弱的区域，容易被击穿从而形成新的放电通道。发生击穿时产生的较高瞬间能量使放电通道内产生大量热量，导致放电通道内熔融物迅速往外喷射，放电通道直径进一步扩大。在电解液作用下，喷射出来的氧化物在放电通道周围迅速冷却凝固堆积，形成疏松且粗糙的氧化膜层。同时，随着电流密度在一定范围内增加，陶瓷膜层耐腐蚀性也会随之增强。当微弧氧化电流密度较小时，膜层厚度较薄，无法有效抵抗腐蚀物的侵蚀，因此膜层的耐腐蚀性较差。当微弧氧化电流密度在一定范围内增大后，膜层的厚度逐渐增加，膜层也变得致密，其耐腐蚀性也因此增加。但当微弧氧化电流密度过大时，膜层的耐腐蚀性反而会降低。这主要是因为当电流密度过大时，脉冲能量随之变大，此时产生的粗大的火花使得放电通道孔径在冷凝后变大。当此区域被再次击穿时，随热量喷射出的熔融物也变得更多，更加粗大。当热量达到一定临界值时，膜层就会出现烧蚀现象，导致膜层变得疏松，其致密度下降，膜层的耐蚀性也下降。

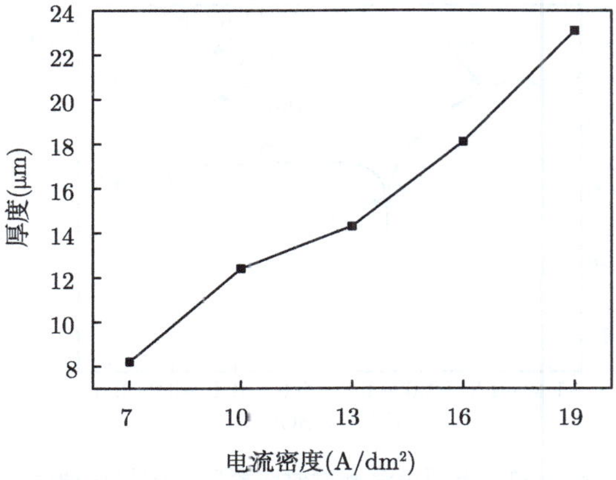

图 3-93 不同电流密度时陶瓷膜层的厚度

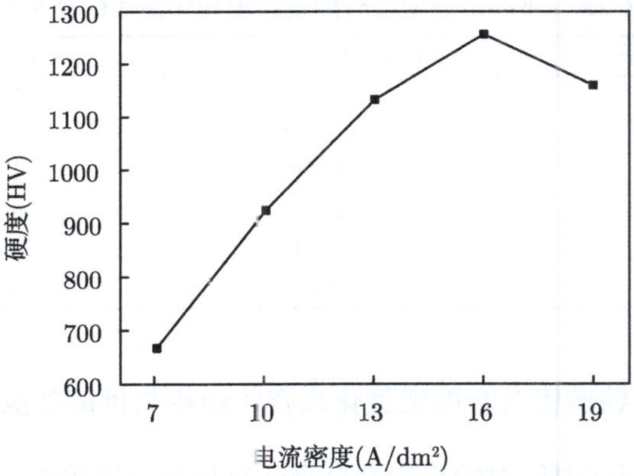

图 3-94 不同电流密度时陶瓷膜层的硬度

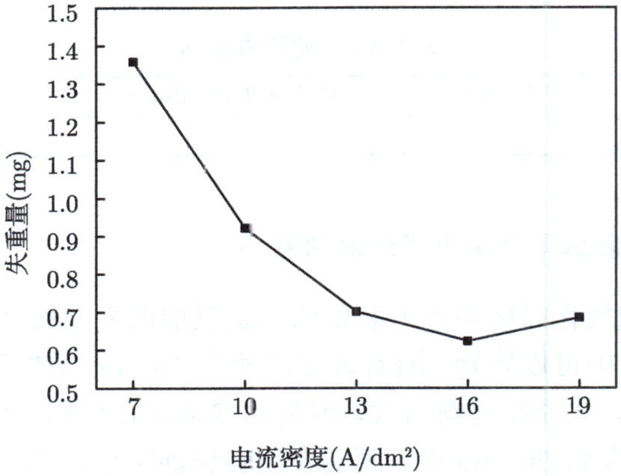

图 3-95 不同电流密度时陶瓷膜层的失重量

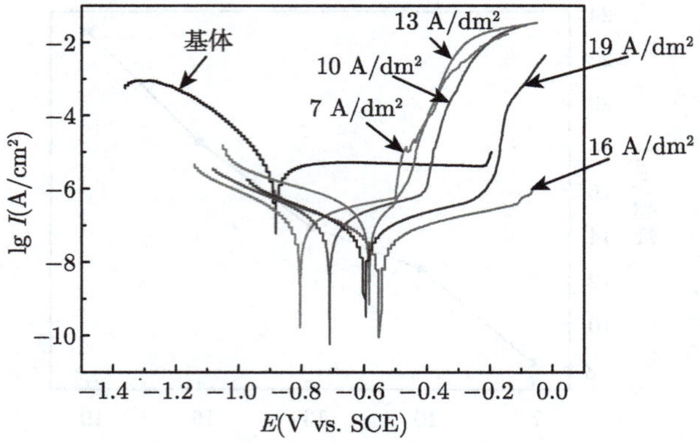

图 3-96　不同电流密度时陶瓷膜层的极化曲线

表 3-28　不同电流密度时陶瓷膜层极化曲线的拟合结果

电流密度 (A/dm^2)	E_{corr}(V vs. SCE)	I_{corr}(A/cm^2)
基体	−0.882	5.86×10^{-6}
7	−0.811	3.75×10^{-7}
10	−0.716	1.58×10^{-7}
13	−0.549	9.16×10^{-8}
16	−0.537	8.49×10^{-8}
19	−0.571	1.02×10^{-7}

3.5.4　氧化时间对铸造铝合金微弧氧化陶瓷膜组织与性能的影响

本小节将介绍氧化时间对铸造铝合金微弧氧化陶瓷膜组织与性能的影响 [78−80]。具体试验参数见表 3-29。

表 3-29　初始电参数

频率 (Hz)	占空比 (%)	电流密度 (A/dm^2)	氧化时间 (min)
600	50	16	10/20/30/40/50

1. 氧化时间对微弧氧化陶瓷膜组织的影响

图 3-97 为不同氧化时间条件下制备的陶瓷膜层的表面微观形貌 SEM 照片和 3D 体显形貌。从图中可以看到，随着氧化时间从 10 min 增加到 40 min 时，膜层表面孔洞数量减小，孔径在逐渐增大，膜层的致密性在提高，膜层表面变得粗糙。当氧化时间继续增大到 50 min 时，膜层表面有烧蚀现象，膜层变得疏松，致密性下降。

在不同氧化时间条件下制备的陶瓷膜层的 XRD 图谱如图 3-98 所示。从图中可以看出，不同的氧化时间条件下制备的陶瓷膜层的 XRD 图谱基本相同，主要由 α-Al_2O_3 和 γ-Al_2O_3 组成。当氧化时间从 10 min 增加到 40 min 时，α-Al_2O_3 强度在增加。当氧化时间继续增大到 50 min 时，α-Al_2O_3 强度有所下降。

图 3-99 为 35 min 时间内，反应过程中电压与氧化时间的关系，在微弧氧化反应初期，电压上升迅速，反应一段时间后趋于平稳。35 min 时的电压为 472 V。

图 3-100 为不同氧化时间条件下制备的微弧氧化陶瓷膜的截面微观形貌。从图 3-100 中可以看出，陶瓷膜层主要由致密层与疏松层构成，疏松层表面多气孔且结构较松散，致密层与基体结合良好且完整光滑，致密层因其相组成及结构的致密性，因而具有较高的显微硬度和优异的耐腐蚀性能。随着氧化时间的延长，陶瓷膜厚度不断增大，微孔数量逐渐减少，孔径大小增大。

2. 氧化时间对微弧氧化陶瓷膜性能的影响

图 3-101 为不同氧化时间条件下制备的陶瓷膜层的厚度。由图可见，随着氧化时间的增加，膜层厚度也随之增加，从由 4.8 μm 增加 27.5 μm。

图 3-102 为不同氧化时间条件下制备的陶瓷膜层的硬度。可见当氧化时间由 10 min 增加到 40 min 时，膜层硬度也随之增加，从 456 HV 增加到 1468 HV。但当氧化时间继续增加到 50 min 时，硬度却降低到了 1336 HV。

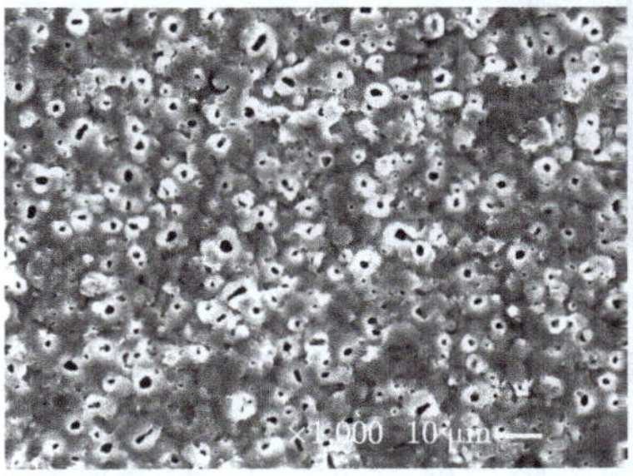

(a) 10 min 时SEM形貌

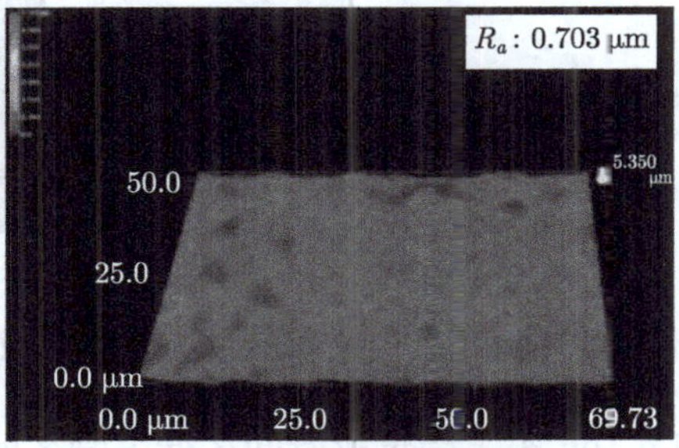

(b) 10 min 时3D体显形貌

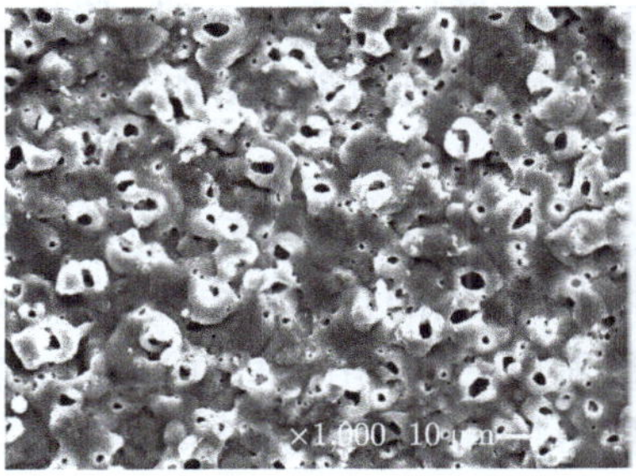

(c) 20 min 时SEM形貌

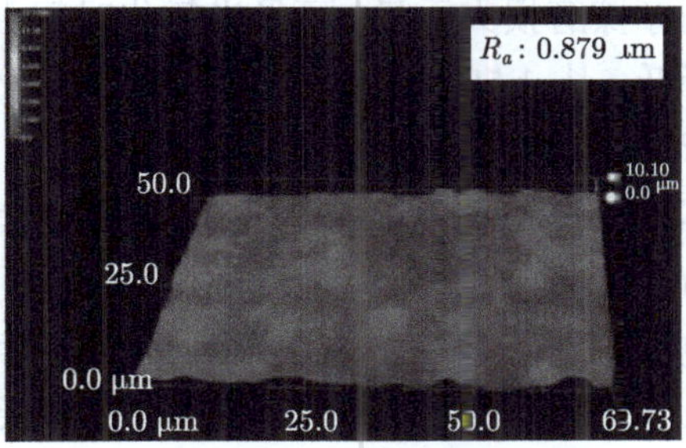

(d) 20 min 时3D体显形貌

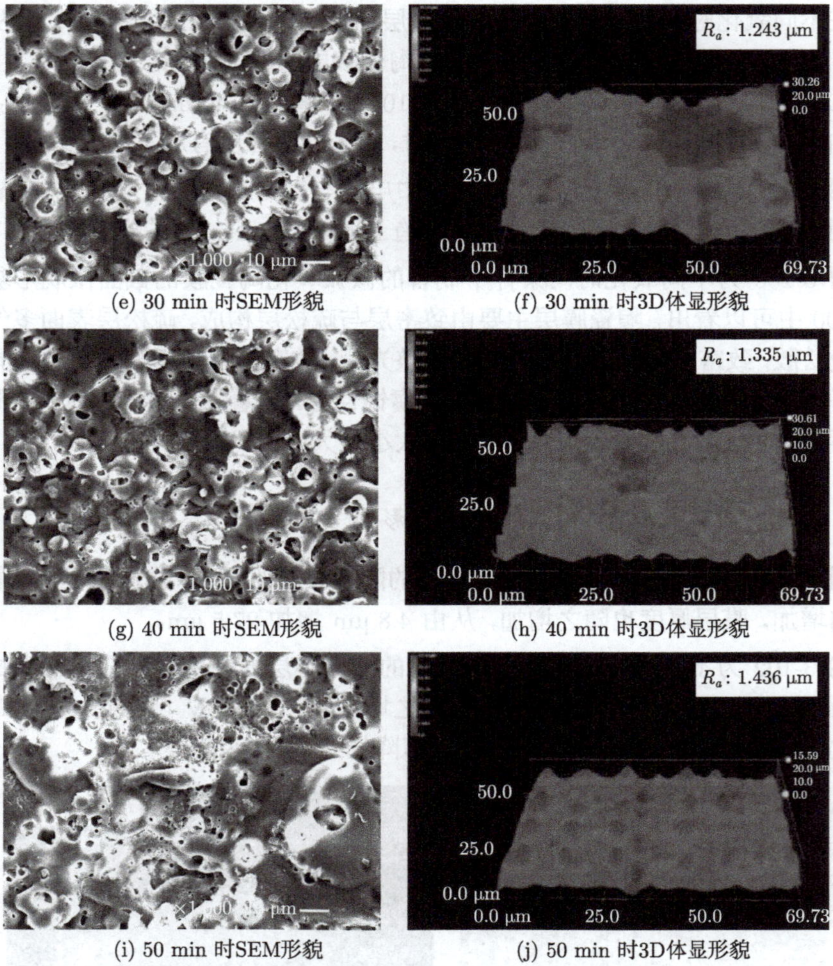

(e) 30 min 时SEM形貌　　(f) 30 min 时3D体显形貌

(g) 40 min 时SEM形貌　　(h) 40 min 时3D体显形貌

(i) 50 min 时SEM形貌　　(j) 50 min 时3D体显形貌

图 3-97　不同氧化时间时陶瓷膜层的表面微观形貌 SEM 照片和 3D 体显形貌

图 3-103 为不同氧化时间条件下制备的陶瓷膜层经过 30 min 摩擦磨损试验后测得的摩擦磨损失重量。可见当氧化时间由 10 min 增加到 40 min 时，膜层失重量随之降低，从 1.523 mg 减小到了 0.524 mg。但当氧化时间继续增加到 50 min 时，膜层失重量增加到了 0.579 mg。

不同氧化时间条件下制备的陶瓷膜层在 3.5% NaCl 溶液中的极化曲线如图 3-104 所示。表 3-30 是通过 CView 软件拟合得到的自腐蚀电位 (E_{corr}) 与自腐蚀电流 (I_{corr})。从表 3-35 与图 3-104 中可以看出，当氧化时间由 10 min 增加到 40 min 时，膜层的 E_{corr} 从 −0.871 V 增加到 −0.526 V，I_{corr} 从 4.95×10^{-6} A/cm^2 减小到 6.23×10^{-8} A/cm^2；但当氧化时间继续增加到 50 min 时，E_{corr} 又开始有所

减小，且 I_{corr} 有所增大。可见，随着氧化时间的增大，一开始膜层的耐腐蚀性能是增加的，但氧化时间增加到一定程度时，耐腐蚀性能反而开始下降。

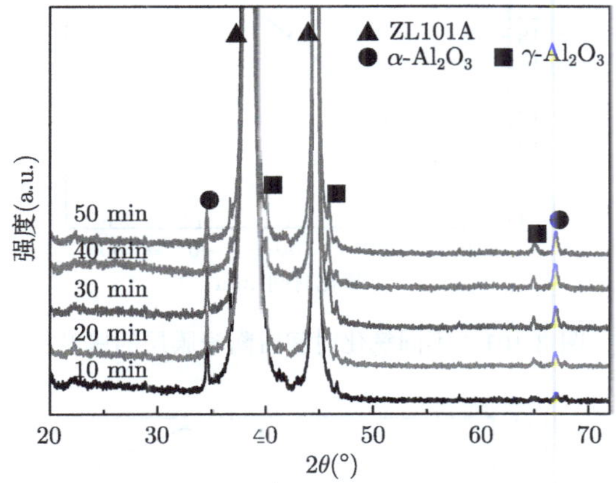

图 3-98 不同氧化时间时陶瓷膜层的 XRD 图谱

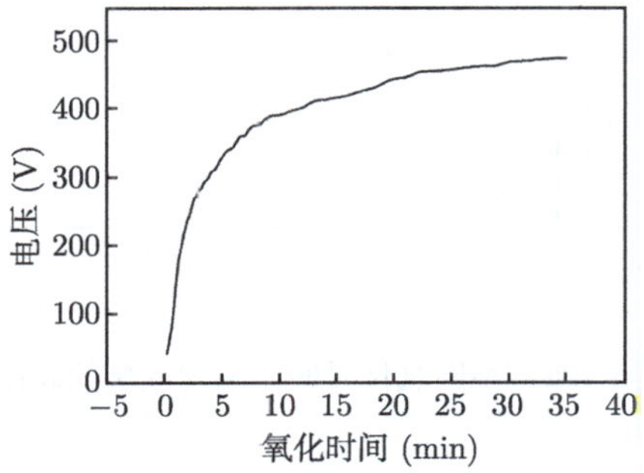

图 3-99 电压随氧化时间变化曲线

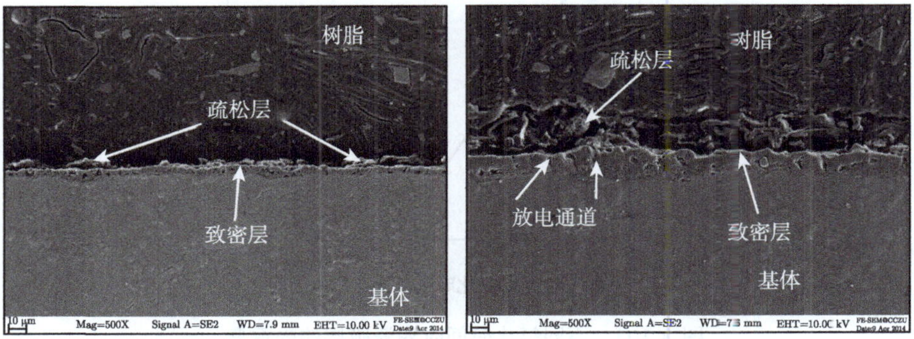

(a) 15 min (b) 25 min

图 3-100 不同氧化时间时陶瓷膜层截面的微观形貌

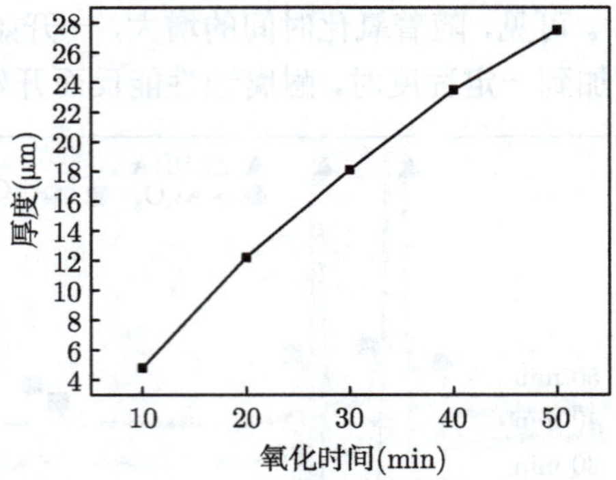

图 3-101 不同氧化时间时陶瓷膜层的厚度

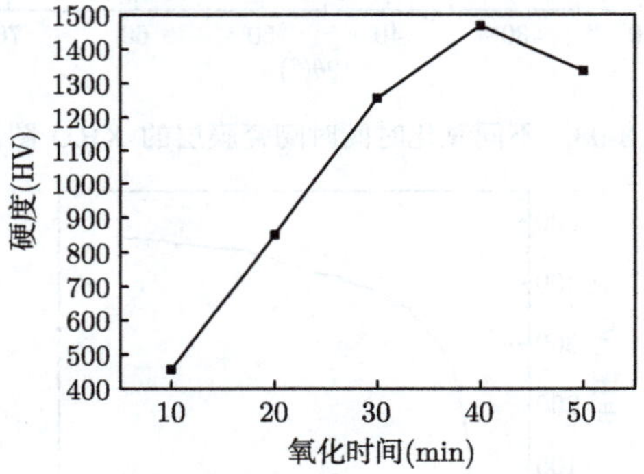

图 3-102 不同氧化时间时陶瓷膜层的硬度

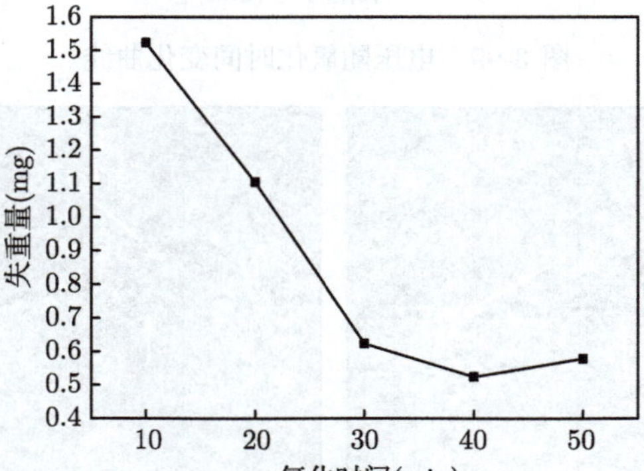

图 3-103 不同氧化时间时陶瓷膜层的失重量

当试样表面形成高阻抗膜后就进入了微弧氧化阶段。在微弧氧化初期，可以看到膜层表面有大量白色针状的火花在跳跃，且火花分布均匀，此时形成的膜层较薄。随着微弧氧化过程的进行，膜层中较薄弱的地方会再次被击穿，大量的熔融氧化物从放电通道喷射出来，堆积在微孔附近形成火山口形状。此时膜层不断增厚，如果要再次击穿就需要更高的能量，这样击穿变得更加困难。随着氧化时间的增加，反应所需的电压也在一直增加，能量继续增大，更多的熔融氧化物冷凝堆积在膜层表面，使得膜层致密性有了很大的提高，其硬度和耐蚀性都随之提高。随着氧化时间的继续增加，大多数放电通道由于击穿能量不够已经关闭，膜层表面的火花变得稀疏且粗大，击穿膜层变得十分困难。随着氧化时间进一步的增加，到了弧光放电阶段，在试样表面出现较大的零星弧点，且持续时间很长，使得膜层被烧蚀，膜层变得疏松，致密性下降，硬度和耐蚀性都也随之有所下降。

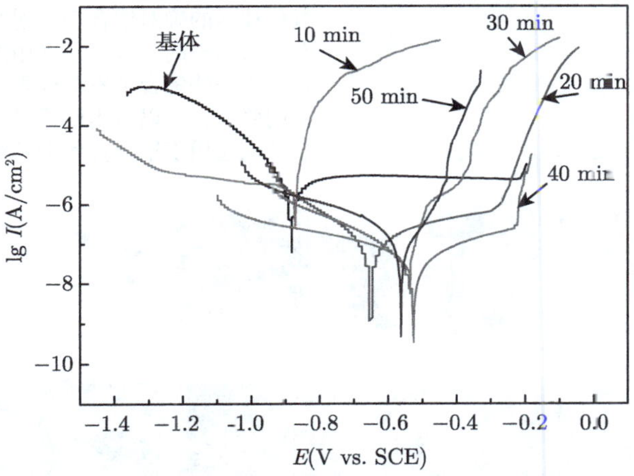

图 3-104 不同氧化时间时陶瓷膜层的极化曲线

表 3-30 不同氧化时间时陶瓷膜层极化曲线的拟合结果

氧化时间 (min)	E_{corr}(V vs. SCE)	I_{corr}(A/cm^2)
基体	−0.882	5.86×10^{-6}
10	−0.871	4.95×10^{-6}
20	−0.651	1.98×10^{-7}
30	−0.537	8.49×10^{-8}
40	−0.526	6.23×10^{-8}
50	−0.562	9.70×10^{-8}

铝合金微弧氧化陶瓷膜的应用实例

本章介绍了铝合金微弧氧化陶瓷膜组织与性能方面的一些研究成果，可以看出微弧氧化技术的确对铝合金的耐磨、耐蚀等性能有很大的提高。以下是采用微弧氧化技术对各行业一些铝合金零部件表面进行处理后的实例照片，可以看出微弧氧化技术目前已经成功地应用于铝合金各个领域。

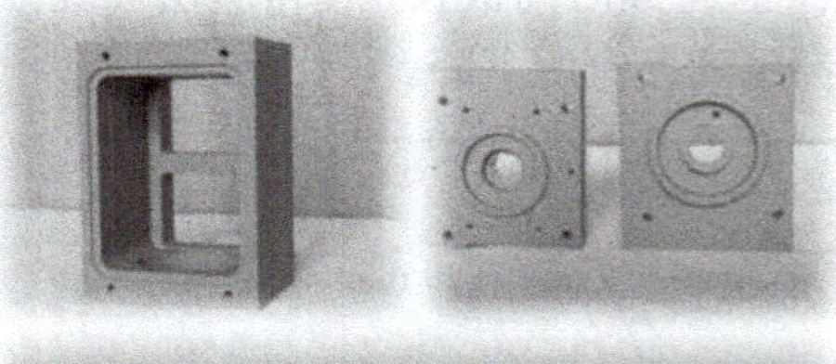

⇧ · 7075铝合金航空泵组件（耐磨）

⇦ · 铸铝高铁接触网组件（防腐）

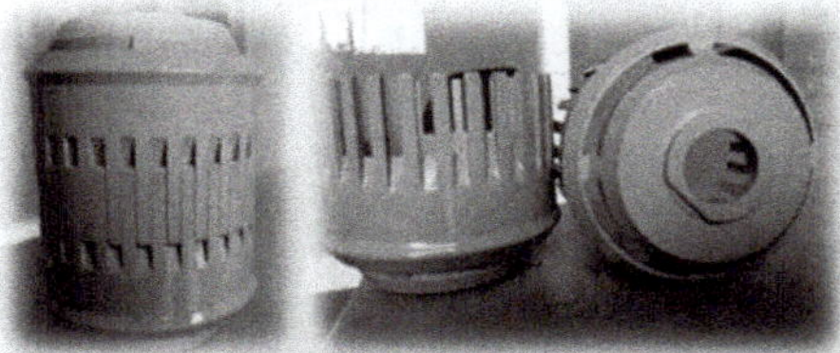

⇧ · 压铸铝合金减速电机外壳（耐磨）

⇧ · 6061铝合金电机外壳（耐磨）

⇧ · 压铸铝合金纺杯（耐磨）

⇧ · 6063铝合金气体流量计组件（耐磨）

⇧ · 7075铝合金翅片管换热器部件（防腐）

⇧ · 铸铝活塞（耐磨）

• 6061铝合金显微镜外壳（耐磨）

• 铸铝缸套（耐磨）

• 压铸铝合金海洋装备散热板（防腐）

• 压铸铝合金轮毂（耐磨、防腐）

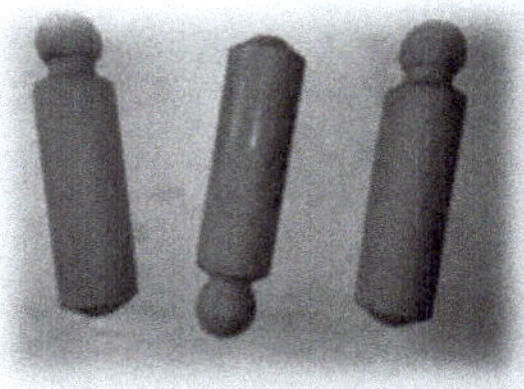

• 铸铝柱塞（耐磨）

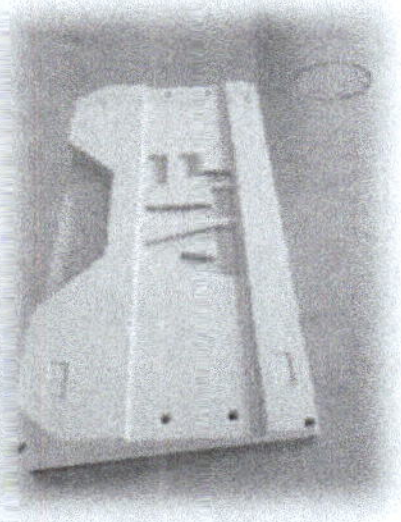

• 铝合金零件（耐磨、防腐）（一）

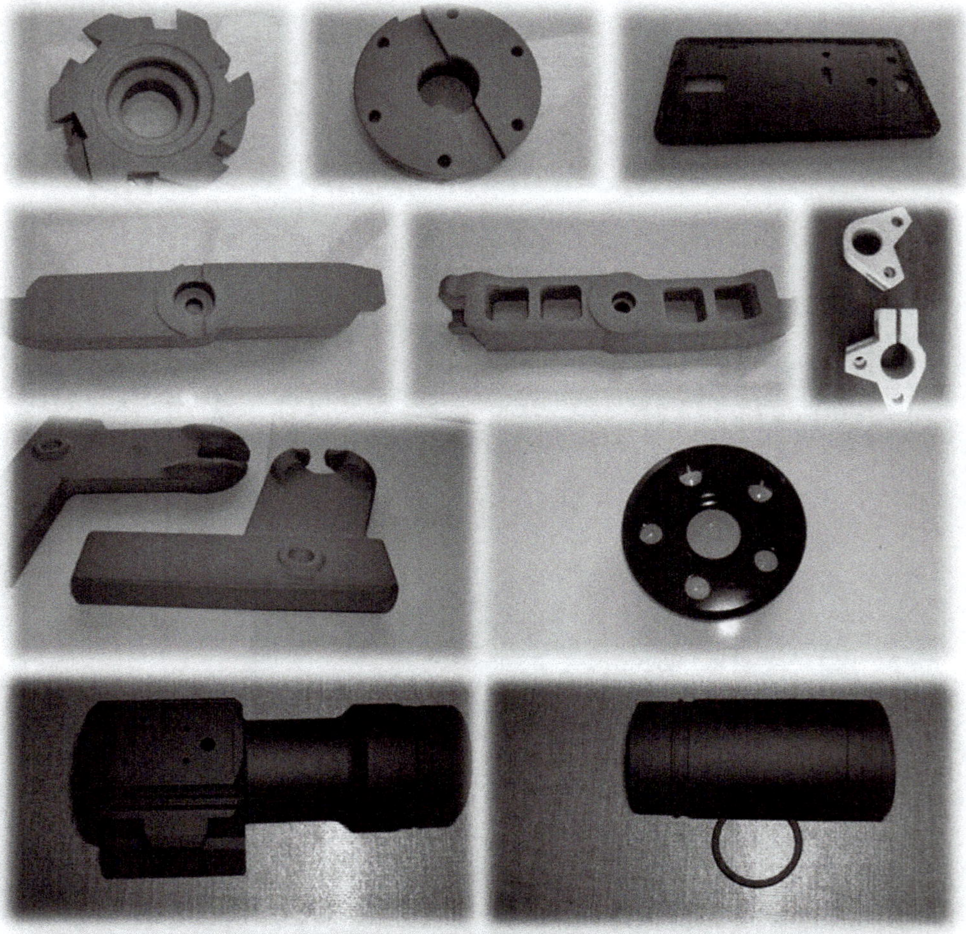

⇧ · 铝合金零件（耐磨、防腐）（二）

参 考 文 献

[1] 庄俊杰，宋仁国，项南，等. 6063 铝合金微弧氧化膜层的腐蚀行为研究. 腐蚀科学与防护技术, 2017, 29(5): 492～498.

[2] Song R G, Wang C, Jiang Y, et al. Microstructure and Properties of Al_2O_3/TiO_2 nanostructured ceramic composite coatings prepared by plasma spraying. Journal of Alloys and Compounds, 2012, 544(24): 13～18.

[3] 李海, 孟林, 王芝秀, 等. 残留结晶相对 Al-Mg-Si-Cu 合金晶间腐蚀行为的影响. 中国有色金属学报, 2012, 22 (12): 3300～3306.

[4] Li H, Zhao P P, Wang Z X, et al. The intergranular corrosion susceptibility of a heavily overaged Al-Mg-Si-Cu alloy. Corrosion Science, 2016, 107: 113～122.

[5] Li H X, Rudnev V S, Zheng X H, et al. Characterization of Al_2O_3 ceramic coatings prepared in borate electrolytes by micro-arc oxidation. Journal of Alloys and Compounds, 2008, 462(1): 99～102.

[6] Li H X, Song R G, ZhaoJ. Effect of current Intensity on the properties of ceramic coatings fabricated by micro-arc oxidation. Surface Review and Letters, 2008, 15(6): 809～813.

[7] Li H X, Li W J, Song R G, et al. Effects of different current densities on properties of MAO coatings embedded with and without alpha-Al_2O_3 nanoadditives. Materials Science and Technology, 2013, 28(5): 565～568.

[8] 赵坚. 铝合金表面微弧氧化陶瓷涂层的微观结构与性能研究. 杭州: 浙江工业大学, 2007.

[9] 项南. 6063 铝合金微弧氧化陶瓷膜层的组织及性能研究. 常州: 常州大学, 2016.

[10] 赵坚, 宋仁国, 李红霞, 等. Na_2SiO_3 浓度对 6063 铝合金微弧氧化层组织与性能的影响. 材料热处理学报, 2010, 31(1): 146～149.

[11] Xiang N, Song R G, Zhao J, et al. Microstructure and mechanical properties of ceramic coatings formed on 6063 aluminium alloy by micro-arc oxidation. Transactions of Nonferrous Metals Society of China, 2015, 25(10): 3323～3328.

[12] Xiang N, Song R G, Li H, et al. Study on microstructure and electrochemical corrosion behavior of PEO coatings formed on aluminum alloy. Journal of Materials Engineering and Performance, 2015, 24(12): 5022～5031.

[13] Ghali E, Dietzel W, Kainer K U. General and localized corrosion of magnesium alloys: A critical review. Journal of Materials Engineering and Performance, 2004, 13: 7～23.

[14] Song G L. An irreversible dipping sealing technique for anodized ZE41 Mg alloy. Surface and Coatings Technology, 2009, 203(23): 3618～3625.

[15] 赵坚, 宋仁国, 李红霞, 等. 纳米添加剂对 6063 铝合金微弧氧化层组织与性能的影响. 材料热处理学报, 2010, 31(4): 125～128.

[16] Li H X, Song R G, Ji Z G. Effects of nano-additive TiO_2 on performance of micro-arc oxidation coatings formaed on 6063 aluminum alloy. Transaction of Nonferrous Metals

Society of China, 2013, 23: 406~441.

[17] Xiang N, Song R G, Wang C, et al. Formation of corrosion resistant plasma electrolytic oxidation coatings on aluminium alloy with addition of sodium tungstate species. Corrosion Engineering Science and Technology, 2016, 51(2): 146~154.

[18] 赵豪民, 江俊灵. 铝合金微弧氧化陶瓷膜性能及其影响因素探讨. 材料保护, 2005, 38(7): 61~63.

[19] 李均明, 朱静, 白力静. 铝合金微弧氧化陶瓷层的磨损特性. 材料保护, 2005, 38(1): 27~29.

[20] Zheng H Y, Wang Y K, Li B S, et al. The effects of Na_2WO_4 concentration on the properties of microarc oxidation coatings on aluminum alloy. Materials Letters, 2005, 59(2): 139~142.

[21] 曹楚南. 腐蚀电化学原理. 3 版. 北京: 化学工业出版社, 2008.

[22] Yao Z, Jiang Z, Xin S, et al. Electrochemical impedance spectroscopy of ceramic coatings on Ti-6Al-4V by micro-plasma oxidation. Electrochim. Acta, 2005, 50(16): 3273~3279.

[23] Duan H, Du K, Yan C, et al. Electrochemical corrosion behavior of composite coatings of sealed MAO film on magnesium alloy AZ91D. Electrochim.Acta, 2006, 51(14): 2898~2908.

[24] Su P, Wu X, Guo Y, et al. Effects of cathode current density on structure and corrosion resistance of plasma electrolytic oxidation coatings formed on ZK60 Mg alloy. Journal of Alloys and Compounds, 2009, 475: 773~777.

[25] Xiang N, Song R G, Zhuang J J, et al. Effects of current density on microstructure and properties of PEO ceramic coatings formed on 6063 aluminum alloy. Transactions of Nonferrous Metals Society of China, 2016, 26: 806~813.

[26] 赵坚, 宋仁国, 李红霞. 电流密度对 6063 铝合金微弧氧化陶瓷涂层性能的影响. 材料保护, 2008, 41(10): 161~163.

[27] 李红霞, 宋仁国, 赵坚, 等. 微弧氧化时间对铝合金表面陶瓷涂层性能的影响. 材料保护, 2009, 42(1): 65~67.

[28] Zhuang J J, Guo Y Q, Xiang N, et al. Sliding wear behaviour and microstructure of PEO coatings formed on aluminium alloy. Materials Science and Technology, 2016, 32(15):1559~1566.

[29] Krishna L R, Somaraju K R C, Sundararajan G. The tribological performance of ultrahard ceramic composite coatings obtained through microarc oxidation. Surface and Coatings Technology, 2003, 163~164(2): 484-490.

[30] 肖晓玲, 陈兴驰, 况敏, 等. 氧化时间对 7075 铝合金微弧氧化陶瓷层组织结构及性能的影响. 兵器材料科学与工程, 2015, 38(3): 55~58.

[31] 赵东山, 牛宗伟, 刘洪福. 氧化时间对 6063 铝合金微弧氧化陶瓷膜的影响. 电镀与涂饰, 2012, 31(9): 25~29.

[32] 宋仁国. 高强度铝合金的研究现状及发展趋势. 材料导报, 2000, 14(1): 20~21.

[33] 陈小明, 宋仁国, 李杰. 7xxx 系铝合金的研究现状及发展趋势. 材料导报, 2009, 23(3): 67~70.

[34] 任建平, 宋仁国, 陈小明, 等. 7xxx 系铝合金的热处理工艺的研究现状及进展. 热加工工艺, 2009, 38(6): 119~124.

[35] 王涛, 尹志民. 高强变形铝合金的研究现状和发展趋势. 稀有金属, 2006, 30(2): 197~203.

[36] Qi X, Song R G, Qi W J, et al. Correspondence between susceptibility to SCC of 7050 aluminum alloy and passive film induced stress at various pH values. Journal of Wuhan University of Technology-Materials Science, 2017, 32(1):173~178.

[37] Zhang X Y, Song R G, Sun B, et al. Effects of applied potentionals on stress corrosion cracking behavior of 7003 aluminum alloy in acid and alkaline chloride solutions. International Journal of Minerals Metallurgy and Materials, 2016, 23(7):819~826.

[38] Song R G, Dietzel W, Zhang B J, et al. Stress corrosion cracking and hydrogen embrittlement of an Al-Zn-Mg-Cu alloy. Acta Materialia, 2004, 52(16): 4727~4743.

[39] Song R G, Tseng M K, Zhang B J, et al. Grain boundary segregation and hydrogen-induced fracture in 7050 aluminium alloy. Acta Materialia, 1996, 44(8): 3241~3248.

[40] 宋仁国, 张宝金. 7175 铝合金的应力腐蚀与晶界 Mg 偏析的作用. 金属学报, 1997, 33(6): 595~601.

[41] 祁星, 宋仁国, 祁文娟, 等. pH 值对 7050 铝合金膜致应力和应力腐蚀敏感性的影响. 材料工程, 2016, 44(5): 86~92.

[42] Zheng C B, Yan B H, Zhang K. Electrochemical investigation of hydrogen permeation behavior of 7075-T6 Al alloy and its implication on stress corrosion cracking. International Journal of Minerals Metallurgy and materials, 2015, 22: 729~737.

[43] Oliveira A F, Barros M C, Cardoso K R, et al. The effect of RRA on the strength and SCC resistance on AA7050 and AA7150 aluminium alloys. Materials Science and Engineering: A, 2004, 379: 321~326.

[44] Amoush E, Saleh A. Investigation of corrosion behaviour of hydrogenated 7075-T6 aluminum alloy. Journal of Alloys and Compounds, 2007, 443: 171~177.

[45] 董超芳, 安英辉, 李晓刚, 等. 7A04 铝合金在海洋大气环境中初期腐蚀的电化学特性. 中国有色金属学报, 2009, 19(2): 346~352.

[46] 曹国平. 7075 铝合金表面微弧氧化陶瓷膜层的组织与性能研究. 常州: 常州大学, 2018.

[47] Yang Y, Liu Y H. Effects of current density on the microstructure and the corrosion resistance of alumina coatings embedded with SiC Nano-particles produced by micro-arc oxidation. Journal of Materials Science and Technology, 2010, 26(11): 1016~1020.

[48] Bierwagen G, Brown R, Battocchi D, et al. Active metal-based corrosion protective coating systems for aircraft requiring no-chromate pretreatment. Progress in Organic Coatings, 2010, 67(2): 195~208.

[49] Xue W B, Wu X L, Li X J, et al. Anti-corrosion coating on 2024/SiC aluminum matrix composite fabricated by microarc oxidation in silicate electrolyte. Journal of Alloys and

Compounds, 2006, 425(1): 302～306.

[50] Wang C J, Jiang B L, Liu M, et al. Corrosion characterization of micro-arc oxidization composite electrophoretic coating on AZ31B magnesium alloy. Journal of Alloys and Compounds, 2015, 621: 53～61.

[51] Dehnavi V, Shoesmith D W, Luan B L, et al. Corrosion properties of plasma electrolytic oxidation coatings on an aluminium alloy-The effect of the PEO process stage. Materials Chemistry and Physics, 2015, 621: 53～61.

[52] Sreekanth D, Rameshbu N, Venkateswarlu K, et al. Effect of K_2TiF_6 and $Na_2B_4O_7$ as electrolyte additives on pore morphology and corrosion properties of plasma electrolytic oxidation coatings on ZM21 magnesium alloy. Surface and Coatings Technology, 2013, 222(6): 31～37.

[53] 刘亚娟，徐晋勇，高成，等．铝合金微弧氧化技术的研究进展．材料导报，2010, 24(16): 217～220.

[54] Cao G P, Song R G. Microstructure and properties of ceramic coatings prepared by micro-arc oxidation on 7075 aluminum alloy. Materials Research Express, 2018, 5(2): 026407.

[55] Xu H, Li H M, Xia J X, et al. One-pot synthesis of visible-light-driven plasmonic photocatalyst Ag/AgCl in ionic liquid. ACS Applied Materials & Interfaces, 2011, 3: 22～29.

[56] Dehnavi V, Luan B L, Shoesmith D W, et al. Effect of duty cycle and applied current frequency on plasma electrolytic oxidation (PEO) coating growth behavior. Surface and Coatings Technology, 2013, 226(8): 100～107.

[57] Stojadinovic S, Vasilic R, Belca I, et al. Characterization of the plasma electrolytic oxidation of aluminium in sodium tungstate. Corrosion Science, 2010, 52(10): 3258～3265.

[58] Sabatini G, Ceschini L, Martini C, et al. Improving sliding and abrasive wear behaviour of cast A356 and wrought AA7075 aluminium alloys by plasma electrolytic oxidation. Materials and Design, 2010, 31: 816～828.

[59] Yan Y Y, Han Y, Li D C, et al. Effect of $NaAlO_2$ concentrations on microstructure and corrosion resistance of Al_2O_3/ZrO_2 coatings formed on zirconium by micro-arc oxidation. Applied Surface Science, 2010, 256(21): 6359～6366.

[60] Oh Y J, Mun J I, Kim J H. Effects of alloying elements on microstructure and protective properties of Al_2O_3 coatings formed on aluminum alloy substrates by plasma electrolysis. Surface and Coatings Technology, 2009, 204(1): 141～148.

[61] 蒋百灵, 张先锋, 朱静．铝合金镁合金微弧氧化陶瓷层的形成机理及性能．西安理工大学学报, 2003, 19(4): 297～302.

[62] 刘浩, 孔德军, 王进春．微弧氧化对 7475 铝合金盐雾腐蚀性能的影响．材料热处理学报, 2016, 37 (2): 191～197.

[63] 孔德军, 刘浩, 王进春. 7475 铝合金微弧氧化后表面–界面能谱扫描分析. 稀有金属材料与工程, 2016, 45(10): 2587~2592.

[64] Kong D J, Liu H, Wang J C. Effects of micro arc oxidation on fatigue limits and fracture morphologies of 7475 high strength aluminum alloy. Journal of Alloys and Compounds, 2015, 650: 393~398.

[65] 孙泽, 刘浩, 孔德军. 7475 铝合金微弧氧化膜在不同载荷下摩擦–磨损行为，热加工工艺，2017，46(6): 148~151.

[66] 刘浩. 微弧氧化对 7475 铝合金表面性能影响机理研究. 常州: 常州大学, 2016.

[67] 徐吉林, 刘福, 罗军民, 等. NiTi 合金表面微弧氧化陶瓷膜层的形成机制探讨. 稀有金属材料与工程, 2012, 41 (10): 1770~1774.

[68] Ghosh K S, Hilal M, Sagnik B. Corrosion behavior of 2024 Al-Cu-Mg alloy of various tempers. Transactions of Nonferrous Metals Society of China, 2013, 23 (11): 3215~3227.

[69] Dong C F, An Y H, Li X G. Electrochemical performance of initial corrosion of 7A04 aluminium alloy in marine atmosphere. Chinese Journal of Nonferrous Metals, 2009, 19(2): 346~353.

[70] Cheng J J, Hou Y J, Guo J, et al. Preparation of highly dispersed Pt supported on γ-Al_2O_3 with strong electrostatic adsorption. Advanced Material Research, 2013, 750~752: 1812~1815.

[71] 《有色金属及其热处理》编写组. 有色金属及其热处理. 北京: 国防工业出版社, 1981.

[72] 戈云杰. 铸铝合金表面微弧氧化纳米陶瓷层的组织及性能研究. 常州: 常州大学, 2014.

[73] 张宇. 铸造铝合金微弧氧化纳米陶瓷涂层制备工艺优化及其性能研究. 杭州: 浙江工业大学, 2017.

[74] 蒋建洲. 高铁接触网铝合金部件表面微弧氧化陶瓷膜层制备工艺研究. 常州: 常州大学, 2018.

[75] Zhao Y W, Zhang Y, Xiang N, et al. Effect of borates and silicates on wearing properties of MAO coatings. Surface Review and Letters, 2017, 24(5): 1750061.

[76] Zhang X L, Zang Y F, Chang L M, et al. Effects of frequency on growth process of plasma electrolytic oxidation coating. Materials Chemical and Physics, 2012, 132: 909~915.

[77] 戈云杰, 宋仁国, 陈亮, 等. 电流密度对铸造铝合金微弧氧化膜微观结构及性能的影响, 材料保护, 2014, 47(11): 4~6.

[78] 张宇, 宋仁国. 氧化时间对铸造铝合金微弧氧化膜耐磨性能的影响. 材料保护, 2017, 50(1): 30~32.

[79] 戈云杰, 宋仁国, 王超, 等, 铸铝合金微弧氧化时间对陶瓷膜微观结构及性能的影响, 材料保护, 2015, 48(3): 6~8.

[80] 张宇, 宋仁国. 磷酸盐对铸造铝合金微弧氧化陶瓷涂层的影响. 陶瓷学报, 2017, 38(4): 507~510.

第4章　镁合金微弧氧化及其应用

4.1　镁与镁合金简介

镁是地球上储量排位第八丰富的元素。它以氧化物、碳化物、氯化物、硅酸盐、氟化物、硫酸盐、磷酸盐等多种形式存在。镁在地壳中的含量约占 2.7%，海水中含量为 0.13%，即每 1000 m^3 的海水中有 13 t 的镁。镁的分布十分广泛，大多数国家和地区都有镁资源。中国是世界上镁资源最为丰富的国家之一，不仅矿储量大，而且品质极高。因此，我国镁工业的发展具有巨大的潜力与广阔的前景。

纯镁是一种银白色的金属，其化学性质十分活泼。镁条燃烧生成氧化镁，具有比较强的还原性，燃烧时能产生炫目的白光。镁能与热水反应放出氢气，与氟化物、氢氟酸和铬酸不发生反应，也不受苛性碱侵蚀，但极易溶解于有机和无机酸中。镁能直接与氮、硫和卤素等化合，包括烃、醛、醇、酚、胺、酯和大多数油类在内的有机化学药品与镁仅仅轻微地或者根本不起反应。

纯镁是镁合金的原料与基础。镁合金保留了纯镁的一些基本性质，但又在纯镁的基础上改善与发展出一些新的性能，因而有更多的实际用途。镁合金化的原理与铝相似，也是主要依靠加入合金化元素与镁形成固溶体，或是固溶体中加一定数量的强化相来强化合金。当合金化元素在镁中的溶解度随温度变化而有明显变化时，则可以采用淬火和时效的方法来进行强化。合金化元素主要有 Al、Zn、Mn、Ce、Th 以及少量 Zr 或 Cd 等。目前使用最广的是镁铝合金，其次是镁锰合金和镁锌锆合金。由于镁的密度是 1.74 g/cm^3，只有铝的 2/3、钛的 2/5、钢的 1/4，因此镁合金比铝合金轻 36%，比锌合金轻 73%，比钢轻 77%，是实用金属中最轻的金属。随着市场对镁产品需求应用领域的不断拓宽，从航空、航天、汽车零部件、钢铁脱硫、合金压铸件、3C 产品的广泛应用，到民用产品的不断研发，以及镁合金技术的进一步研究，镁产品的发展越来越显现出它独特的不可替代的优点。同时由于镁合金具有比强度高、比刚度高、导热导电性能好，并具有很好的电磁屏蔽、阻尼性、减振性、切削加工性以及加工成本低、加工能量仅为铝合金的 70%和易于回收等特点，越来越受到人们的青睐。

镁合金的种类较多，目前国际上倾向于采用美国试验材料协会使用的方法对镁合金进行命名。镁合金牌号一般由两位字母代号和两个数字构成。两位字母代表该合金的主要组成成分，而后两位数字则是这两个字母对应的两个组分的质量分数。例如，“AZ91” 表示该镁合金大约含有 9%的铝和 1%的锌。具体镁合金材料的分类如下：

铸造镁合金：AZ63、AZ81、AZ91、AM50、AM20、AS41、AS21、ZK51、ZK61、EZ33、HK31、HZ32、QE22、QH21、WE54、WE43、ZM41、ZC63。

压铸镁合金：AZ91D、AM50B、AM60B、AS21X1、AS41XB。

挤型镁合金：AZ31、AZ61A、AZ80A、ZK60A、ZM21。

锻造镁合金：AZ31B、AZ61A、AZ80A、HM21A、HK31A、LA141A、LS141A、LZ145A、M1A、TA54A、ZK60A。

焊接镁合金：AZ63A、AZ81A、AZ91C、AZ92A、AM100A、AZ101A、EK41A、EZ33A、HK31A、EZ41A、ZH62A、ZK51A、ZK61A、LA141A。

4.2 AZ31 镁合金微弧氧化陶瓷膜的组织与性能

尽管镁合金具有比重小、比强度和比刚度高等优点，是航空、航天、汽车以及电子等工业中应用广泛的结构材料之一，但镁合金也有许多不理想的性能包括很差的耐蚀性、耐磨性等，这些缺点严重影响和限制了镁合金产品的更广泛应用 [1-3]。长期以来，如何改善镁合金的性能一直是镁合金研究与开发中的一个热点问题 [4,5]。本节将主要介绍 AZ31 镁合金微弧氧化陶瓷膜的组织与性能 [6-11]，其化学成分见表 4-1。

表 4-1 AZ31 镁合金的化学成分

元素组成	Al	Zn	Mn	Si	Fe	Cu	Ni	Mg
质量分数 (%)	2.4~3.5	0.6~1.4	0.2~1.0	0.08	0.03	0.01	0.001	余量

4.2.1 电解液成分对 AZ31 镁合金微弧氧化陶瓷膜组织与性能的影响

电解液组成是影响微弧氧化膜结构和性能最主要的因素之一，不同组分条件下微弧氧化膜的性能差别较大，按照各自所起的作用的不同，可大致分为主成膜剂、性能改善剂、辅助添加剂和 pH 调节剂等，为了提高陶瓷层的成膜速度，电解液一般选择吸附较强的离子作为电解液的主要构成组分，陶瓷层对微弧氧化处理液中的离子吸附时有选择性，在所有离子中，吸附强弱依次为 SiO_3^{2-}、PO_4^{3-}、VO_4^{3-}、MoO_4^{2-}、WO_4^{2-}、$B_4O_7^{2-}$、CrO_4^{2-}。由此构成了常见的硅酸盐体系、磷酸盐体系等，而碱性电解液以含 SiO_3^{2-} 的体系最多。同时，电解液中常添加一些其他组分，以通过成分的调整，获得耐蚀、耐磨、高硬度、光滑均匀和具有特殊性能要求的陶瓷层。本小节将介绍在磷酸盐体系电解液中电解液组成成分对 AZ31 镁合金微弧氧化陶瓷膜层组织与性能的影响。具体试验条件见表 4-2。

表 4-2　微弧氧化试验条件

微弧氧化膜层编号	电解液组成成分	氧化时间	电流密度
S1	12 g/L Na_3PO_4+2 g/L KOH	15 min	10 A/dm^2
S2	12 g/L Na_3PO_4+2 g/L KOH+2.5 g/L Na_2SiO_3	15 min	10 A/dm^2
S3	12 g/L Na_3PO_4+2 g/L KOH+2.5 g/L $NaAlO_2$	15 min	10 A/dm^2
S4	12 g/L Na_3PO_4+2 g/L KOH+2.5 g/L K_2ZrF_6	15 min	10 A/dm^2

1. 电解液成分对微弧氧化膜组织的影响

图 4-1 为不同电解液中微弧氧化过程的电压–时间曲线。刘丽来等 [12] 认为，镁合金微弧氧化过程存在三个阶段。第一阶段为普通阳极氧化阶段，合金表面产生大量气泡，电压呈线性增长，且斜率值较大，合金表面形成一层很薄的绝缘氧化膜。而为维持恒定电流密度，随着膜层电阻增加，电压持续增加。当电压升高至某一临界值后，氧化膜某些薄弱部位被击穿，合金表面开始发生微区弧光放电，微弧氧化进入火花沉积阶段。在该阶段，由于电子电流密度作用，电压也相应降低，因此，电压–时间曲线的斜率会降低。随着时间延长，火花逐渐增大，趋于不稳定分布，当电压达到某一临界值时，微弧氧化进入弧光放电阶段，电子电流密度占主导，所以电压增长变得相对平稳，不同电解液中的试样呈现不同的击穿电压。S1 膜层的表面火花尺寸较小且数量较多，然而其他膜层 (S2、S3 和 S4) 的火花尺寸则较大，且膜层 S4 的火花相对更均匀。这是由于它们的终止电压比膜层 S1 的更大。

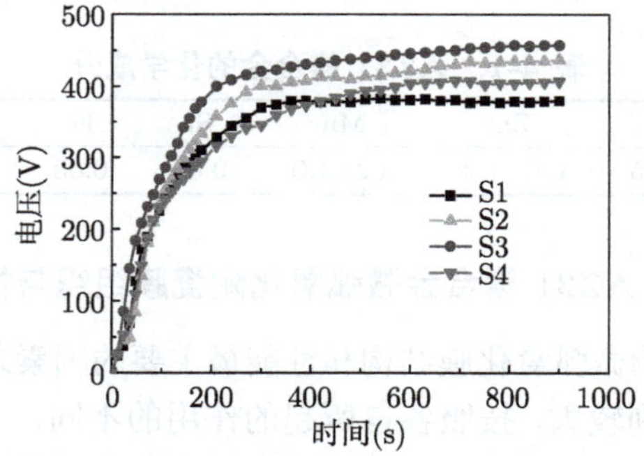

图 4-1　不同电解液中微弧氧化过程的电压–时间曲线

图 4-2 是微弧氧化膜层的表面微观形貌。虽然微弧氧化膜层表面都分散着微孔，但是它们却呈现出不同的形貌。图 4-2(a) 中的膜层 S1 表面非常粗糙且多孔。图 4-2(c) 中的膜层 S3 呈现出火山口的形貌，且其微孔尺寸并不均匀 (处于 1~10 μm 范围)，表面出现由于热应力而产生的微裂纹。膜层 S4 表面并没有出现微裂纹，但其表面微孔 (1 μm 左右) 数量要比膜层 S3 多。微弧氧化膜层表面的不同形貌是由微弧氧化处理过程中不同放电现象造成的。经微弧氧化处理后的膜层表面凹凸不

平且分散着许多微孔，而这些微孔正是由微弧氧化放电通道里释放出的熔融物和气体造成的。换言之，微孔的数量和尺寸大小是由终止电压决定的 [13]。

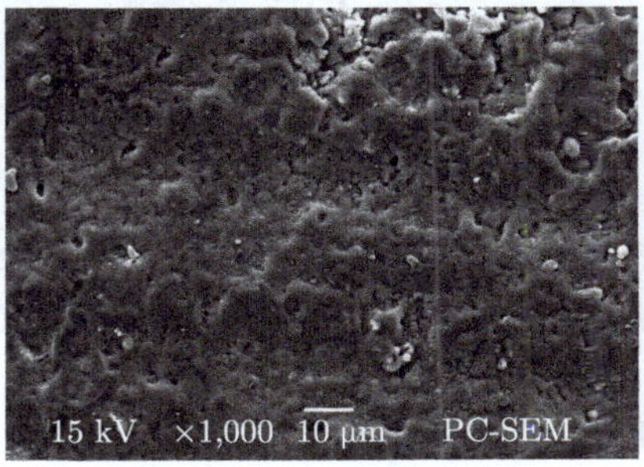

(a) S1

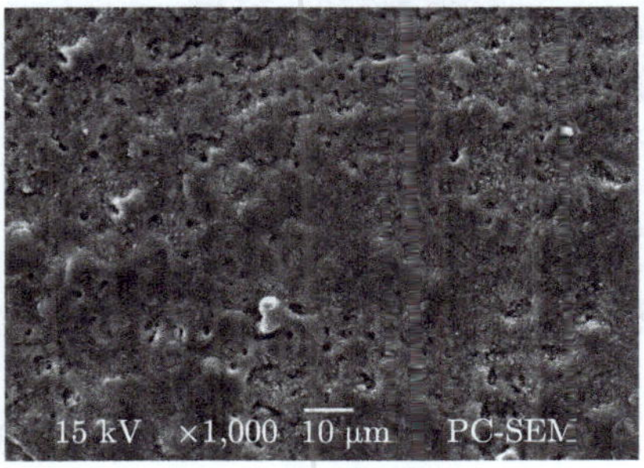

(b) S2

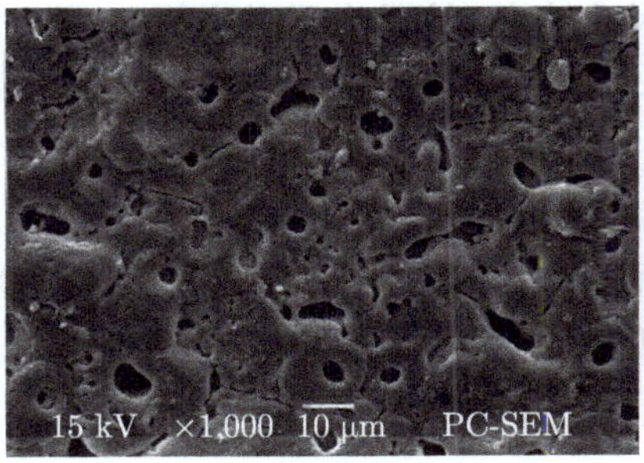

(c) S3

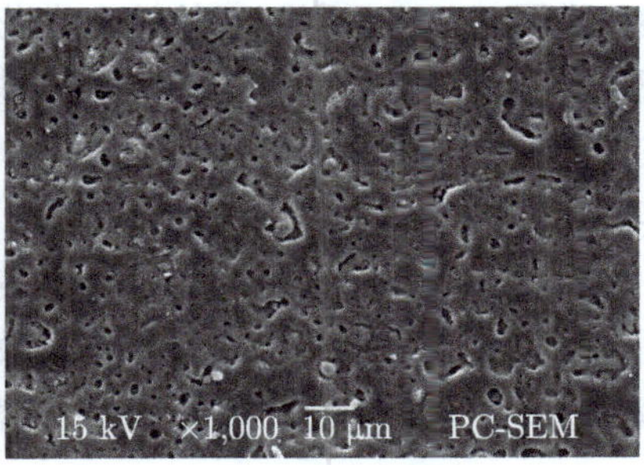

(d) S4

图 4-2 微弧氧化膜层的表面微观形貌

图 4-3 是微弧氧化膜层的截面微观形貌。从截面形貌可以看出，膜层 S1 的截面疏松，其平均厚度是最小的。膜层 S4 的厚度非常均匀。膜层 S3 的厚度变化较大，膜层内部有许多大尺寸的孔洞，其显微结构非常疏松。试样微孔尺寸的变化在内部和表面是一致的。微弧氧化膜层厚度的增加主要是由放电通道内的反应造成的。膜层 S1 的小尺寸火花降低了膜层的反应速度。而其致密的结构也减慢了反

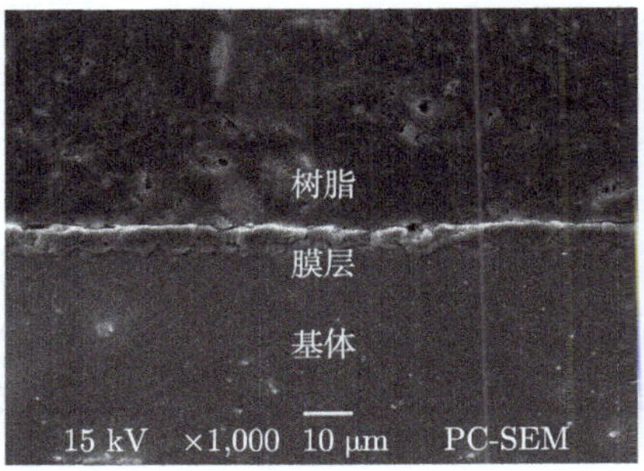

(a) S1

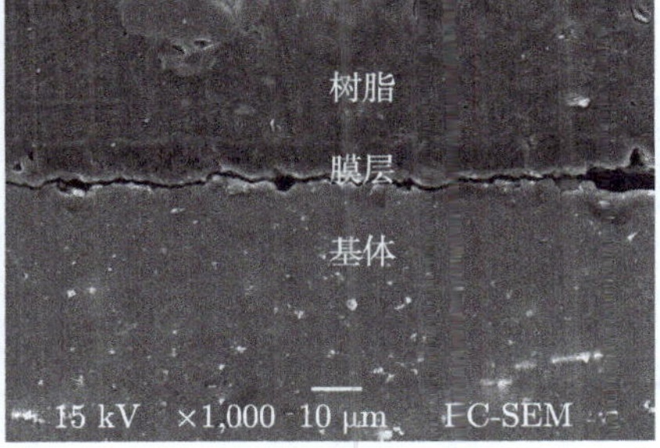

(b) S2

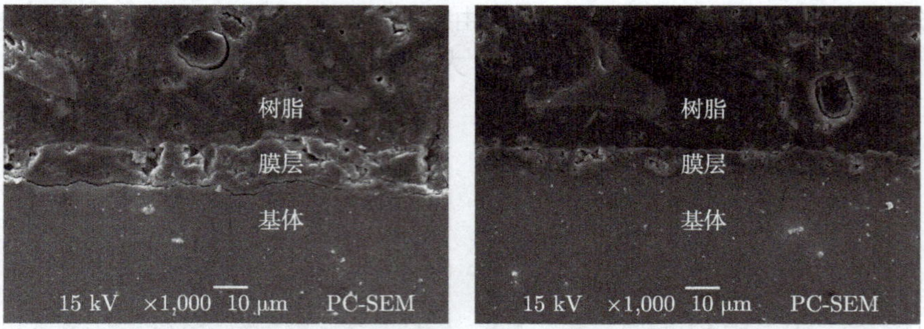

(c) S3　　　　(d) S4

图 4-3　微弧氧化膜层的截面微观形貌

应速度。膜层 (S2、S3 和 S4) 的放电火花尺寸较大，这是由于对应的电解液中的更多的离子进入放电通道并产生更多氧化物。膜层 S3 厚度的较大差异可能是由放电通道的不均匀分布所造成的。

图 4-4 为微弧氧化膜层 (S1、S2、S3 和 S4) 表面的 3D 形貌及其粗糙度。由图可见，电解液中添加物有利于形成光滑表面的膜层。不含添加物的膜层具有更粗糙的表面，而当添加物加入电解液中时，微弧氧化膜层的表面变得更加光滑。这表明电解液的组成成分对膜层的表面粗糙度有显著影响。

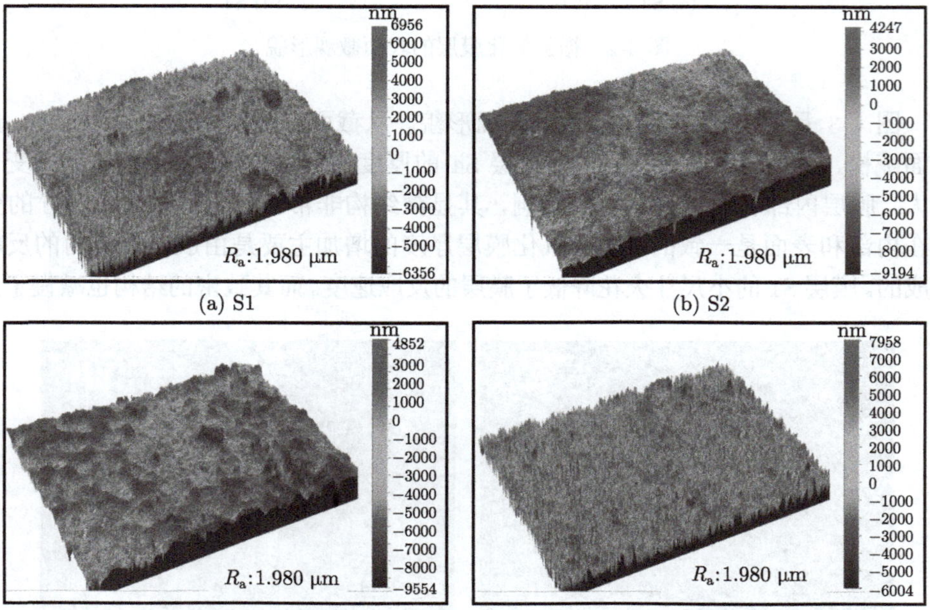

(a) S1　　　　(b) S2

(c) S3　　　　(d) S4

图 4-4　微弧氧化膜层表面的 3D 形貌及其粗糙度

图 4-5 为基体 (S) 和微弧氧化膜层 (S1、S2、S3 和 S4) 的 XRD 图谱。由于膜层薄且多孔，镁合金基体也能从 XRD 光谱中检测出。不考虑电解液中加入的添加物，膜层 (S1、S2、S3 和 S4) 都含有物相氧化镁 (MgO) 和磷酸镁 ($Mg_3(PO_4)_2$)。磷酸盐基础电解液中形成的膜层是由 MgO 和 $Mg_3(PO_4)_2$ 组成的。XRD 测试结果也表明硅酸钠、铝酸钠和氟锆酸钾的加入各自造成了膜层中产物 $MgSiO_4$、$MgAl_2O_4$、MgF_2 和 ZrO_2 的形成。晶体氧化物的形成是由放电通道内的高温和高压作用造成的。

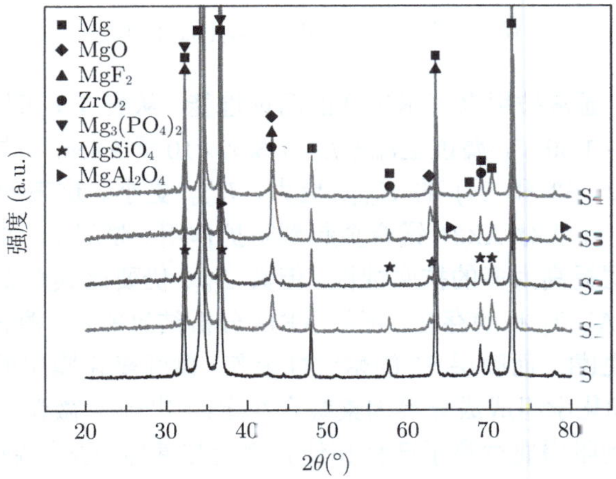

图 4-5 基体与微弧氧化膜层的 XRD 图谱

微弧氧化膜层截面的 EDS 能谱分析结果如表 4-3 所示，分析点为靠近表面的外层 (Ⅰ) 和靠近基体的内层 (Ⅱ)。从表中可以看出，合金成分元素 Mg 和 Al 均能被检测到，且电解液的成分也成为膜层的组成成分。这是由于电解液中的离子进入放电通道并参与反应过程，因而形成了含有基体和电解液元素的氧化物。当电解液中加入不同添加物后，元素 P 的相对含量减少。元素 F 和 Zr 融入膜层 S4。膜层的外层和内层的组成有些许不同，元素 Mg 和 Al 的含量在内层比外层更高，元素 P 和 Si 的含量在外层比内层更高，这可能是微弧氧化过程中膜层对离子迁移产生

表 4-3 微弧氧化膜层的能谱分析结果 (单位：%)

微弧氧化膜层	Mg		Al		O		P		Si		F		Zr	
	Ⅰ	Ⅱ	Ⅰ	Ⅱ	Ⅰ	Ⅱ	Ⅰ	Ⅱ	Ⅰ	Ⅱ	Ⅰ	Ⅱ	Ⅰ	Ⅱ
S1	26.56	37.61	2.66	3.03	34.72	32.37	15.01	11.06	—	—	—	—	—	—
S2	36.61	38.91	2.31	2.76	29.63	33.62	10.55	8.43	4.42	3.20	—	—	—	—
S3	36.65	40.06	7.10	7.27	33.10	32.47	12.75	6.17	—	—	—	—	—	—
S4	38.22	45.32	1.39	3.17	33.62	29.58	13.41	8.94	—	—	1.28	1.53	1.63	1.48

阻力的缘故。内层元素 F 的高浓度可能是由微弧氧化过程初始阶段 Mg^{2+} 和 F^- 之间的快速钝化反应所造成的 [14]。

2. 电解液成分对微弧氧化膜性能的影响

图 4-6 为基体和微弧氧化膜层试样在 3.5%NaCl 溶液中测试所得的动电位极化曲线图。表 4-4 所列为 CView 软件拟合出的腐蚀电位 (E_{corr})、腐蚀电流 (I_{corr}) 和阳极/阴极斜率 (β_{a} 和 β_{c})。极化电阻 (R_{p}) 由 Stern-Geary 公式计算而得 [15]

$$R_{\mathrm{p}} = \beta_{\mathrm{a}} \times \beta_{\mathrm{c}}/[2.303 I_{\mathrm{corr}}(\beta_{\mathrm{a}} + \beta_{\mathrm{c}})]$$

E_{corr} 和 I_{corr} 通常被用来表示试样的腐蚀性能。从表 4-4 可以看到，镁合金基体的腐蚀电位为 -1.49 V，腐蚀电流密度为 3.02×10^{-4} A/cm^2。与基体相比，微弧氧化膜层 (S1、S2、S3 和 S4) 的 E_{corr} 更大，I_{corr} 更小。这表明微弧氧化膜层能够减少腐蚀速率，并能对 AZ31 镁合金起到防护作用。膜层 S3 并未比无添加物电解液中制备的膜层提高太多的抗腐蚀性，但其 I_{corr} 仍要比镁合金基体小两个数量级，这是因为 $MgAl_2O_4$ 相的存在，正如 XRD 分析结果所示。测试结果显示，膜层 S4 具有最佳的耐蚀性，而膜层 S1 的耐蚀性最差。微弧氧化膜层的耐蚀性是由膜层厚度、显微结构和化学组成成分等因素综合决定的 [16,17]。微弧氧化膜层的多相氧化物结构能够起到阻碍腐蚀离子迁移和使其避免与基体直接接触的作用 [18]。如图 4-2(c) 和图 4-3(c) 所示，膜层 S3 的表面和内部显微组织是疏松多孔的，腐蚀介质能够轻易进入其中并破坏膜层。因此，膜层 S3 的抗腐蚀性能要比更薄但更加致密的膜层 S4 差很多。总体上说，膜层 S4 的显微组织相对均匀和致密。此外，膜层更好的耐蚀性可能是由膜层的组成成分决定的。膜层中稳定产物 MgF_2 和 ZrO_2 能起到溶解抑制剂的作用，为基体提供更好的抗腐蚀性能。综上，膜层 S4 抗腐蚀性能最佳。

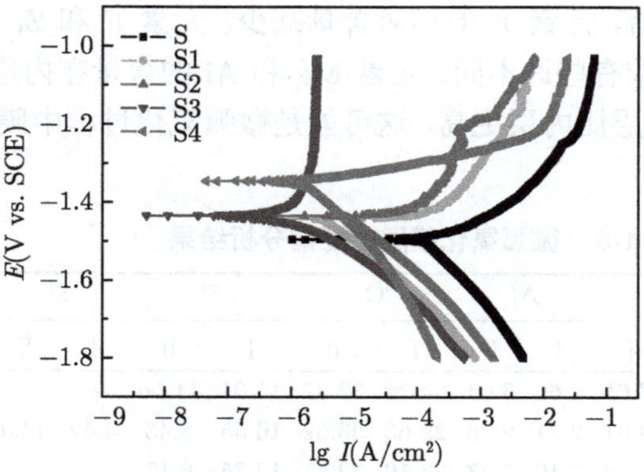

图 4-6 基体与微弧氧化膜层的动电位极化曲线

表 4-4 基体与微弧氧化膜层极化曲线的拟合结果

基体与微弧氧化膜层	β_a(mV)	β_c (mV)	E_{corr} (V)	I_{corr} (A/cm^2)	R_p ($\Omega\cdot$cm^2)
S	111.41	312.57	−1.49	3.02×10^{-4}	1.18×10^{5}
S1	74.30	169.39	−1.45	6.32×10^{-6}	3.55×10^{6}
S2	127.46	228.95	−1.44	2.14×10^{-5}	1.66×10^{6}
S3	11582	133.65	−1.43	2.28×10^{-6}	2.51×10^{7}
S4	49.12	215.06	−1.34	2.68×10^{-6}	6.48×10^{6}

图 4-7 为微弧氧化膜层 (S1、S2、S3 和 S4) 经 100 h 盐水浸泡测试后的表面形貌。膜层 S1 和 S2 的表面非常粗糙，膜层表面分布着很多微孔和微裂纹，一些区域被破坏甚至发生剥落现象。显然膜层表面发生了严重的腐蚀 (图 4-7(a)、(b))。虽然膜层 S3 比其他膜层厚而导致 Cl^- 不太容易穿透膜层到达基体 (图 4-3(c))，但是膜层表面仍然存在着很多腐蚀坑 (图 4-7(c))。这表明尽管微弧氧化膜层覆盖了镁合金基体并阻止了大部分腐蚀，但腐蚀介质仍然能够通过膜层上的一些微孔到达镁合金基体，从而导致点蚀现象的发生。膜层 S4 经盐水浸泡后表面光滑，仅有一些小尺寸点腐蚀 (图 4-7(d))。这是因为膜层 S4 含有 MgF_2 和 ZrO_2，且拥有致密的显微组织，所以膜层 S4 的腐蚀程度最小。这些观察与动电位极化曲线测试的结果相一致。

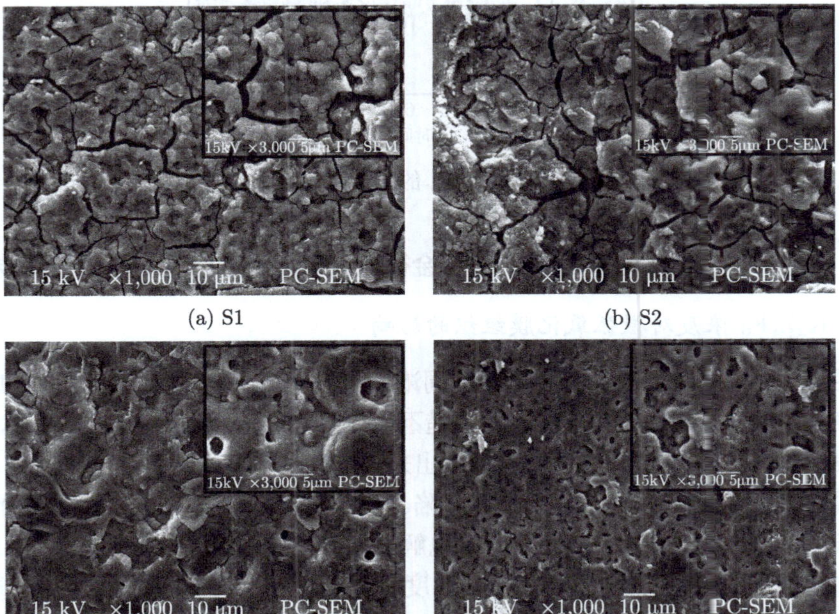

(a) S1 (b) S2

(c) S3 (d) S4

图 4-7 微弧氧化膜层腐蚀后的表面形貌

图 4-8 为基体 (S) 和微弧氧化膜层 (S3 和 S4) 在 20 min 摩擦磨损测试期间摩擦系数的变化情况。可以观察到在开始阶段基体 S 的摩擦系数不断增大，然后到达一个稳定水平 (数值大约 0.6)。而膜层 S3 和 S4 的摩擦系数相对更高些 (大约为 1.3~1.4)。这样的差异是由不同的摩擦接触面所造成的，前者是镁合金基体，而后者是微弧氧化膜层 [34,35]。微弧氧化膜层的结构分为疏松多孔的外层和致密的内层。在摩擦磨损测试的初始阶段，疏松层很容易被破坏，摩擦系数很快增大。当膜层的外层被磨穿后，含有坚硬相的内层与对磨材料相接触，摩擦系数轻微变化。微弧氧化膜层的致密层及其坚硬相产生的影响较大 [19,20]。从图中可以看出，当测试时间到达 250 s 时，膜层 S3 被磨穿了。表面微弧氧化膜层的移去导致镁合金基体暴露于对磨材料，摩擦系数的数值也相应降至 0.6。而膜层 S4 经历了整个摩擦磨损测试过程，并未被磨穿，显然膜层 S4 具有最好的耐磨性。孔洞较少以及硬度较大的 ZrO_2 相的存在可能导致了微弧氧化膜层耐磨性的提高。

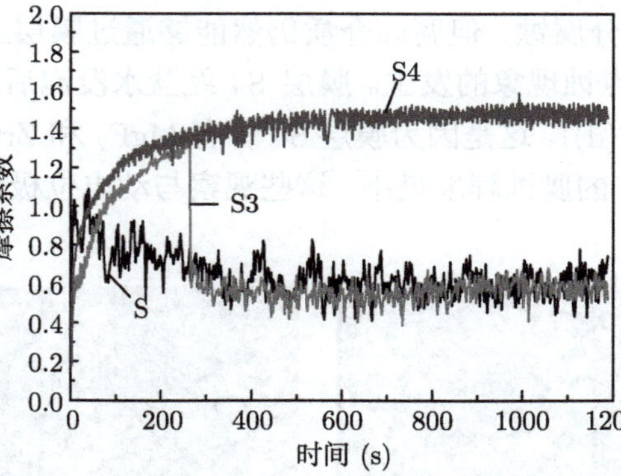

图 4-8 基体、膜层 S3 及 S4 的摩擦系数随时间的变化曲线

4.2.2 添加剂 K_2ZrF_6 对 AZ31 镁合金微弧氧化陶瓷膜组织与性能的影响

1. K_2ZrF_6 浓度对微弧氧化膜组织的影响

图 4-9 为相同工艺参数条件下在不同浓度 K_2ZrF_6 添加剂中所制备的微弧氧化膜层表面的微观形貌。图中膜层表面粗糙不平且分布着许多大小不一的微孔，相关研究表明这些微孔是由从放电通道释放出来的熔融物和气体造成的 [21]。图 4-9(a) 中膜层的表面比较粗糙且有部分区域凹陷。电解液中加入 K_2ZrF_6 后，膜层的粗糙度降低，膜层的均匀性提高，这是由于电解液中的 K_2ZrF_6 能够提供 F^-，而 F^- 能够增加膜层的均匀性 [22]。当 K_2ZrF_6 浓度增加到 5 g/L 时，膜层表面的孔洞尺寸增加，并且产生了一些微裂纹。而随着电解液中 K_2ZrF_6 浓度进一步增大，膜层表面出现更大的孔洞和大量的微裂纹。

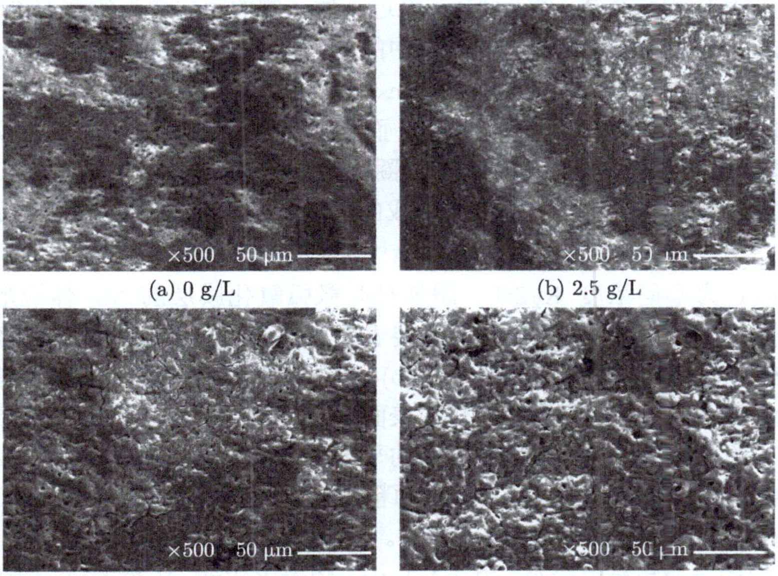

(a) 0 g/L (b) 2.5 g/L

(c) 5 g/L (d) 10 g/L

图 4-9 不同浓度 K_2ZrF_6 添加剂时微弧氧化膜层的表面形貌

图 4-10 为在不同 K_2ZrF_6 浓度的电解液中制备的微弧氧化膜层的截面形貌。

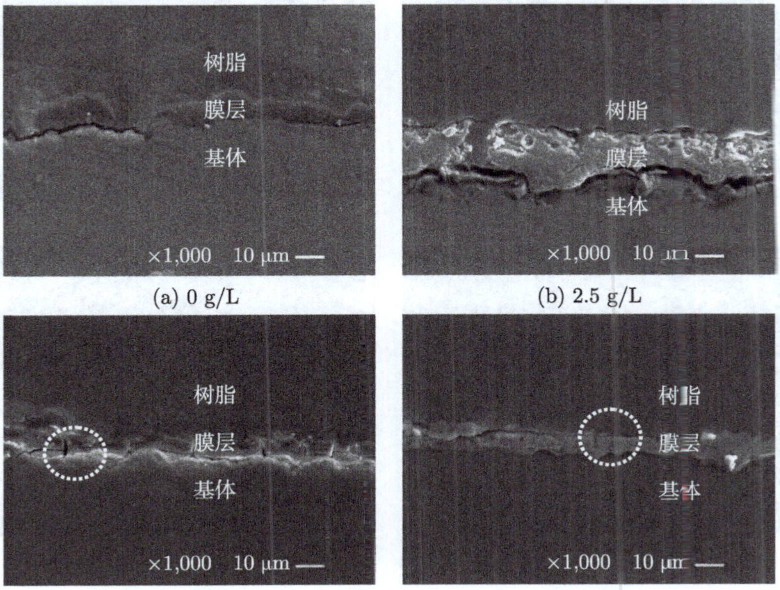

(a) 0 g/L (b) 2.5 g/L

(c) 5 g/L (d) 10 g/L

图 4-10 不同浓度 K_2ZrF_6 添加剂时微弧氧化膜层的截面形貌

图中膜层与基体相互交错，结合紧密，靠近基体一侧的膜层较为致密 (致密层)，膜层外侧的则较疏松 (疏松层)。当电解液中的 K_2ZrF_6 的浓度为 0、2.5 g/L、5 g/L、10 g/L 时，相应的膜层的厚度约为 6.8 μm、19.7 μm、15.4 μm、13.1 μm。可见，电解液中添加 K_2ZrF_6 能够影响膜层的厚度，而当 K_2ZrF_6 浓度为 2.5 g/L 时，膜层的厚度达到最大值。从图 4-10(c)、(d) 中圆圈标记处能够看到，在含有 5 g/L、10 g/L K_2ZrF_6 的电解液中制备的膜层表面形成的孔洞通道似乎与镁合金基体是相互连接的。

图 4-11 为不同浓度 K_2ZrF_6 添加剂时微弧氧化膜层的 3D 体视形貌。图 4-11(a) 中的蓝色区域说明所形成的膜层表面存在一部分凹陷的区域。随着电解液中 K_2ZrF_6 浓度的不断增加，图 4-11(b)~(d) 中图像的色差降低，可见膜层的光滑度增加。膜层表面轮廓形貌的变化与表面 SEM 微观形貌观察结果相一致。在不含 K_2ZrF_6 的电解液中制备的膜层表面的平均粗糙度最大 (R_a=1.948 μm)。当电解液中添加 K_2ZrF_6 添加剂后，膜层的表面粗糙度出现大幅下降，图 4-11(b)~(d) 中膜层的表面粗糙度都在 1.4~1.6 μm 左右。当电解液中 K_2ZrF_6 浓度为 2.5 g/L 时，所制备膜层的表面粗糙度最小，为 1.461 μm。随着 K_2ZrF_6 浓度的进一步增加，膜层的表面粗糙度随之增加，膜层表面变得更加粗糙。

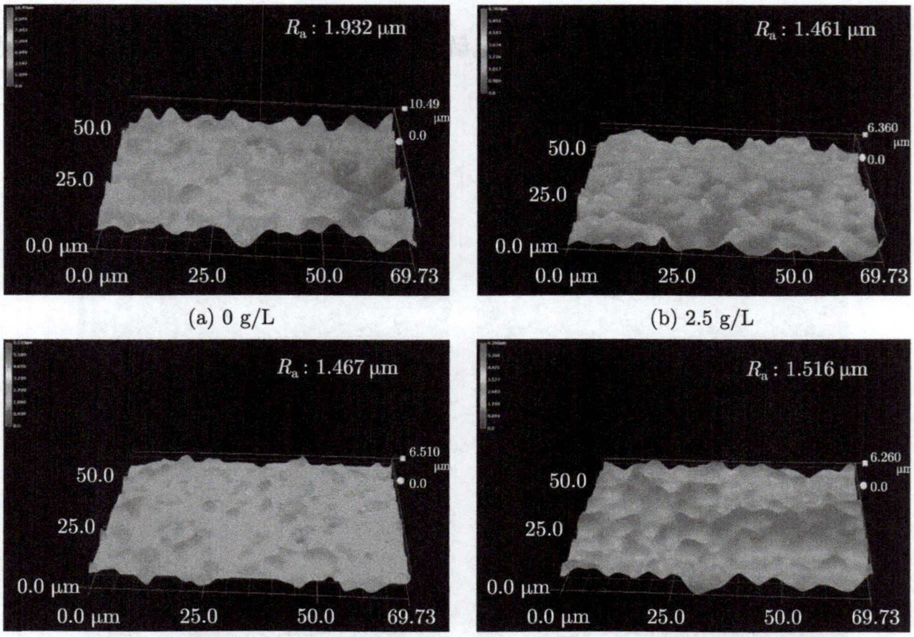

(a) 0 g/L　(b) 2.5 g/L

(c) 5 g/L　(d) 10 g/L

图 4-11　不同浓度 K_2ZrF_6 添加剂时微弧氧化膜层的 3D 体视形貌

图 4-12 为 AZ31 镁合金基体和不同浓度 K_2ZrF_6 添加剂时微弧氧化膜层的 XRD 图谱。由图 4-12(c)~(e) 可知，在含 K_2ZrF_6 电解液中制备的膜层中主要由 MgO、MgF_2 和 ZrO_2 相组成。图中出现对应 MgF_2 和 ZrO_2 的衍射峰，这表明电解液中 K_2ZrF_6 参与了微弧氧化过程并以 MgF_2 和 ZrO_2 相的形式进入膜层当中。在膜层的 XRD 图谱中存在基体 Mg 衍射峰，说明微弧氧化处理后生成的陶瓷膜层较薄，X 射线能够穿透膜层。

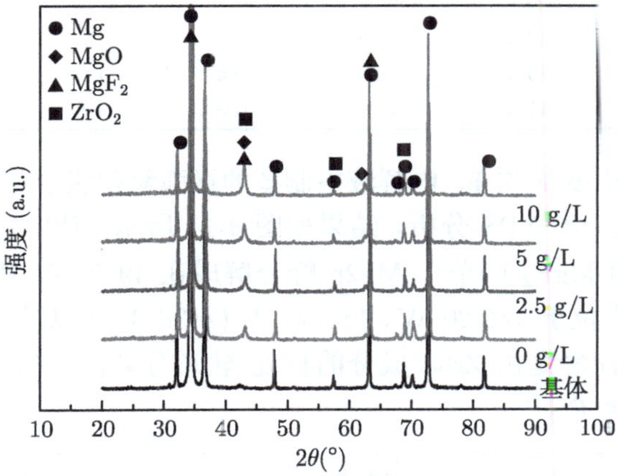

图 4-12 基体和不同浓度 K_2ZrF_6 添加剂时微弧氧化膜层的 XRD 图谱

图 4-13 为在不含 K_2ZrF_6 和含 2.5 g/L K_2ZrF_6 的磷酸盐电解液中所制备的微弧氧化膜层的 XPS 图谱。由图 4-13(a) 可见，不含 K_2ZrF_6 的电解液中制备的微弧氧化膜层含有元素 O、Mg、Na、P，而电解液中加入 K_2ZrF_6 添加剂后所得的微弧氧化膜层中出现元素 Zr 和 F。表 4-5 是在不同浓度 K_2ZrF_6 添加剂的电解液中

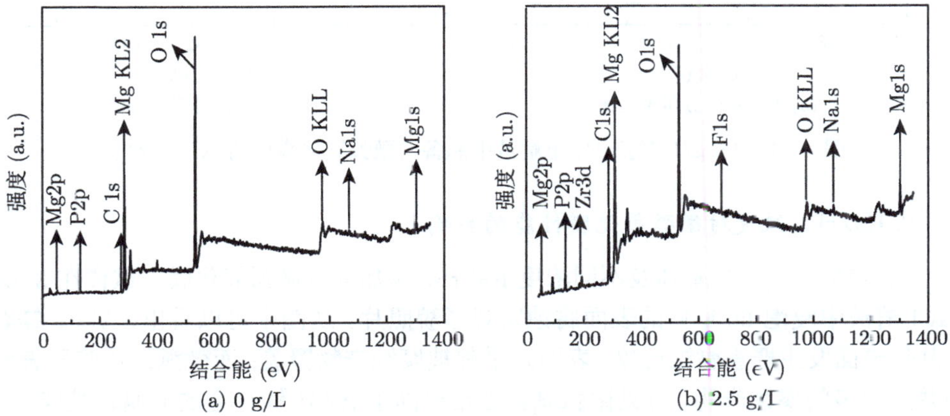

图 4-13 微弧氧化膜层的 XPS 图谱

制备的微弧氧化膜层的 XPS 分析结果。从中可以看出，在含 2.5 g/L 浓度的 K_2ZrF_6 添加剂的电解液中制备的微弧氧化膜层内 Zr 的含量为 3.1%。随着电解液中 K_2ZrF_6 浓度的增加，Zr 的含量只是稍微增加。当电解液中 K_2ZrF_6 浓度为 5 g/L 和 10 g/L 时，所制备的微弧氧化膜层的 Zr 的含量分别为 3.2%和 3.4%。

表 4-5　不同浓度 K_2ZrF_6 时微弧氧化膜层的元素含量　(单位：%)

K_2ZrF_6 (g/L)	O	Mg	Na	P	Zr	F
0	36.7	62.2	0.2	0.9	—	—
2.5	42.3	52.7	0.5	1.1	3.1	0.3
5	45.4	48.7	0.6	1.5	3.2	0.6
10	47.3	45.9	0.8	1.8	3.4	0.8

对在 2.5 g/L 浓度 K_2ZrF_6 电解液中制备的微弧氧化膜层的 Mg 和 Zr 的特定电子结合能进行进一步 XPS 分析，结果如图 4-14 所示。从中可以看出，在 49.49 eV 处对应 MgO 和 MgF_2 的单个 Mg2p 峰分解成在 49.50 eV 和 50.90 eV 处的两个峰。图 4-14(b) 中位于 182.20 eV、185.50 eV (Zr3d 3/2) 以及 181.50 eV、184 eV (Zr3d 5/2) 的结合能峰是由 Zr3d 成分的自旋–轨道分裂而来的。XPS 的测试结果与 XRD 的分析相吻合。

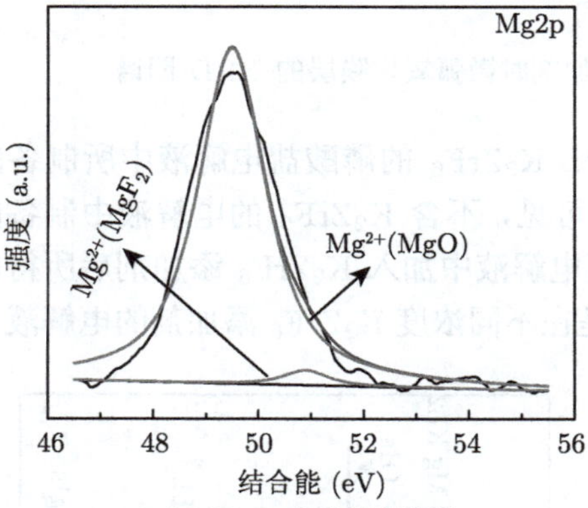

(a) Mg2p 高分辨率光谱

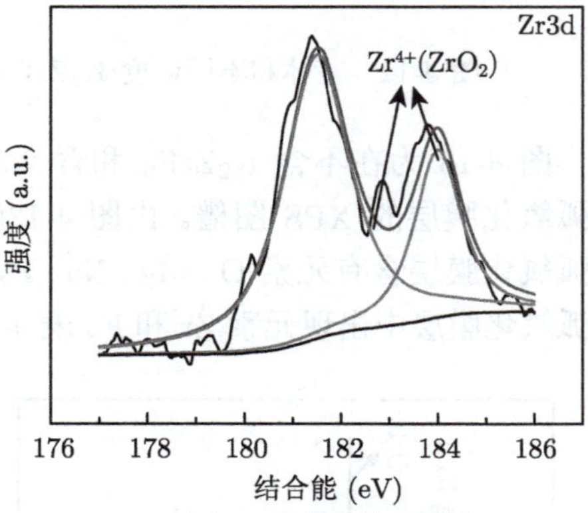

(b) Zr3d 高分辨率光谱

图 4-14　2.5 g/L K_2ZrF_6 电解液中制备的微弧氧化膜层的 XPS 分析

2. K_2ZrF_6 浓度对微弧氧化膜性能的影响

图 4-15(a)~(e) 是基体及不同浓度 K_2ZrF_6 添加剂时微弧氧化膜层试样在 3.5% NaCl 溶液中浸泡 60 h 后的表面腐蚀宏观形貌照片。从图中可以看出，AZ31 镁合金基体表面发生严重腐蚀现象，表面几乎都被腐蚀产物覆盖；而微弧氧化膜层表面则并无太多的腐蚀产物，可见微弧氧化处理提高了 AZ31 镁合金的耐腐蚀性能。表面发生的腐蚀现象越严重，产生的腐蚀产物就越多，相应的腐蚀区域就越大。AZ31

镁合金基体以及在 0、2.5 g/L、5 g/L、10 g/L 浓度的 K_2ZrF_6 电解液中制备的微弧氧化膜层的腐蚀区域分别大约为 88%、10%、2%、5%、8%，从腐蚀区域的大小可以初步确定各个试样的耐腐蚀性能好坏。所以电解液中添加 K_2ZrF_6 添加剂能够提高微弧氧化膜层的耐蚀性，且当电解液中 K_2ZrF_6 浓度为 2.5 g/L 时，所制备膜层的耐蚀性最好。

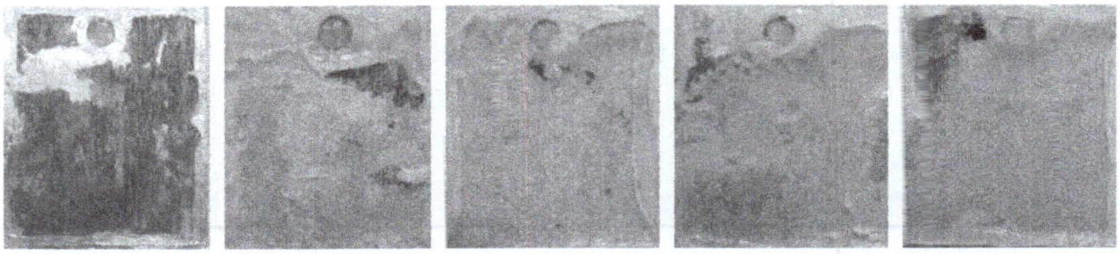

(a) 基体　(b) 0 g/L　(c) 2.5 g/L　(d) 5 g/L　(e) 10 g/L

图 4-15　基体及不同浓度 K_2ZrF_6 添加剂时微弧氧化膜层的表面腐蚀形貌

微弧氧化处理后膜层的腐蚀行为是由膜层厚度、致密度以及组成成分共同影响的 [23,24]。通常情况下，缺陷较少、致密度较高和组成成分稳定的膜层将为镁合金基体提供很好的腐蚀防护作用。由图 4-9 和图 4-11 可知，电解液中加入 K_2ZrF_6 后，所制备的微弧氧化膜层变得更加致密且粗糙度降低。如图 4-12 所示，电解液中的 K_2ZrF_6 参与微弧氧化反应，产生了一些耐腐蚀相，即 MgF_2 和 ZrO_2，正是 MgF_2 和 ZrO_2 相的存在有效地提高了微弧氧化膜层的耐蚀性。

图 4-16 为 AZ31 镁合金基体和在不同 K_2ZrF_6 浓度的磷酸盐电解液中制备的微弧氧化膜层的动电位极化曲线。从中可以看出，随着电解液中 K_2ZrF_6 浓度的增加，试样的腐蚀电位 E_{corr} 先升高后降低，而腐蚀电流密度 I_{corr} 是先减少后增加，因而微弧氧化膜层的耐蚀性则是先提高后降低。表 4-6 列出了 5 种试样的 E_{corr} 和 I_{corr}。由表可见，未经微弧氧化处理的 AZ31 镁合金基体的 E_{corr} 和 I_{corr} 分别为 −1.57 V 和 86.74 μA/cm²，这与一些文献的结果大体一致 [25,26]。AZ31 镁

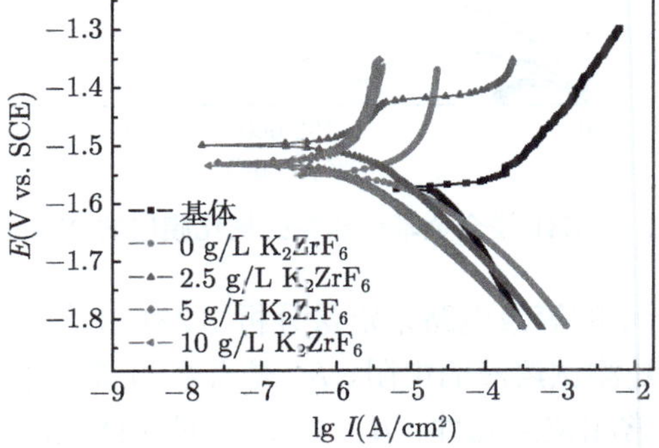

图 4-16　基体和不同浓度 K_2ZrF_6 时微弧氧化膜层的动电位极化曲线

合金经过微弧氧化处理后，耐蚀性能明显提高。当电解液中添加 2.5 g/L 的 K_2ZrF_6 时，所制备的微弧氧化膜层的耐蚀性明显提高，具有最高的腐蚀电位 (−1.51 V) 以及最小的腐蚀电流密度 (0.54 μA/cm^2)，此时试样的耐蚀性最好。

表 4-6　基体及不同浓度 K_2ZrF_6 时微弧氧化膜层的 E_{corr} 和 I_{corr}

试样	E_{corr}(V vs. SCE)	I_{corr}(μA/cm^2)
基体	−1.57	86.74
0 g/L	−1.55	9.39
2.5 g/L	−1.51	0.54
5 g/L	−1.53	2.17
10 g/L	−1.54	2.19

图 4-17 为在 3.5% NaCl 溶液中基体与微弧氧化膜层的电化学阻抗图谱 (Nyquist 图)。从 AZ31 镁合金基体的 Nyquist 图中可以看到，中高频范围内出现容抗弧，低频范围内出现感抗弧，这与一些文献的结果相符 [27]。容抗弧的出现是由于电荷发生转移，而感抗弧则与镁溶解有关，这表明镁合金基体发生了点蚀现象 [28]。微弧氧化处理过的试样出现类似的变化，可见微弧氧化试样也发生了相似机制的腐蚀。由于容抗弧的半径越大，试样的腐蚀速率越小，而在含 2.5 g/L K_2ZrF_6 的电解液中制备的微弧氧化膜层具有最大半径的容抗弧，可见此时的微弧氧化膜层对 AZ31 镁合金具有最好的防腐保护性能。随着电解液中 K_2ZrF_6 浓度的不断增加，容抗弧的半径逐渐减小，微弧氧化膜层的耐蚀性不断降低。

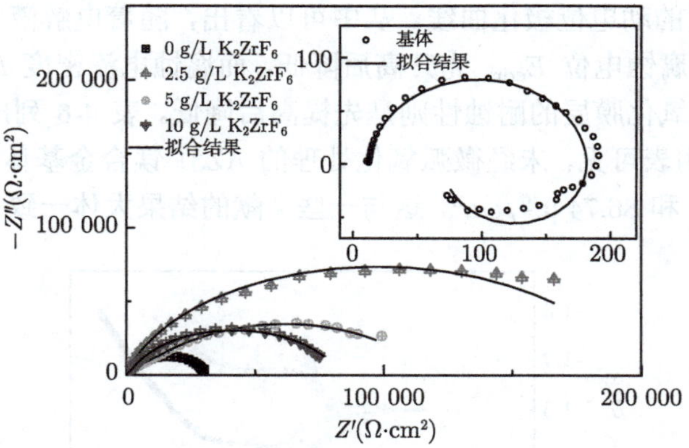

图 4-17　AZ31 镁合金基体和微弧氧化膜层的 Nyquist 图

建立如图 4-18 所示的等效电路来定量分析 AZ31 镁合金基体和微弧氧化膜层的耐蚀性。其中，R_s 是测试溶液的电阻，R_1 是合金和腐蚀介质的耐蚀性，CPE 是与自然氧化膜相关的常相位角元件，R_L 和 L 为对应低频段感抗弧的等效电阻和等效电感，R_p 是外部疏松层的电阻，R_b 是内部致密层的电阻，CPE_p、R_p 回路对应外部疏松层，CPE_b、R_b 回路对应内部致密层。基于建立的等效电路，拟合电化学阻抗谱，相应的等效电路参数列于表 4-7。从表中拟合结果可以看出，微弧氧化膜层具有较低的电容 (CPE_p 和 CPE_b) 和较高的电阻 (R_p 和 R_b)，所以微弧氧化膜层能够为镁合金基体提供有效的腐蚀防护作用。在含 K_2ZrF_6 的微弧氧化电解液中制备的微弧氧化膜层的耐蚀性要比不含 K_2ZrF_6 的电解液中微弧氧化膜层好。然而过高的 K_2ZrF_6 浓度 (5 g/L 和 10 g/L) 则不利于微弧氧化膜层耐蚀性的提高。上述电化学测试的分析结果与在盐溶液中对试样的浸泡测试结果相一致，所以微弧氧化处理能够提高镁合金试样的耐腐蚀性能，而本实验电解液中 K_2ZrF_6 最佳浓度为 2.5 g/L。

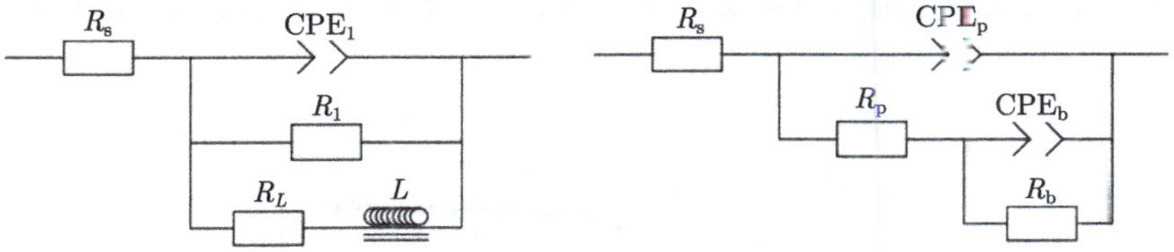

(a) 基体　　(b) 微弧氧化膜层

图 4-18　对应于电化学阻抗图谱的等效电路

表 4-7　基体和不同浓度 K_2ZrF_6 时微弧氧化膜层的等效电路的拟合值

试样	$R_s(\Omega\cdot cm^2)$	$Q_1(F/cm^2)$	n_1	$R_1(k\Omega\cdot cm^2)$	$L(F/cm^2)$		$R_L(k\Omega\cdot cm^2)$
基体	11.91	2.58×10^{-5}	0.95	0.17	91.84		0.09
试样	$R_s(\Omega\cdot cm^2)$	$Q_p(F/cm^2)$	n_p	$R_p(k\Omega\cdot cm^2)$	$Q_b(F/cm^2)$	n_b	$R_b(k\Omega\cdot cm^2)$
0 g/L	10.58	1.64×10^{-6}	0.86	10.8	3.42×10^{-6}	0.84	35.6
2.5 g/L	6.54	1.88×10^{-6}	0.97	32.43	6.54×10^{-7}	0.81	262.3
5 g/L	7.13	7.11×10^{-7}	0.88	23.67	4.11×10^{-6}	0.68	103.1
10 g/L	10.62	2.44×10^{-6}	0.87	14.6	1.01×10^{-6}	0.79	64.2

4.2.3　电流密度对 AZ31 镁合金微弧氧化陶瓷膜组织与性能的影响

电流密度越大，膜层的生长速度越快，膜层厚度不断增加，但容易出现烧损的现象；随着电流密度增加，击穿电压升高，膜层表面粗糙度增加，膜层硬度也增加。本小节将介绍电流密度对膜层性能的影响，比较不同电流密度对膜层性能影响的规律。

1. 电流密度对微弧氧化膜组织的影响

监测微弧氧化过程中电压的变化情况有利于对膜层形成过程的研究及其所具有的特征的预测 [29]。图 4-19 为实验的电压–时间曲线。电压按照 12 s 每次 (前 3 min) 和 30 s 每次 (3 min 之后) 进行记录。可以看出微弧氧化处理时越高电流密度条件下，电压增长越快。相关文献通过分析膜层的特征可以将微弧氧化处理过程中的电压–时间反应划分为四个阶段 [30]。在第一阶段，基体溶解的同时在 AZ31 镁合金表面形成一层薄致密层，电压随着时间呈现直线增长且增长斜率为四个阶段的最大值。然后微弧氧化过程进入第二阶段，试样整个表面出现很多可见的小尺寸火花。在第三阶段，火花的尺寸变大，试样表面的火花密度明显降低。第四阶段，放电现象变得更加稳定，电流密度为 20 A/dm^2 下制备的膜层的终止电压比其他三种膜层的更高。在电流密度 5 A/dm^2、10 A/dm^2、15 A/dm^2、20 A/dm^2 下制备的微弧氧化膜层的终止电压分别为 386 V、448 V、454 V 和 467 V。高电流密度下制备的膜层的终止电压要比低电流密度下的高。可见电流密度在微弧氧化过程中起着重要作用。这表明电流密度能够影响微弧氧化过程，从而使膜层的形成及其特征产生差异。

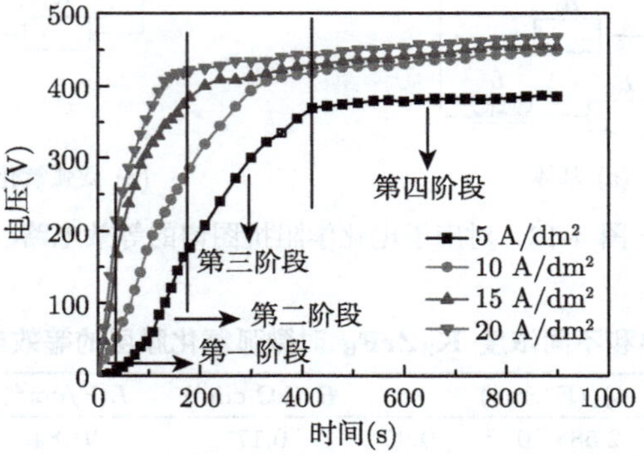

图 4-19　不同电流密度下微弧氧化过程中电压–时间曲线

图 4-20 的 SEM 照片揭示了膜层在微观尺寸上的形貌特征。在不同电流密度下制备的四种膜层呈现典型的疏松形貌，只是在孔洞尺寸上存在较大差异。微弧氧化膜层中的孔洞是由微弧氧化处理过程中的放电现象造成的 [31-33]。膜层中的微孔是由从发电通道出来的熔融氧化物和气体造成的。微孔散布在膜层表面，且随着电流密度的增加，微孔数量减少而其半径增加。在图 4-20(c)、(d) 中，膜层表面显然出现了一些微裂纹，这是由放电通道中的熔融氧化物快速冷却造成的 [34]。

图 4-21 为不同电流密度下制备的微弧氧化膜层的截面微观形貌。在 20 A/dm^2 下的膜层厚度最大，这与膜层测厚仪的测试结果相一致 (图 4-22)。电流密度对膜层厚度的影响很大，20 A/dm^2 下的膜层厚度比 5 A/dm^2 下厚度的三倍还大。5 A/dm^2 下的厚度为 4.7 μm，比 10 A/dm^2 下的小 3.1 μm。微弧氧化膜层的厚度随着电流密度的增加而增加，这是因为高的电流密度下，更多的能量加入微弧氧化过程。与图 4-20 中膜层表面形貌相一致，膜层的截面也具有疏松形貌特征。所有的膜层在与基体的交界面都呈现出波浪形，这最可能是基体在微弧氧化过程早期

发生溶解的结果 [35,36]。低电流密度下形成的膜层更加致密，而高电流密度下的膜层拥有微裂纹的程度更高。这类膜层的缺陷是由较硬的陶瓷成分的熔融和固化时产生的热应力造成的 [37]。

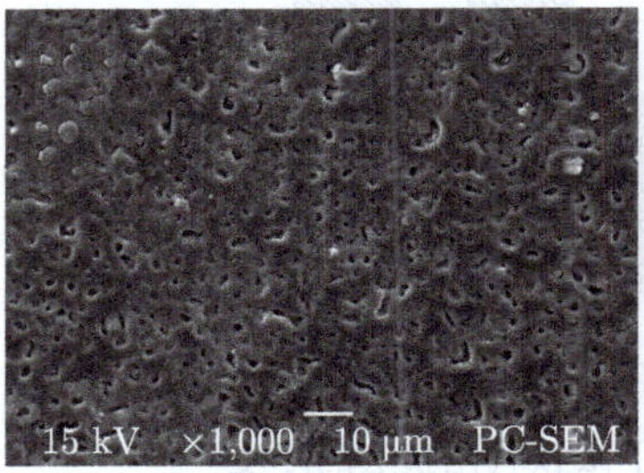

(a) 5 A/dm²

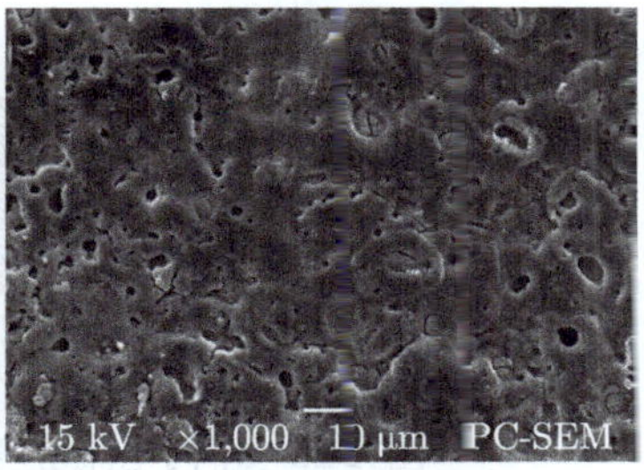

(b) 10 A/dm²

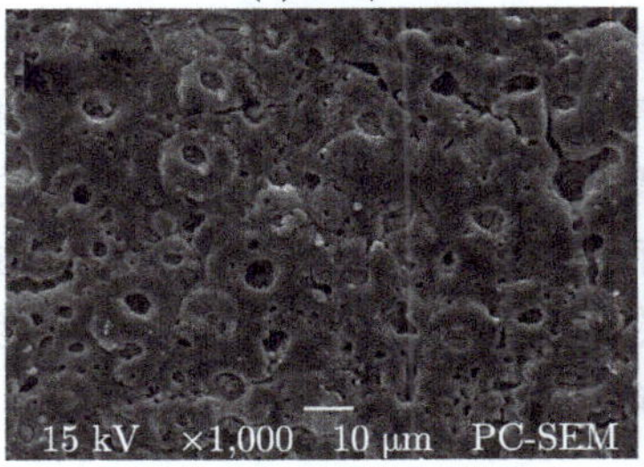

(c) 15 A/dm²

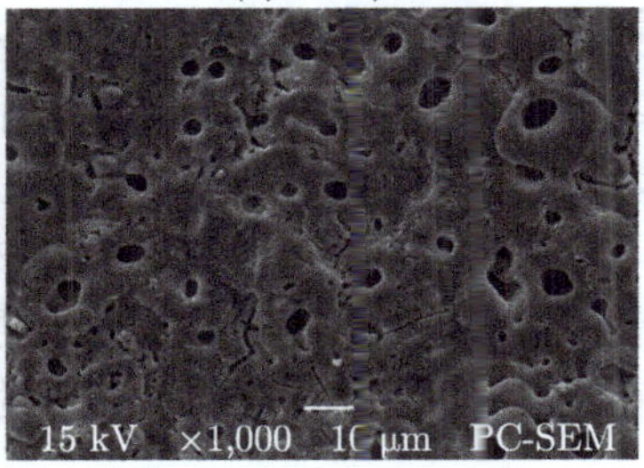

(d) 20 A/dm²

图 4-20 不同电流密度下微弧氧化膜层的表面微观形貌

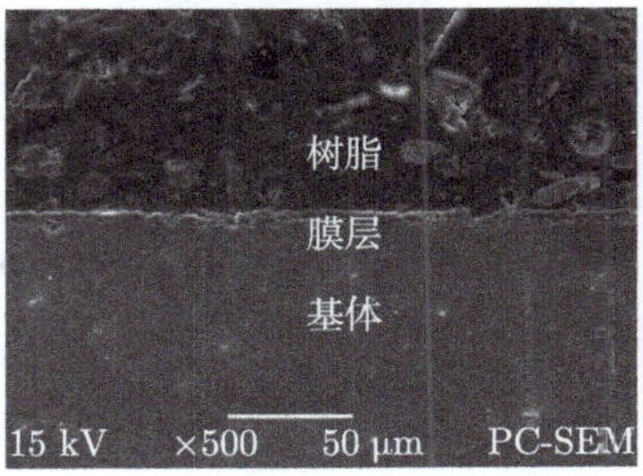

(a) 5 A/dm²

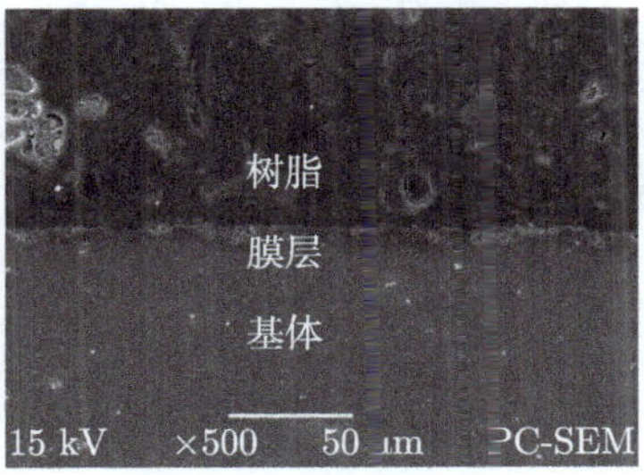

(b) 10 A/dm²

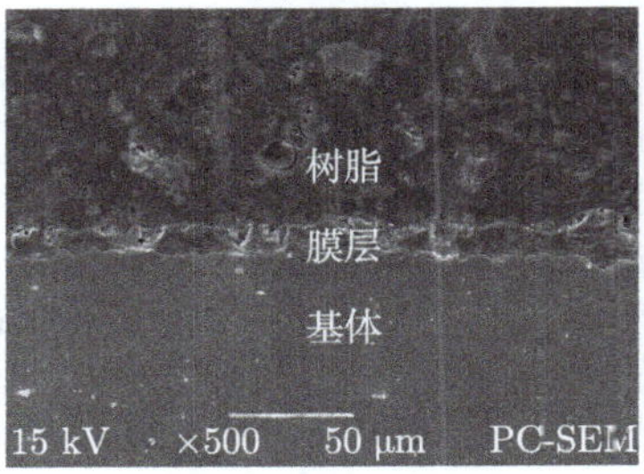

(c) 15 A/dm²

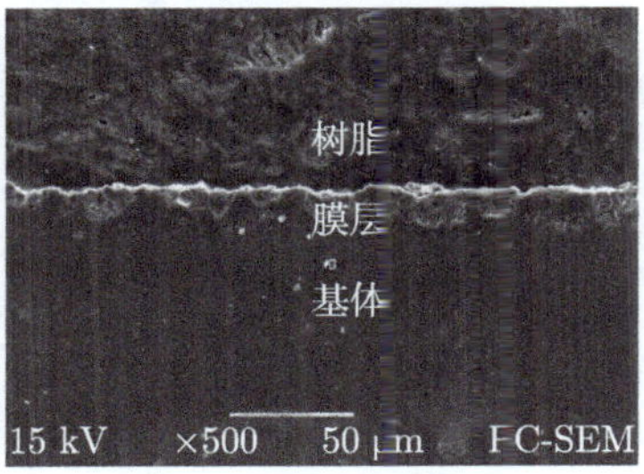

(d) 20 A/dm²

图 4-21 不同电流密度下微弧氧化膜层的截面微观形貌

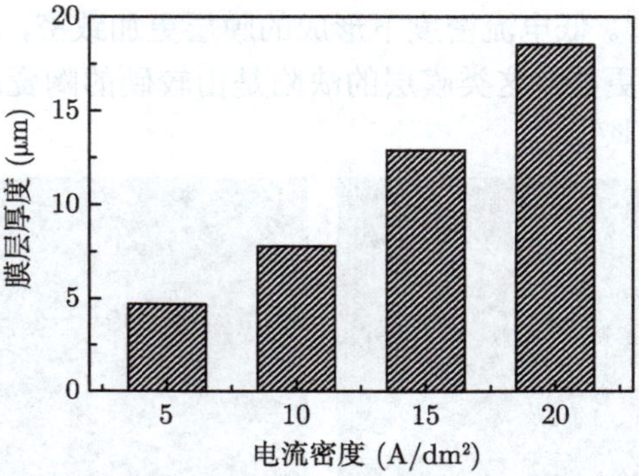

图 4-22 不同电流密度下微弧氧化膜层的厚度

图 4-23 为不同电流密度下在镁合金基体上制备的微弧氧化膜层的 3D 形貌。虽然膜层呈现出相似的表面图形，但表面轮廓的波浪图形随电流密度发生变化，这也造成膜层表面不同的表面粗糙度。可以看出随着电流密度提高，膜层的表面粗糙度 (R_a) 越大。5 A/dm^2 下制备的膜层具有最小的平均表面粗糙度 (R_a=1.080 μm)，且随着电流密度的增加，R_a 值增加。膜层表面形貌的变化是由电流密度的影响造成的，电流密度决定了微弧氧化过程中的电压值。

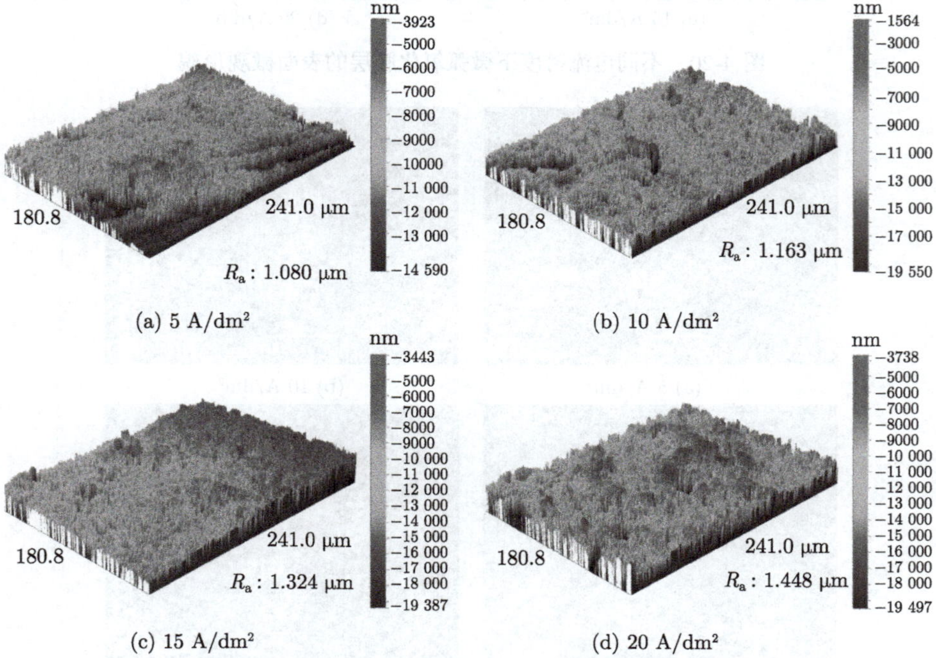

(a) 5 A/dm² (b) 10 A/dm²

(c) 15 A/dm² (d) 20 A/dm²

图 4-23 不同电流密度下微弧氧化膜层表面的 3D 形貌

图 4-24 为基体和不同电流密度下微弧氧化膜层的 XRD 图谱。可以看出镁合金试样上制备的膜层主要由 MgO、MgF_2 和 ZrO_2 相组成。膜层中并未检测到与电解液主要阴离子 PO_4^{3-} 相关的化合物，这是因为 PO_4^{3-} 以非晶态存在于膜层中。对应 MgF_2 和 ZrO_2 相的衍射峰的存在表明电解液中的 K_2ZrF_6 参与了微弧氧化反应，并以 MgF_2 和 ZrO_2 的形式进入膜层 [38]。从图中可以看出，MgF_2 和 ZrO_2 的衍射峰的强度随电流密度的增加而增加。对应 MgO 相衍射峰在 42.9° 和 62.3° 处强度出现增加。对应基体的 Mg 衍射峰的存在表明膜层较薄且 X 射线能够穿透到基体。

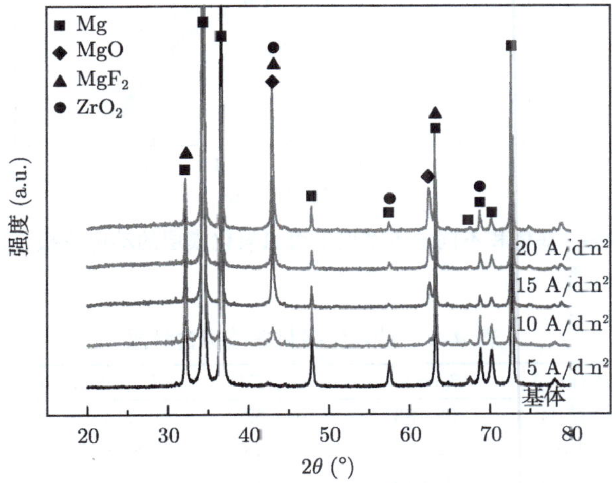

图 4-24 基体与微弧氧化膜层的 XRD 图谱

2. 电流密度对微弧氧化膜性能的影响

图 4-25 为基体和不同电流密度下微弧氧化膜层的动电位极化曲线。通常，在动电位极化曲线中，正的腐蚀电位和小的腐蚀电流密度代表低的腐蚀速率和好的耐腐蚀性。腐蚀电位 (E_{corr}) 和腐蚀电流密度 (I_{corr}) 是直接从极化曲线中拟合得来的。拟合数据如表 4-8 所示。

未经处理的基体试样的腐蚀电流密度为 2.14×10^{-5} A/cm^2，腐蚀电位为 −1.52 V。与之相比膜层的腐蚀电位更高，且更高电流密度下制备的膜层拥有更高的腐蚀电位。显然经微弧氧化处理后的试样具有更好的耐蚀性，此外，10 A/dm^2 下制备的膜层具有最佳的耐蚀性，这可能是由之前讨论的膜层的形貌和粗糙情况造成的。腐蚀电流密度是用来评估膜层耐腐蚀性能的一个重要参数，它主要由膜层的厚度和致密度决定 [39]。在高电流密度 (15 A/dm^2、20 A/dm^2) 下制备的膜层的厚度比 10 A/dm^2 下的厚，但膜层有大尺寸的孔洞和穿透整个膜层的裂纹，因此腐蚀介质能够较容易地通过并到达基体。10 A/dm^2 条件下的膜层也有孔洞和裂纹，但是孔洞的尺寸较小，裂纹也并未穿过膜层，这能有效阻碍腐蚀介质的渗入。

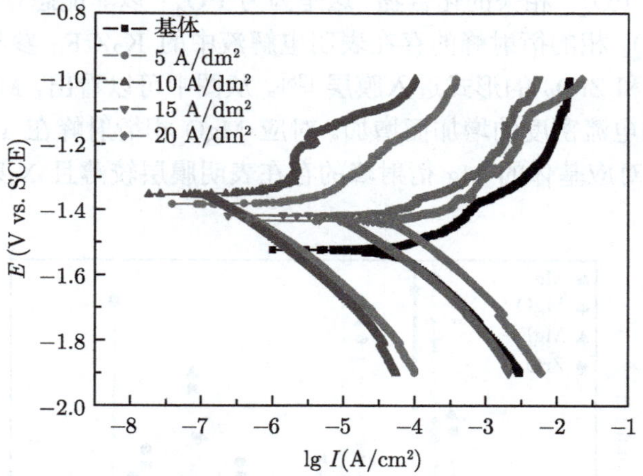

图 4-25 基体和不同电流密度下微弧氧化膜层的动电位极化曲线

表 4-8 动电位极化曲线拟合结果

试样	β_a(mV)	β_c(mV)	E_{corr}(V)	I_{corr} (A/cm^2)	R_p($\Omega \cdot cm^2$)
基体	159.04	322.83	−1.52	2.14×10^{-5}	2.16×10^{6}
5 A/dm^2	91.04	227.02	−1.38	3.28×10^{-6}	8.60×10^{6}
10 A/dm^2	180.64	334.73	−1.35	2.13×10^{-6}	2.39×10^{7}
15 A/dm^2	97.69	276.9	−1.41	6.95×10^{-6}	4.51×10^{6}
20 A/dm^2	162.94	446.2	−1.43	8.75×10^{-6}	5.92×10^{6}

图 4-26 为不同电流密度条件下制备的微弧氧化膜层经盐水浸泡测试后的表面腐蚀形貌。虽然并无膜层能够完全经受得住长时间的浸泡测试，但试样表面的腐蚀程度是存在差异的 (特别是 10 A/dm^2)，所观察到的情况与电化学结果相一致。当电流密度小于 10 A/dm^2，高电流密度下的膜层较厚且具有更好的耐蚀性。但是，当电流密度高于 10 A/dm^2，更高的能量输入将导致膜层表面更大尺寸孔洞和更多微裂纹的形成 [40]。尽管膜层的厚度增加，在高电流密度下将具有更差的耐蚀性能。

图 4-27 为基体和微弧氧化膜层的摩擦系数随滑行距离的变化。对未经处理的镁合金基体，摩擦系数在 1.2~1.6 的范围内变化，且伴随着剧烈振荡。曲线的振荡表明镁合金基体的耐磨性能较差。20 A/dm^2 条件下的膜层的摩擦系数在 3.3 左右。5 A/dm^2 和 15 A/dm^2 下膜层的摩擦系数急剧降到 1.2~1.6，这处于和镁合金基体摩擦系数相同的范围，这现象表明膜层被磨穿了。10 A/dm^2 下的膜层在整个测试期间呈现稳定增长。正如之前的描述，高电流密度下的膜层要比低电流密度的更

加疏松，所以 20 A/dm^2 下膜层的摩擦系数更高。在 5 A/dm^2 和 15 A/dm^2 下的膜层更光滑，但是膜层厚度较小且结构疏松。因此，它们容易被磨穿。虽然 10 A/dm^2 下并无和 20 A/dm^2 下膜层相似的厚度，但它的结构更加致密，因而 10 A/dm^2 条件下的膜层其摩擦系数呈现图 4-27 中所示的变化情况。

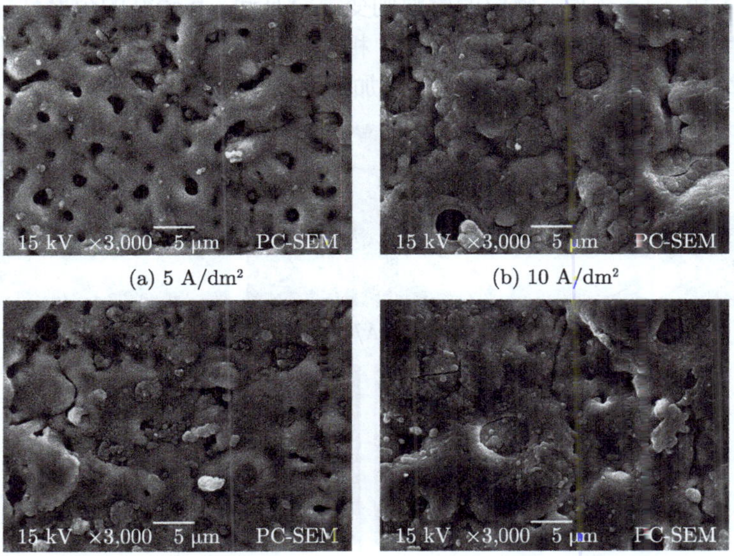

(a) 5 A/dm^2 (b) 10 A/dm^2

(c) 15 A/dm^2 (d) 20 A/dm^2

图 4-26 不同电流密度下微弧氧化膜层的表面腐蚀形貌

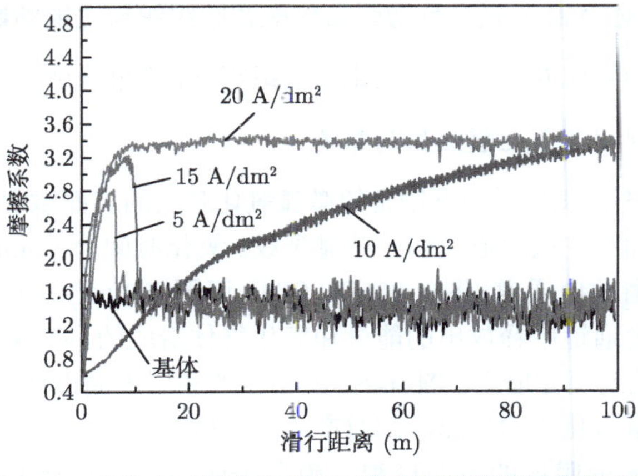

图 4-27 基体和不同电流密度下微弧氧化膜层的摩擦系数

图 4-28 为基体和不同电流密度下微弧氧化膜层磨痕的光学宏观照片。不同电流密度下 (5 A/dm^2、10 A/dm^2、15 A/dm^2、20 A/dm^2) 制备的微弧氧化膜层的磨

损量分别为 1.25 mg、0.01 mg、0.72 mg 和 0.02 mg。相应地，AZ31 镁合金基体的值为 0.42 mg。值得注意的是膜层 (5 A/dm^2 和 15 A/dm^2) 的磨损量比基体试样更高，这是由于较硬的膜层剥落后伴随对磨材料一起摩擦造成的，从而导致更高的磨损量 [41]。镁合金基体的磨痕宽且深，这表明在摩擦方面具有较高的磨损量。而当电流密度为 10 A/dm^2 时，膜层的磨痕则变得窄且浅，其较好的耐磨性能是由它的致密结构 (图 4-20(b)) 和相对高的 ZrO_2 相含量造成的。虽然 15 A/dm^2 下的膜层也含有较多的 ZrO_2，但其耐磨性由于增加的孔隙率而降低。

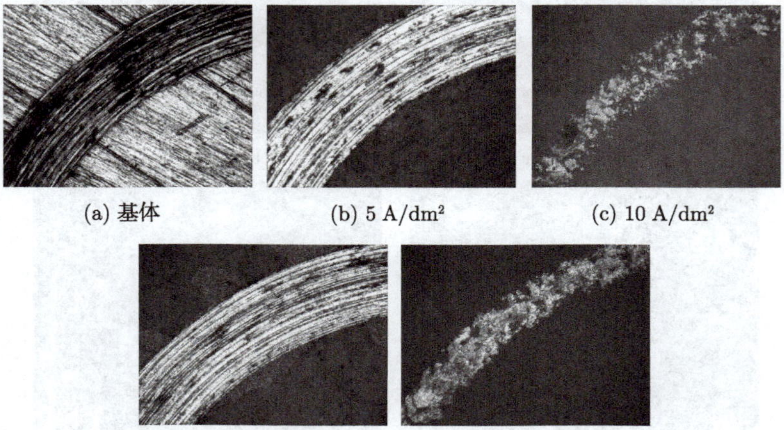

(a) 基体　(b) 5 A/dm^2　(c) 10 A/dm^2

(d) 15 A/dm^2　(e) 20 A/dm^2

图 4-28　基体和不同电流密度下微弧氧化膜层的磨痕宏观形貌

4.2.4　氧化时间对 AZ31 镁合金微弧氧化陶瓷膜组织与性能的影响

本小节将介绍氧化时间对微弧氧化膜层组织与性能的影响。

1. 氧化时间对微弧氧化膜组织的影响

图 4-29 是在不同氧化时间下制备的微弧氧化膜层的表面微观形貌。由图可见，微弧氧化膜层表面存在放电通道和一些微裂纹。氧化时间为 5 min 和 10 min 的膜层表面均匀分布着放电通道 (图 4-29(a)、(b))，而图 4-29(d) 中膜层表面的大尺寸火山坑则是由放电通道中释放出的能量和氧化气体造成的。随着氧化时间的增加，微孔数量减少，孔洞尺寸增大。图 4-29(c)、(d) 的膜层表面出现微裂纹，这是由微弧氧化过程中熔融氧化物的快速冷却时产生的热应力造成的。

为了进一步研究膜层的表面形貌，膜层表面的 3D 轮廓和粗糙度的结果如图 4-30 所示。可以看出，随着氧化时间的增加，膜层的表面变得更加粗糙和不均匀。这与 SEM 的分析相一致，正如图 4-30 所示。此外，膜层的表面粗糙度随时间增加而增加。

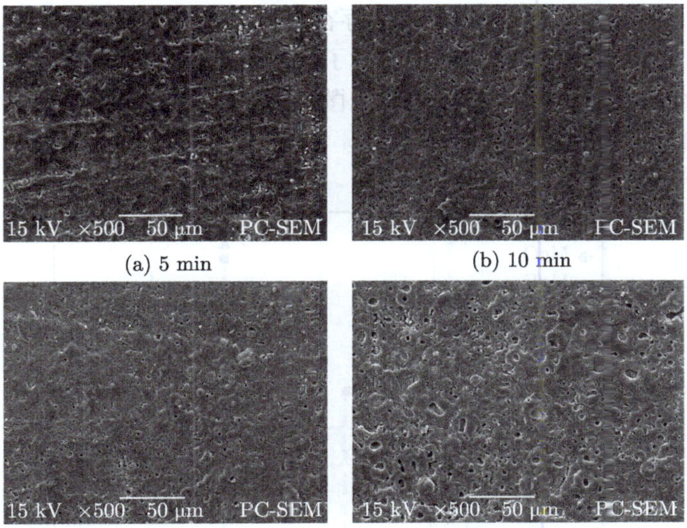

(a) 5 min (b) 10 min

(c) 15 min (d) 20 min

图 4-29 不同氧化时间时微弧氧化膜层的表面微观形貌

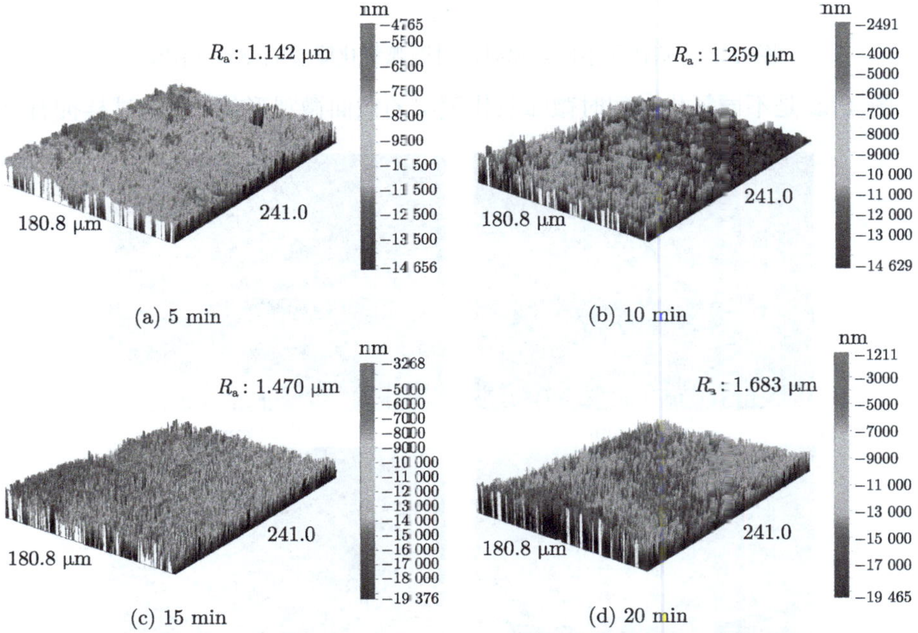

(a) 5 min (b) 10 min

(c) 15 min (d) 20 min

图 4-30 不同氧化时间时微弧氧化膜层的 3D 形貌

图 4-31 为基体与不同氧化时间时微弧氧化膜层的 XRD 图谱。从中可以看出，微弧氧化膜层主要由 MgO、MgF_2 和 t-ZrO_2 相组成。膜层中并未测出与 PO_4^{3-} 相

关的化合物，可以推测 PO_4^{3-} 以非晶态存在于膜层中。对应 MgF_2 和 t-ZrO_2 的衍射峰的存在，表明电解液中 K_2ZrF_6 参与了微弧氧化膜层的生长过程。不同氧化时间的衍射峰的强度是不同的，这表明对应微弧膜层的成分也是不同的。随着氧化时间的增加，Mg 的含量减少，MgO_2、MgF_2 和 t-ZrO_2 的相对含量增加。这可能会对膜层的厚度产生影响。

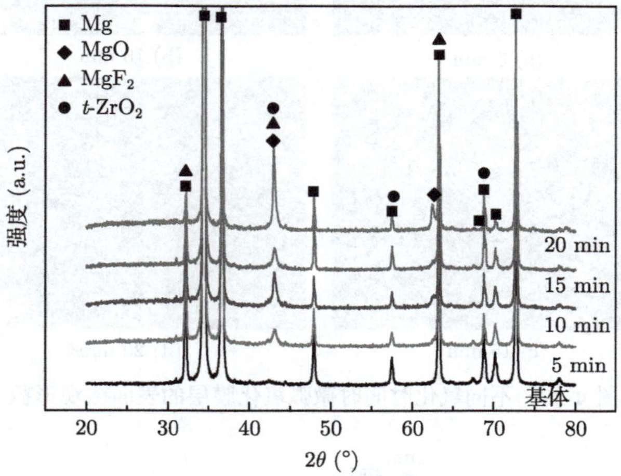

图 4-31　基体与不同氧化时间时微弧氧化膜层的 XRD 图谱

图 4-32 是不同氧化时间时微弧氧化膜层的截面微观形貌。所有试样拥有典型

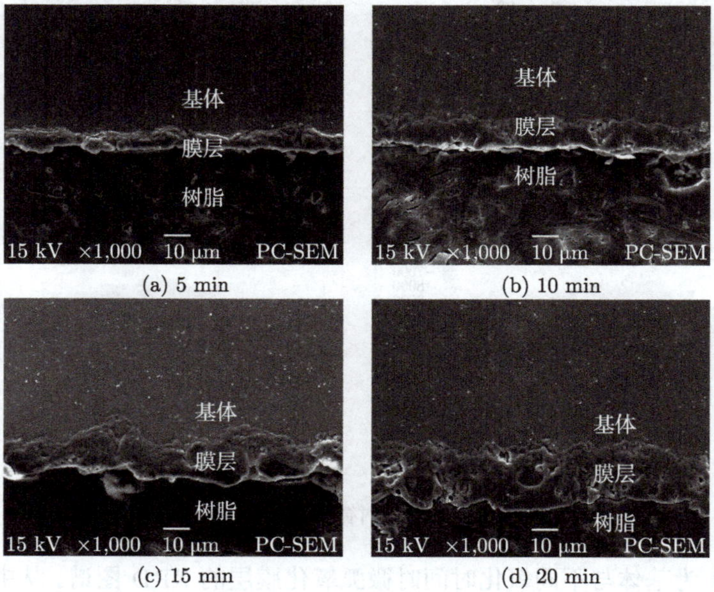

图 4-32　不同氧化时间时微弧氧化膜层的截面微观形貌

的微弧氧化形貌特征：存在内部致密层和外部疏松层。膜层和基体的界面并无断裂现象，这表明它们之间存在不错的结合力。氧化时间为 10 min 的膜层比较致密且厚度总体均衡。图 4-32(a) 中氧化时间为 5 min 时的膜层平均厚度约为 10 μm。很显然，随着氧化时间的增加，膜层变得更厚且含有较少的孔洞。如图 4-32(d) 所示，当氧化时间达到 20 min 时，膜层的厚度大约为 30 μm。图 4-33 为不同氧化时间下制备的膜层的厚度。可见膜层的厚度是随着时间增加不断增加的。在氧化时间为 5 min、10 min、15 min、20 min 时制备的膜层的厚度平均值分别为 11.1 μm、16.6 μm、18.8 μm、26.6 μm。这与膜层截面的 SEM 分析结果相一致。Durdu 等 [42] 认为放电通道是由微弧氧化反应最后阶段的电解液冷却作用和反应产物的沉积形成的，而膜层厚度和表面粗糙度的增加是由上述过程在不同区域的重复所造成的。

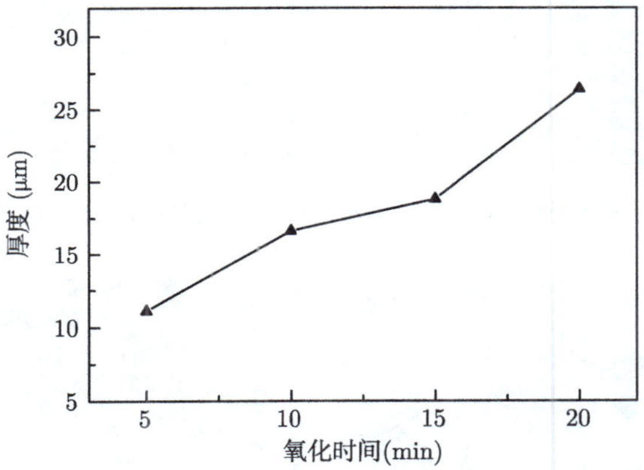

图 4-33 不同氧化时间时微弧氧化膜层的厚度

2. 氧化时间对微弧氧化膜性能的影响

在 3.5%NaCl 溶液中对基体及微弧氧化膜层试样进行盐水浸泡测试。对浸泡 48 h 和 120 h 时的试样表面状况进行观察。如图 4-34 所示，AZ31 镁合金基体表面大部分都被腐蚀产物覆盖住了，而微弧氧化膜层的表面状况要好得多。可以看到在浸泡 48 h 后氧化时间 10 min 的膜层试样其腐蚀表面比较光滑且含有较少的局部区域腐蚀坑，而当浸泡时间达到 120 h，膜层表面腐蚀坑的数量明显增加。从浸泡测试结果可以看出，10 min 条件下制备的微弧氧化膜层的耐蚀性要比 5 min、15 min 和 20 min 的好。图 4-35 为微弧氧化膜层试样经 120 h 浸泡腐蚀测试后表面的微观形貌。由图可见，虽然并无膜层能够耐受住长时间的浸泡，膜层表面很多区域被破坏了，但是试样表面的破坏程度是有很大不同的。此外，氧化时间为 10 min 时的膜层表面仅有一些小的腐蚀点 (图 4-35(b))。

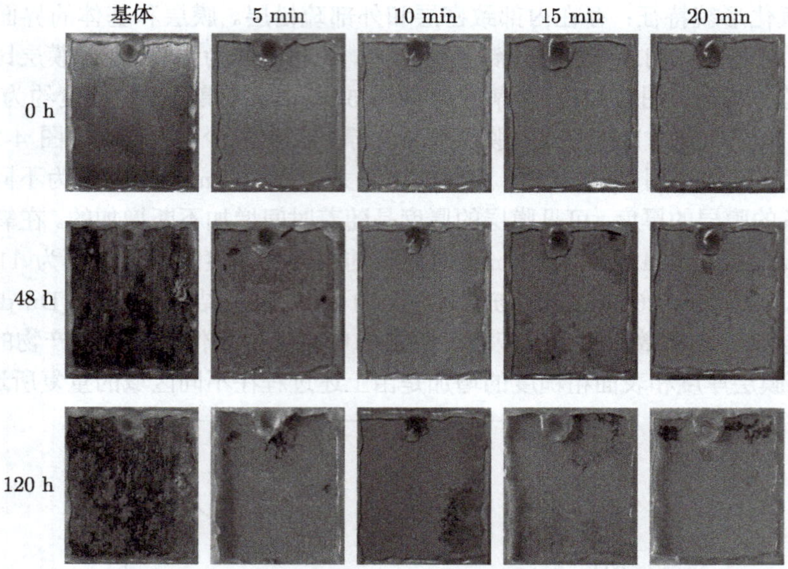

图 4-34　基体及微弧氧化膜层浸泡腐蚀不同时间后的表面宏观形貌

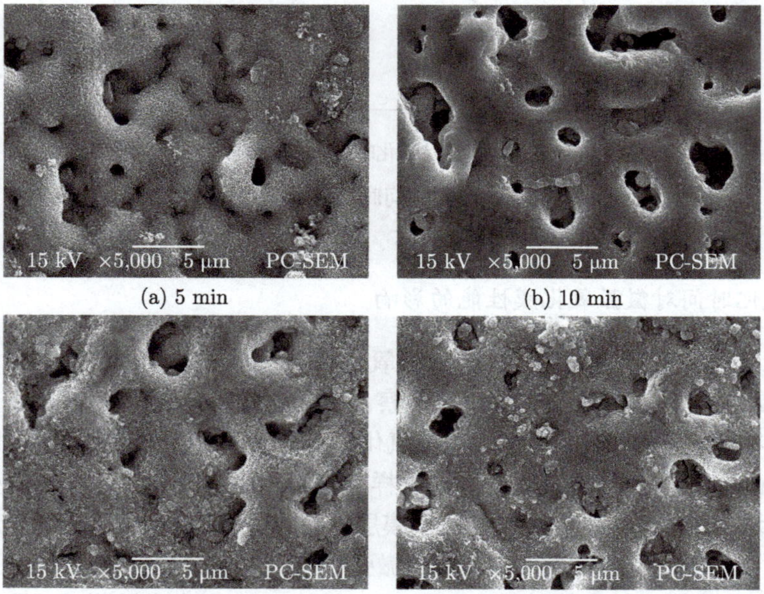

(a) 5 min　(b) 10 min　(c) 15 min　(d) 20 min

图 4-35　微弧氧化膜层浸泡腐蚀 120 h 后的表面微观形貌

图 4-36 为在 3.5%NaCl 溶液中的基体与不同氧化时间时所制备的微弧氧化膜层的动电位极化曲线。表 4-9 所列为对应动电位极化曲线的拟合数据。腐蚀电位

(E_{corr})、腐蚀电流密度 (I_{corr}) 和阳极/阴极斜率 (β_a 和 β_c) 是直接来自于动电位极化曲线。从中可以看出有无膜层的试样其耐蚀性是明显不同的。基体试样的腐蚀电流密度为 4.15×10^{-5} A/cm^2，腐蚀电位为 −1.57 V。与基体试样对比，微弧氧化膜层试样拥有更正的腐蚀电位和较低的腐蚀电流密度，这表明微弧氧化处理能够较大改善 AZ31 镁合金的耐腐蚀性能。

对于 10 min 条件下制备的膜层试样，其腐蚀电位增加，而腐蚀电流密度减少至 3.89×10^{-6} A/cm^2。而腐蚀电流密度随着氧化时间的增加而增加。腐蚀电流密度通常被用来表征试样的腐蚀行为，换言之，高的腐蚀电流密度对应较差的抗腐蚀性能。这些数据表明 10 min 条件下的膜层的耐蚀性是最好的，这也与盐水浸泡实验结果相吻合。这样的结果主要是 10 min 下膜层更加均匀和致密的结构造成的，它起到了阻碍 Cl^- 转移的作用。这结果也表明微弧氧化膜层增加的厚度不必能决定试样的耐蚀性，这与相关文献的研究相一致 [43]。通过浸泡测试和动电位极化曲线，可以确定膜层的微观结构和相组成对其腐蚀行为有重要影响。

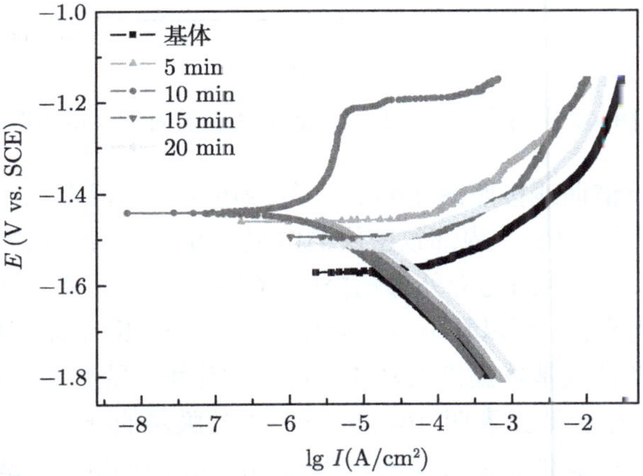

图 4-36 基体与不同氧化时间时膜层的动电位极化曲线

表 4-9 基体与不同氧化时间时膜层的极化曲线拟合结果

试样	β_a(mV)	β_c(mV)	E_{corr}(V)	I_{corr} (A/cm^2)	R_F(Ω·cm^2)
基体	84.35	282.88	−1.57	4.15×10^{-5}	6.79×10^5
5 min	68.88	175.63	−1.46	7.88×10^{-6}	2.72×10^6
10 min	1537.8	151.69	−1.44	3.89×10^{-6}	1.53×10^7
15 min	73.721	207.05	−1.49	1.01×10^{-5}	2.32×10^6
20 min	81.907	219.26	−1.51	2.37×10^{-5}	1.08×10^6

为了进一步分析微弧氧化膜层的腐蚀行为，在 3.5% NaCl 溶液中对试样进行电化学阻抗谱分析。图 4-37 为不同氧化时间时微弧氧化膜层在 NaCl 溶液中浸泡

0.5 h 后的 Nyquist 图。图中膜层试样的容抗弧都比基体试样的高。这与极化曲线测试结果一致。膜层试样的容抗弧的半径不同，显然膜层的腐蚀速率也不一样。通常，容抗弧的形状和半径表示出试样的抗腐蚀性能 [44]。10 min 条件下制备的膜层呈现出最大的容抗弧，这表明它更能保护 AZ31 镁合金使其避免腐蚀。而当氧化时间增加到 15 min 和 20 min 时，容抗弧的半径减少，这表明与 10 min 制备的膜层相比，试样的耐蚀性降低了。

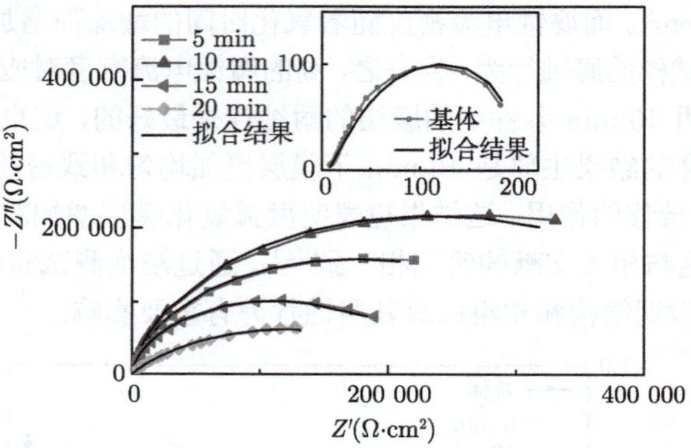

图 4-37　不同氧化时间时微弧氧化膜层的 Nyquist 图

将电化学阻抗谱曲线按照图 4-38 所示等效电路进行拟合。R_s 为溶液电阻，R_p 是外部疏松层的电阻，R_b 是内部致密层的电阻，CPE 是与自然氧化膜相关的常相位角元件，CPE_p、R_p 回路对应外部疏松层，CPE_b、R_b 回路对应内部致密层。表 4-10 为对应的拟合数据。可以看出微弧氧化膜层具有较低的电容和较高的电阻，这表明膜层能够给镁合金基体提供很好的腐蚀防护作用。显然 10 min 条件下制备的膜层耐蚀性最佳。拟合数据表明 10 min 条件下的膜层的外层具有最高的电阻 (大约为 38.11 $k\Omega\cdot cm^2$)。其他膜层外层的电阻比 10 min 的要低，这是由于大尺寸孔洞存在于前者外层的缘故。其他膜层的 R_b 值也比 10 min 的低，这表明微孔存在于内层和外层的界面。20 min 下制备的具有最大厚度的膜层的 R_b 值最小，这就是因为外层中大尺寸孔洞的存在。相应地，电化学测试的结果与盐水浸泡测试的观察结果是相吻合的。

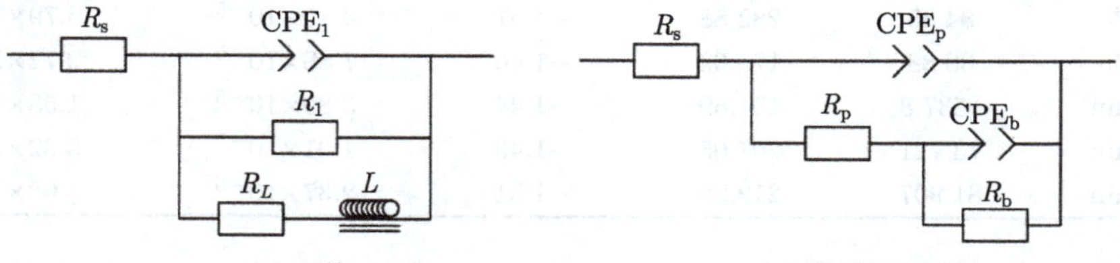

(a) 基体　　(b) 微弧氧化膜层

图 4-38　电化学阻抗谱的等效电路

表 4-10 等效电路拟合值

试样	$R_s(\Omega\cdot cm^2)$	$Q_1(F/cm^2)$	n_1	$R_1(k\Omega\cdot cm^2)$	$L(F/cm^2)$		$R_L(k\Omega\cdot cm^2)$
基体	11.26	4.48×10^{-5}	0.66	0.23	87.35		0.23
试样	$R_s(\Omega\cdot cm^2)$	$Q_p(F/cm^2)$	n_p	$R_p(k\Omega\cdot cm^2)$	$Q_b(F/cm^2)$	n_b	$R_b(k\Omega\cdot cm^2)$
5 min	27.68	2.91×10^{-7}	0.95	28.54	6.14×10^{-6}	0.78	236.5
10 min	20.37	4.37×10^{-7}	0.97	38.11	6.76×10^{-7}	0.83	370.6
15 min	33.58	5.46×10^{-7}	0.94	23.81	4.52×10^{-6}	0.79	170.9
20 min	36.05	2.51×10^{-6}	0.87	17.48	1.79×10^{-6}	0.81	84.5

4.3 ZK60 镁合金微弧氧化陶瓷膜的组织与性能

镁合金作为硬组织植入材料的研究与开发在国内刚起步不久，如何在解决镁合金腐蚀问题的同时提高镁合金表面的生物学性能成了镁合金成功应用于医用植入材料领域的关键。目前，针对镁合金耐蚀性差的缺陷，国内外的研究工作主要集中在材料合金化及表面改性两个方面。但是镁在合金化方面还存在诸多难点，而且在合金化过程中，合金元素的引入是否对植入体产生潜在的危害也是应该考虑的方面 [45]。另一方面，作为医用金属材料的镁合金的表面处理不但要提高其耐蚀性能，还要提高其生物学性能。经过表面改性技术在镁合金表面制备生物活性膜层，使得镁合金的耐蚀性能和生物相容性都得到了很大的提高。本节将主要介绍 ZK60 镁合金微弧氧化膜层的组织与性能 [46,47]，其化学成分见表 4-11。

表 4-11 ZK60 镁合金的化学成分 (单位：%)

Zn	Cu	Ni	Zr	Fe	Si	Mg
5.0002	0.0020	0.0009	0.6388	0.0010	0.0008	余量

4.3.1 电解液成分对 ZK60 镁合金微弧氧化陶瓷膜组织与性能的影响

本小节的试验条件为：微弧氧化采用恒流模式，电流密度为 10 A/dm^2，氧化时间为 10 min，占空比为 37.5%，电解液分别为表 4-12 中所示的三种不同成分的电解液，电解液温度控制在 30 ℃以下。在三种电解液中所制备的微弧氧化膜层分别编号为 S_1、S_2、S_3，未处理镁合金基体编号为 BM。

表 4-12 电解液的成分

微弧氧化膜层	基础电解液	添加剂组成
S_1	$Na_2SiO_3\cdot9H_2O$:17.5 g/L，NaF:10.0 g/L	—
S_2	$Na_2SiO_3\cdot9H_2O$:17.5 g/L，NaF:10.0 g/L	纳米 ZrO_2:5.0 g/L，纳米 Y_2O_3:1.0 g/L
S_3	$Na_2SiO_3\cdot9H_2O$:17.5 g/L，NaF:10.0 g/L	纳米 ZrO_2:5.0 g/L，纳米 CeO_2:1.5 g/L

1. 电解液成分对微弧氧化膜组织的影响

ZK60 镁合金在三种电解液中制备的微弧氧化膜层表面的微观形貌如图 4-39 所示。由图可知，膜层 (图 4-39(a)、(b)、(c)) 表层都呈现深灰色，表面凹凸不平且有微孔存在。微孔是由于微弧放电时所残留的气孔形成的，在微弧氧化时，有气体和熔融物从气孔跑到表面，熔融物在微孔周围快速冷却凝固，因此在微孔周围溶液形成火山口形式的凸起 [48]。

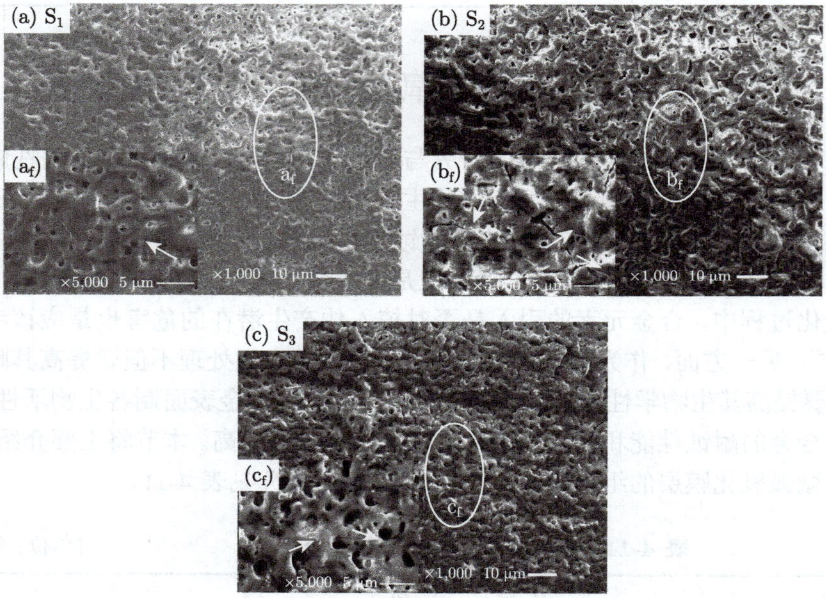

图 4-39　三种电解液中微弧氧化膜层的表面微观形貌

微孔的直径都在 1 μm 以下，在膜层表面均匀分散开来。膜层表面存在少量的微裂纹 (图 4-39(a_f)、(b_f)、(c_f) 中箭头所示)，微裂纹可能是由热应力造成的 [49-51]。整体而言，在 S_2 和 S_3 中所制备膜层的微观形貌和在 S_1 膜层类似。因此，单从膜层的表面微观形貌很难明显地看出电解液中加入纳米添加剂对膜层的微观形貌有什么影响。

图 4-40 为 ZK60 镁合金微弧氧化膜层的 XRD 图谱。由图 4-40(a)、(b) 和 (c) 可知，三种电解液下制备的 ZK60 镁合金微弧氧化膜层 XRD 图谱有一个共同点就是：除了基体 Mg 的物相外，主要物相是 Mg 的化合物 MgO 和 MgF_2 相，膜层中还存在少量的 Mg_2SiO_4 相。这些物相的存在说明电解液中的 SiO_3^{2-} 和 F^- 离子以及 O_2 与 Mg 发生了化学反应生成了膜层的组成物相。另一方面，由图 4-40(b)、(c) 可知，在 S_2 和 S_3 微弧氧化膜层中能分别发现少量的 $(ZrO_2+Y_2O_3)$ 和 (ZrO_2+CeO_2)

物相存在，这说明在微弧氧化过程中有纳米颗粒进入膜层中。

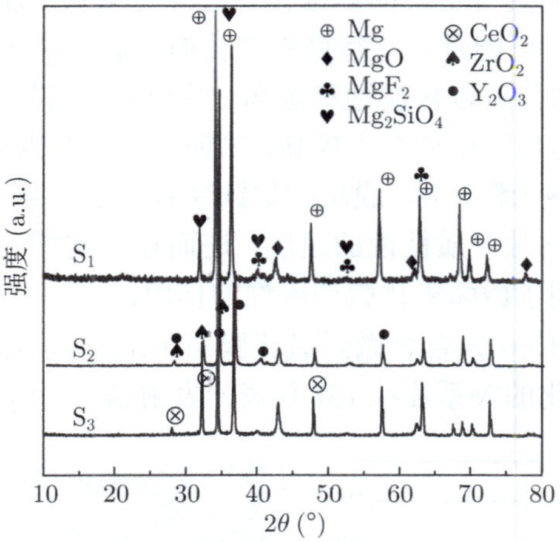

图 4-40 三种电解液中微弧氧化膜层的 XRD 图谱

2. 电解液成分对微弧氧化膜性能的影响

采用三电极体系，将未经微弧氧化处理的镁合金试样以及镁合金微弧氧化膜层试样放入 37 ℃的 SBF 溶液中进行动电位极化测试，通过对比各个试样极化曲线中的腐蚀电位和腐蚀电流，可以得出耐腐蚀性能最好的膜层。E_{corr} 为腐蚀电位，I_{corr} 为腐蚀电流密度，较高的 E_{corr} 和较低的 I_{corr} 可以证明膜层有较好的耐蚀性。

图 4-41 是未经处理与经微弧氧化处理后的 ZK60 镁合金试样在 37 ℃的 SBF 溶液体液中得到的动电位极化曲线。表 4-13 列出了四种试样的 E_{corr} 和 I_{corr}。由图可知，S_3 试样使得 ZK60 镁合金基体的腐蚀电位由 −1.627 V 提高到 −1.344 V，同时腐蚀电流密度也由 6.60×10^{-5} mA/cm^2 减小到 1.16×10^{-7}mA/cm^2。由图 4-41 和

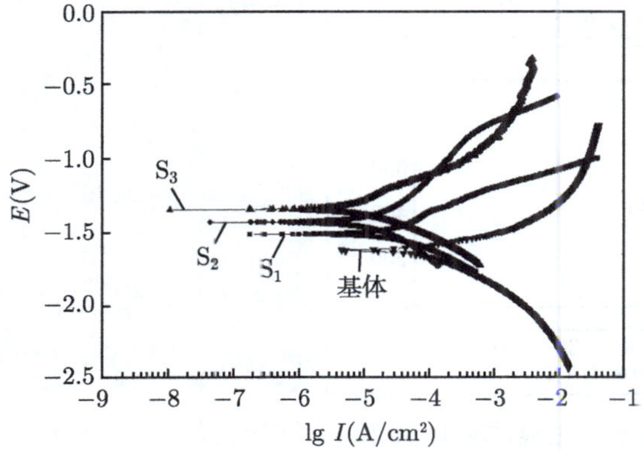

图 4-41 基体与微弧氧化膜层在 SBF 溶液中的极化曲线

表 4-13 可知，加入有纳米添加剂组合 (ZrO_2+CeO_2) 的电解液中制备的 S_3 微弧氧化膜层比没有添加剂的具有更好的耐蚀性，这说明纳米添加剂起到了改性膜层的作用。最主要的原因有可能是在进行微弧氧化时，这些纳米级颗粒填充在膜层内部，使得膜层更加致密而难以被腐蚀和破坏。综合上述可知，ZK60 镁合金表面经过微弧氧化处理后，其腐蚀电位有所提高，腐蚀电流密度也相应地降低，特别是当电解液中添加了稀土纳米粉末后，膜层的耐蚀性有了进一步的提高，表明微弧氧化膜层减缓了镁合金受腐蚀介质侵蚀的速度，进而在一定的时间内降低了基体腐蚀速度，而纳米稀土起到了微弧氧化膜层改性的作用。

图 4-42 为不同 ZK60 镁合金微弧氧化膜层 (S_1、S_2、S_3) 在划痕试验中 SI 和 F_f 随加载力 (F_N) 变化的关系曲线 (SI 代表声发射信号，F_f 代表摩擦力)。试验过

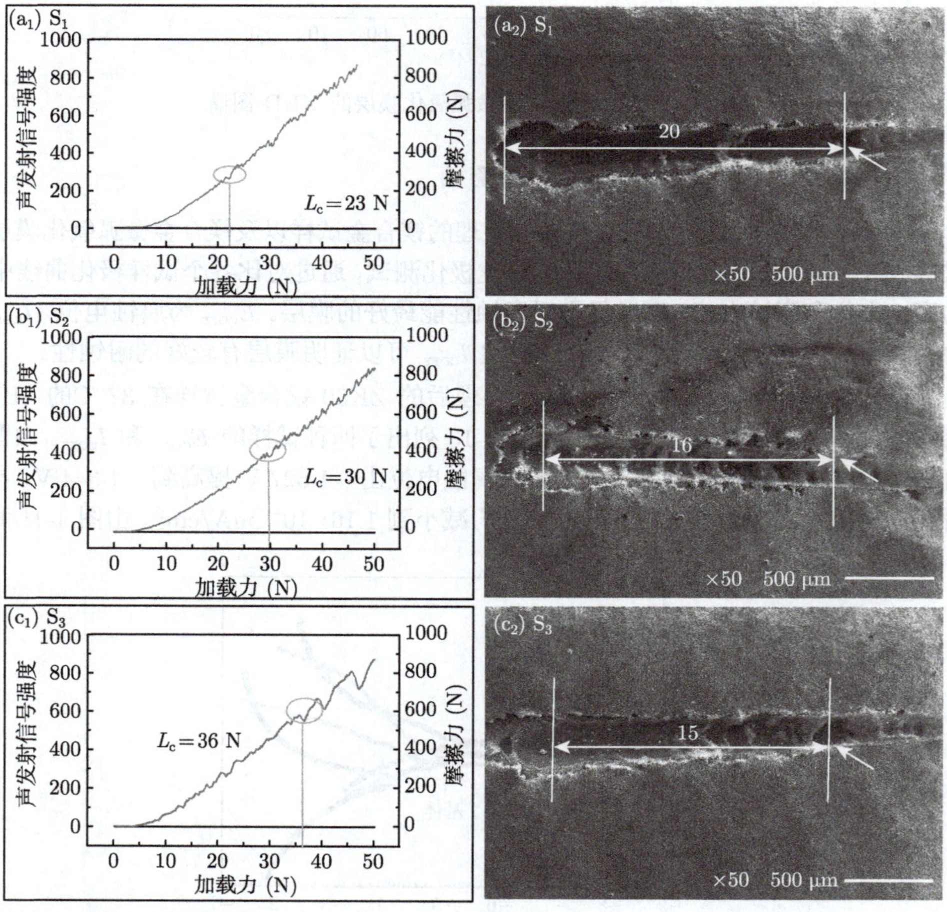

图 4-42　微弧氧化膜层在划痕试验中 SI 和 F_f 随加载力 (F_N) 变化曲线及划痕的微观形貌

程中加载力是均匀增加的，在 4 mm 的划痕过程中加载 50 N 的力，单位长度加载力为 12.5 N/mm。

表 4-13 基体与微弧氧化膜层在 SBF 溶液中的 E_{corr} 和 I_{corr}

试样	电解液	腐蚀电位 E_{corr}(V)	腐蚀电流密度 I_{corr}(mA/cm^2)
基体	—	−1.627	6.60×10^{-4}
S_1	S_1	−1.518	3.92×10^{-5}
S_2	S_2	−1.435	2.86×10^{-5}
S_3	S_3	−1.344	1.16×10^{-5}

图 4-42(a_1)、(a_2) 为 S_1 微弧氧化膜层在划痕试验中 SI 和 F_f 随加载力 (F_N) 变化的关系曲线。在加载力达到 23 N 左右时，摩擦力曲线斜率出现了突变 (如图 4-42(a_1) 中线圈所示)，该膜层的临界载荷 L_c = 23 N。图 4-42(b_1)、(b_2) 以及 (c_1)、(c_2) 为 S_2 和 S_3 微弧氧化膜层在划痕试验中 SI 和 F_f 随加载力 (F_N) 变化的关系曲线。由图可知，与 S_1 膜层相比，摩擦力曲线斜率突变的位置延后，加载力达到 30 N 和 36 N 左右时摩擦力曲线斜率出现了突变 (图 4-42(b_1) 和 (c_1) 中线圈所示)，可以通过划痕中黑色区域的长度来验证这一结果 (图 4-42(b_2) 和 (c_2) 中箭头所示)。因此可以基本确定含纳米添加剂的微弧氧化膜层的 L_c = 30 N 和 L_c = 36 N。由以上分析可知，纳米添加剂组合 (ZrO_2+Y_2O_3) 和 (ZrO_2+CeO_2) 能够提高微弧氧化膜层的结合力。

4.3.2 氧化时间对 ZK60 镁合金微弧氧化陶瓷膜组织与性能的影响

本小节的试验条件为：微弧氧化采用恒流模式，电流密度为 10 A/dm^2，占空比为 37.5%，电解液为 $Na_2SiO_3\cdot9H_2O$:17.5 g/L、NaF:10.0 g/L，电解液温度保持在 30 ℃左右，氧化时间分别为 10 min、15 min、20 min、25 min，对应的微弧氧化膜层编号为 M_1、M_2、M_3 和 M_4。

1. 氧化时间对微弧氧化膜组织的影响

图 4-43 为四个氧化时间时的微弧氧化膜层的微观形貌。由图可知，不同处理时间时的微弧氧化膜层有两个相似点：一是膜层表面的微孔较小，二是膜层呈现深灰色。图 4-43(a) 为氧化时间 10 min 的微弧氧化膜层，该膜层与其他膜层的区别在于表面没有明显的微裂纹。当氧化时间为 15 min(图 4-43(b))、20 min(图 4-43(c)) 和 25 min(图 4-43(d)) 时，膜层的表面都存在一些可见的裂纹 (图 4-43(b_f)、(c_f)、(d_f) 中箭头所示)。随着氧化时间的增加，裂纹的宽度也在增加，表面由熔融物形成的凸起更加明显，膜层表面变得更加凹凸不平。因此，单纯从膜层表面的微观特征看，微弧氧化时间为 10 min 时，膜层的微观形貌似乎比其他处理时间时的膜层更好，但膜层质量的好坏还须由膜层的耐蚀性来评判。

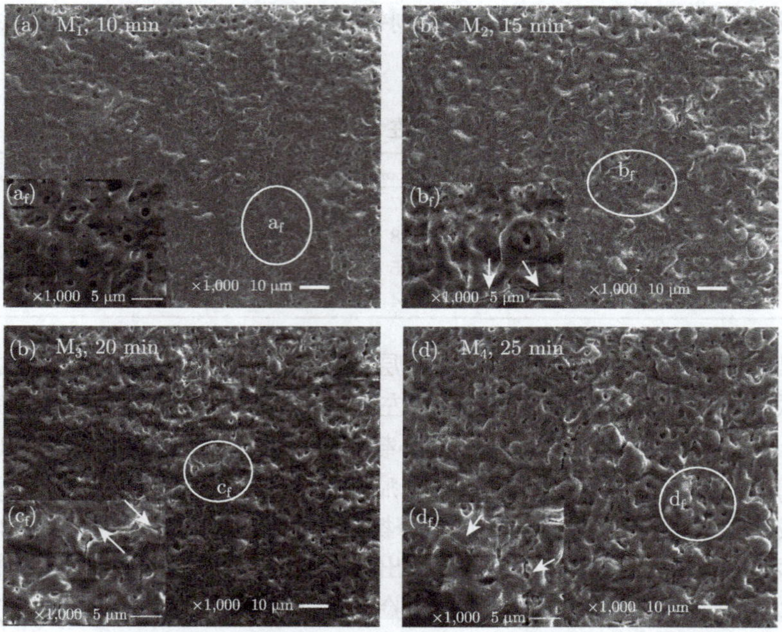

图 4-43　不同氧化时间时微弧氧化膜层的微观形貌

2. 氧化时间对微弧氧化膜性能的影响

单从膜层的微观形貌并不能最终判断哪种膜层的耐蚀性能好，还需要借助电化学试验的手段做进一步定性的判断。分别在 M_1、M_2、M_3 和 M_4 膜层上取样放在 37 ℃的 SBF 溶液中进行动电位极化扫描，得到相应的动电位极化曲线，利用软件 CView 对极化曲线进行拟合得到相应的腐蚀电位和腐蚀电流密度，从而可知处理时间对膜层防腐性能的影响。

图 4-44 是 M_1、M_2、M_3 和 M_4 膜层的极化曲线，表 4-14 详细列出了不同氧化

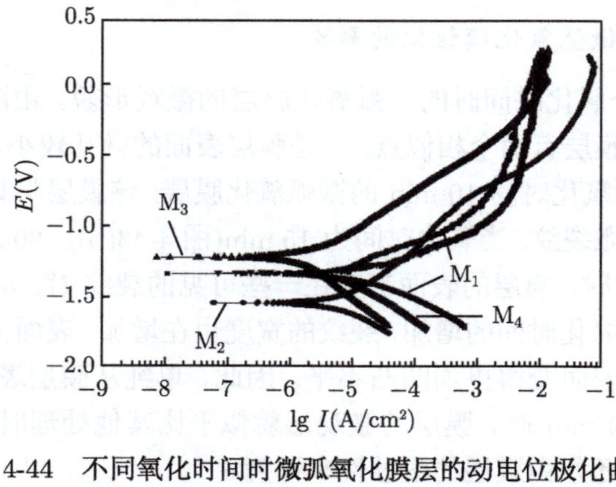

图 4-44　不同氧化时间时微弧氧化膜层的动电位极化曲线

时间时膜层的腐蚀电位 (E_{corr}) 和腐蚀电流密度 (I_{corr})。由图可知，在氧化时间为 20 min(M_3) 时，微弧氧化膜层的腐蚀电位是最大的，相比其他处理时间时的膜层都有不同程度的提高。由表 4-14 可知，在微弧氧化时间为 20 min 时，M_3 膜层在 SBF 溶液中的腐蚀电位为 −1.225 V，腐蚀电流密度是 4.18×10^{-6} mA/cm^2，因此从动电位极化曲线的结果可知，当氧化时间为 20 min 时，膜层的防腐性能最佳。

表 4-14　M_1、M_2、M_3 和 M_4 膜层的 E_{corr} 和 I_{corr}

氧化时间 (min)	膜层编号	腐蚀电位 E_{corr}(V)	腐蚀电流密度 I_{corr}(mA/cm^2)
10	M_1	−1.344	1.16×10^{-5}
15	M_2	−1.555	9.54×10^{-6}
20	M_3	−1.225	4.18×10^{-6}
25	M_4	−1.333	7.99×10^{-6}

4.4 KBM10 镁合金微弧氧化陶瓷膜的组织与性能

本节将主要介绍 KBM10 镁合金微弧氧化陶瓷膜的组织与性能 [52,53]，其化学成分见表 4-15。

表 4-15　KBM10 镁合金的化学成分　(单位：%)

Al	Zn	Mn	Li	Zr	Sb	Mo	Mg
4~7	0.5~2.5	1~3	0.2~0.8	2~1.0	<1	<1	余量

4.4.1 电压对 KBM10 镁合金微弧氧化陶瓷膜组织与性能的影响

本小节的试验条件为：微弧氧化采用恒压模式，分别在 290 V、320 V、350 V 和 380 V 电压下对 KBM10 镁合金基体进行微弧氧化处理 15 min，所制备的微弧氧化膜层分别编号为 (a)、(b)、(c) 和 (d)。电解液由 12 g/L 的 $Na_2SiO_3\cdot9H_2O$、6 g/L 的 KOH、4 g/L 的 $NaWO_4\cdot2H_2O$ 和 4 g/L 的 $C_6H_8O_7$ 组成，电解液温度控制在 30 ℃以下。

1. 电压对微弧氧化膜组织的影响

图 4-45 为不同电压时所制备的微弧氧化膜层的表面 3D 形貌及其粗糙度。图中的颜色差距可以反映膜层的粗糙程度，从图中可以看出，电压变化对膜层的表面粗糙度有着重要的影响，且氧化电压越高，对应的膜层粗糙度 (R_a) 越大。

图 4-46 为不同电压时制备的微弧氧化膜层的表面微观形貌 SEM 照片。由图可见，每个微弧氧化膜层表面都分布着众多微孔，但是它们的形貌相差却很大，这说明不同电压下制备的微弧氧化膜层的表面形貌是截然不同的。从这些形貌特

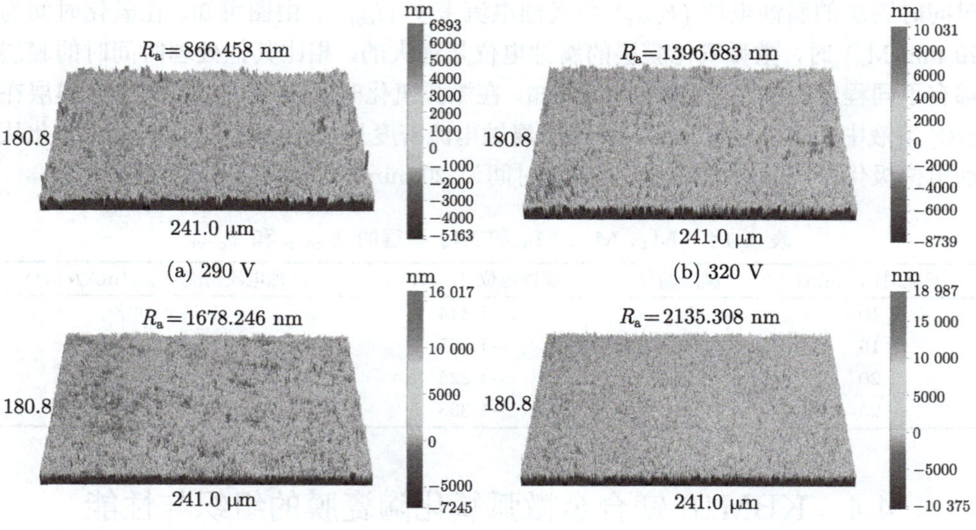

(a) 290 V　(b) 320 V　(c) 350 V　(d) 380 V

图 4-45　不同电压时微弧氧化膜层的 3D 形貌及其粗糙度

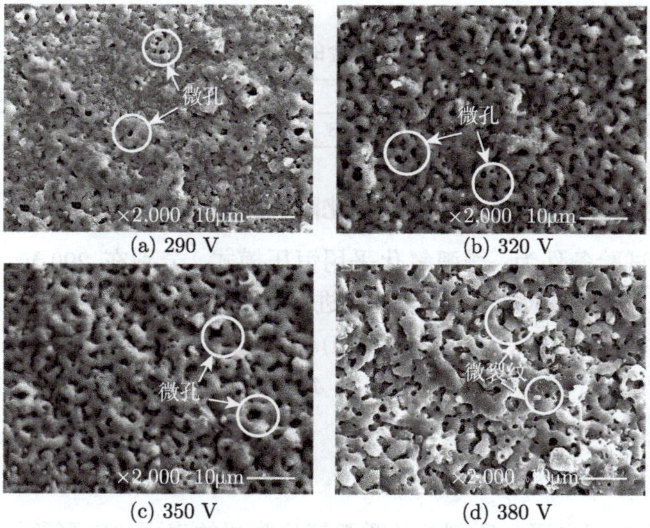

(a) 290 V　(b) 320 V　(c) 350 V　(d) 380 V

图 4-46　不同电压时微弧氧化膜层的微观形貌

征图上可以看出，电压对微弧氧化膜层制备有很大的影响。图 4-46(a) 中膜层表面微孔细小而不均匀。图 4-46(b)、(c) 中膜层表面微孔呈火山口形貌，这是由于微弧氧化过程中存在气体以及高温熔融氧化镁溢出表面后形成通道产生微孔，在孔洞周围迅速凝固，因此在微孔周围形成火山口形式的凸起。相比于图 4-46(b)，图 4-46(c) 孔径更为均匀。图 4-46(d) 表面有微裂纹，这是由于熔融氧化物在相对低温的电解液作用下迅速冷却 (热应力) 而产生的。当电压较低时，图中的微孔直径较小，孔径约为 1~2.5 μm，当电压升高时，膜层孔径增大，孔径约 1~4 μm。电压增加到一定程度时，成膜剧烈。膜层出现剥落，变得粗糙。Jiang 等 [54] 研究表明在电解液中，高压下会产生强烈的火花电弧，导致膜层开裂等一些负面影响。

图 4-47 是在不同电压下制备的微弧氧化膜层的截面微观形貌。图中可以看出膜层与基体的分界，膜层和基体界面均呈波浪起伏结构。膜层大致分为两层，即内部致密层和外部疏松层。当电压较低时，膜层较薄，此时的膜层只有 4~5 μm；当电压不断增大，膜层变厚，最厚可达 12~13 μm (图 4-47(c))；电压到达 380 V 时，膜层变薄并且侧面产生裂纹，这可能是由于高压下会产生强烈的火花电弧，导致膜层剥落以及开裂。膜厚的这种不断变厚趋势是由于电压的增大使得膜层不断被击穿，并且电压增大的同时，电流下降得越来越缓慢，以至于微弧阶段时间变长，膜层熔融凝固循环次数增加，膜层变厚。由此可见，当微弧氧化处理电压为 350 V 时，微弧氧化过程较好，膜层最厚。

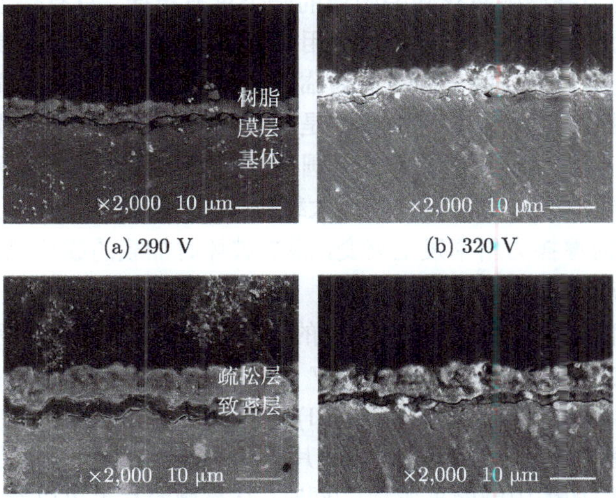

(a) 290 V　(b) 320 V

(c) 350 V　(d) 380 V

图 4-47 不同电压时微弧氧化膜层的截面微观形貌

图 4-48 为 KBM10 镁合金基体与不同电压下制备的微弧氧化膜层的 XRD 图谱。由图可知，在相同电解液条件下制备的微弧氧化膜层的 XRD 图谱有个共同点，即除了基体 Mg 主要物相外，其余均是镁的化合物，包括 MgO、Mg_2SiO_4 和 $MgWO_4$ 物相。这些物相的存在说明了电解液中的 SiO_3^{2-} 和 WO_4^{2-} 离子与基体表面的 Mg 发生了化学反应。此外，$C_6H_7O_8$ 的有关化合物在 XRD 图谱中没有检测出来。Mg_2SiO_4 和 $MgWO_4$ 的化学性质稳定，可以提高膜层的耐蚀性。Mg 物相的存在是由于微弧氧化的膜层过薄且多孔，部分 X 射线穿透膜层导致。

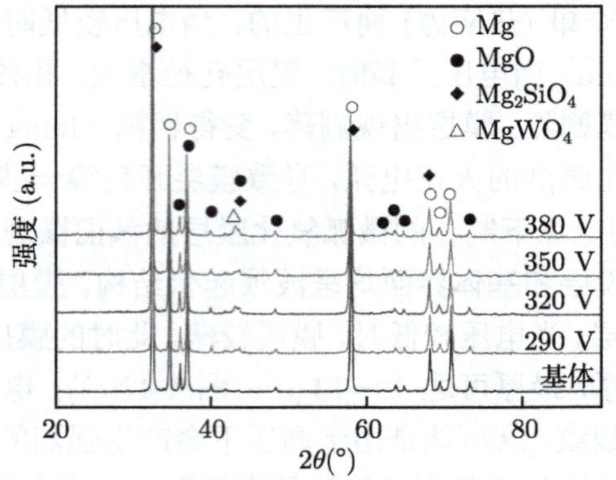

图 4-48 基体与不同电压时微弧氧化膜层的 XRD 图谱

2. 电压对微弧氧化膜性能的影响

膜层的结合力是微弧氧化陶瓷膜层的一个重要指标，只有保证基体与膜层间有一定的结合力，才能保证镁合金在使用环境下不会因为膜层轻易剥落导致其加速腐蚀。定义膜层与基体脱离的载荷为临界载荷 (L_c)，膜层的显微组织和硬度等因素决定了临界载荷的大小。划痕试验是目前检验硬质膜层最常用也是最好用的一种检验方法，划痕试验是用具有光滑圆锥顶尖 (120°) 的标准金刚石，在逐渐增加载荷下刻划样品表面，直至设定的最大载荷。在膜层划破瞬间，仪器收集膜层破损的声信号，同时摩擦力斜率发生突变，膜层破坏时加载的载荷就是临界载荷，并以此作为膜层与基体的结合度量 [55]。

图 4-49 是不同电压下微弧氧化膜层的声信号和摩擦力曲线以及对应样品的划痕照片。图 4-49(a) 左和右分别为 290 V 电压下制备出的微弧氧化膜层在划痕试验中声发射信号强度 (signal intensity，SI) 和摩擦力 (friction force，F_f) 随加载力 (F_N) 变化的关系曲线图和相应的显微照片。膜层破裂时发出明显的声信号，摩擦力曲线出现突变 (如图中圆圈里所示)。同时，从显微照片上可以看出，膜层划穿距离较长，即膜层与基体在较小的加载力处发生剥落。膜层发生剥落时的加载载荷即为临界载荷 (L_c)，因此可以确定在圆圈中膜层发生剥落，取划穿时的最大声信号处读取，对应的加载力/临界载荷 L_c 为 14.35 N。在膜层剥落后还能继续收集到声信号的原因可能是因为膜层比较紧凑或者脆性大，图 4-49(b)、(c)、(d) 分别是 320 V、350 V、380 V 电压下制备出的微弧氧化膜层在划痕试验中的 SI 和 F_f 随 F_N 变化的关系曲线和相应的显微照片。由图可知 350 V 电压下的微弧氧化膜层破裂位置发生明显的延后。结合声发射信号和显微照片的情况可知，加载力达到 19.5 N 时声信号曲线出现较大波动 (图 4-49(c) 左中圆圈标出)。划痕沟槽底部出现金属色区域，这个区域是由于膜层被划穿后金刚石锥尖继续在镁合金基体上滑动产生的

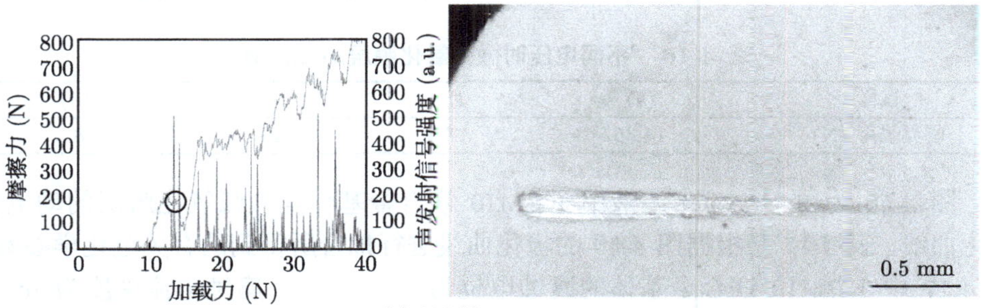

(a) 290 V

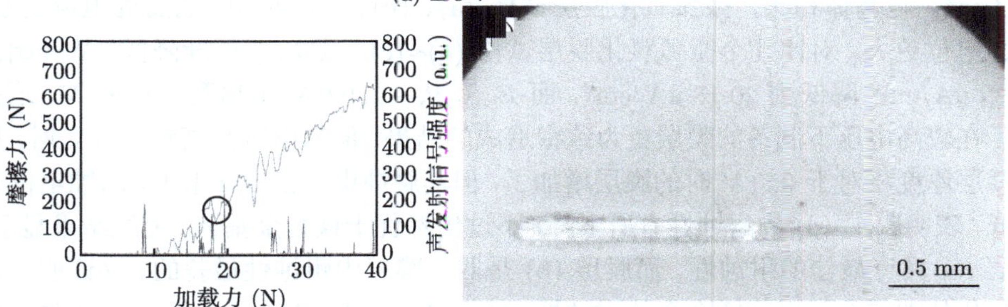

(b) 320 V

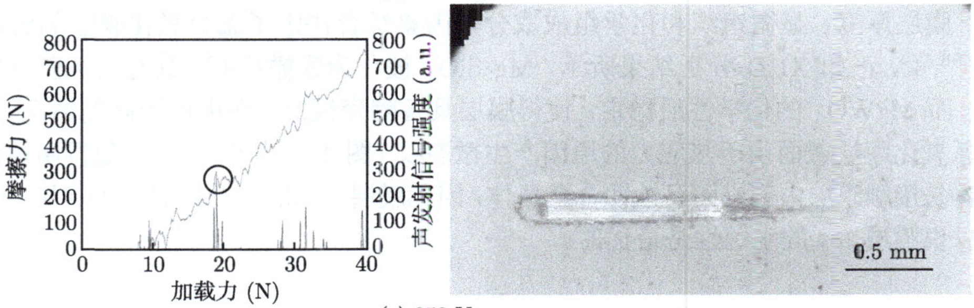

(c) 350 V

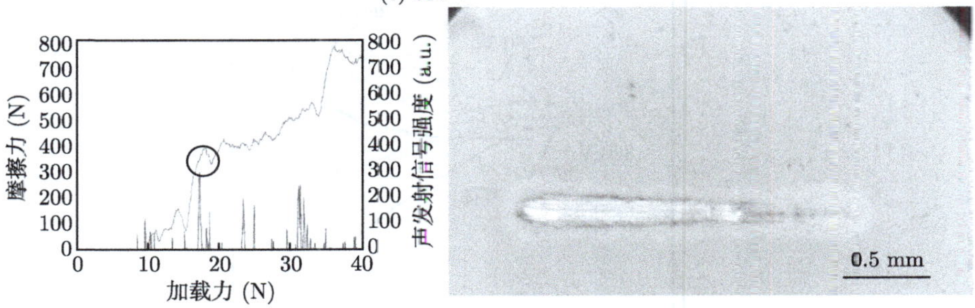

(d) 380 V

图 4-49 微弧氧化膜层的声信号强度 (SI) 和摩擦力 (F_f) 曲线以及对应的划痕形貌

沟槽，基体的暴露表示镁合金划穿，膜层脱落。表 4-16 是不同电压下制备的微弧氧化膜层的 L_c 值，结合图表可知，电压的增大可提高膜层的结合力，并且确定 350

V 电压下的微弧氧化膜层的 $L_c = 19.5$ N，此时可以获得较好结合力的膜层。

表 4-16　不同电压时微弧氧化膜层的 L_c 值

试样	(a)	(b)	(c)	(d)
临界载荷 (N)	14.35	17.3	19.5	18.5

图 4-50 为 3.5%NaCl 溶液中 KBM10 镁合金基体与微弧氧化膜层的动电位极化曲线，表 4-17 是根据图 4-50 的极化曲线进行拟合所得到的有关电化学参数。表 4-17 中 KBM10 镁合金基体的腐蚀电位为 −1.493 V，腐蚀电流密度为 68.96 μA/cm^2。与基体相比，微弧氧化膜层试样 (a)、(b)、(c) 和 (d) 的腐蚀电流更小，腐蚀电位更大。对比几个微弧氧化膜层试样 (a)~(c)，其 I_{corr} 逐渐降低，从开始的 52.32 μA/cm^2 降低到 20.18 μA/cm^2，而 E_{corr} 从 −1.466 V 正移到 −1.382 V，这是由于在较高电压下制备的膜层更为致密造成的结果。但当电压升高到 380 V 时，虽然膜层厚度相对于 350 V 时的膜层增加了，但其腐蚀电流密度却增大，腐蚀电位亦降低，表明膜层 (d) 的耐蚀性有所下降，不过仍然优于镁合金基体。上述结果显示，膜层 (c) 具有最佳的耐蚀性，而膜层 (b) 是四个膜层中耐蚀性最差的。这证明了微弧氧化处理能有效提高镁合金的耐蚀性，减小腐蚀速率，对合金起到有效的防护作用。膜层厚度、显微组织和化学组成成分等因素综合决定了微弧氧化膜层的耐蚀性 [56,57]。正如 XRD 分析结果所示，Mg_2SiO_4 被称为镁橄榄石，具有耐蚀防火特性，而 $MgWO_4$ 的化学性质稳定，使得膜层具备陶瓷性能。在电压较高的情况下，微弧氧化膜层表面由于热应力的原因产生微裂纹 (图 4-46 与图 4-47)，使得腐蚀液更容易接触膜层内部进而腐蚀镁合金基体，因此膜层 (d) 的耐蚀性要差于膜层 (c)，所以说膜层 (c) 的耐蚀性是最优的。

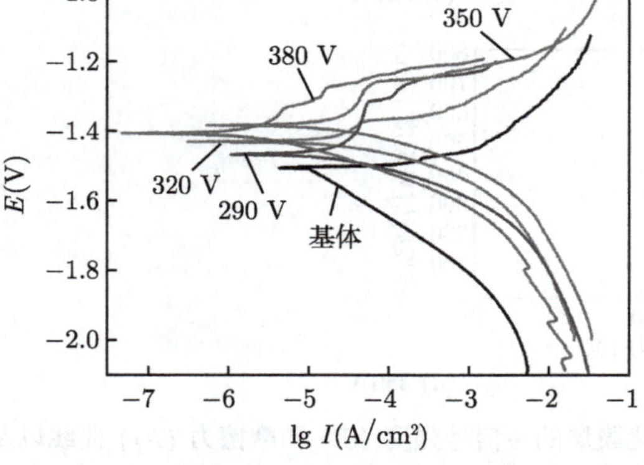

图 4-50　基体与微弧氧化膜层的动电位极化曲线

表 4-17 基体与微弧氧化膜层的极化曲线拟合参数

试样	E_{corr}(V vs. SCE)	I_{corr}($\mu A/cm^2$)	β_a(mV)	β_c(mV)	R_p($\Omega \cdot cm^2$)
基体	−1.493	63.96	93154	105.46	6.63×10^5
(a)	−1.466	52.32	1857.9	102.19	8.04×10^5
(b)	−1.452	34.74	75.08	96.06	5.27×10^5
(c)	−1.382	20.18	81.22	81.78	8.77×10^5
(d)	−1.405	24.44	141.11	74.53	8.67×10^5

为了进一步评价微弧氧化膜层的耐蚀性，在 3.5% NaCl 溶液中对样品进行了电化学阻抗谱测试。采用电化学阻抗谱研究膜层的防腐性能有两个目的：通过阻抗谱拟合得到等效电路，进而得到腐蚀降解过程；通过阻抗谱分析得到等效电路图中相应参数的数值，以此评估电化学腐蚀的性能。通过对膜层施加一正弦交流扰动信号，收集膜层的响应信号测量其阻抗谱，然后用阻抗谱数据进行等效电路图模型拟合，从而获得膜层内部的电化学信息。

图 4-51 为基体与微弧氧化膜层试样在 3.5%NaCl 溶液中的 Nyquist 图

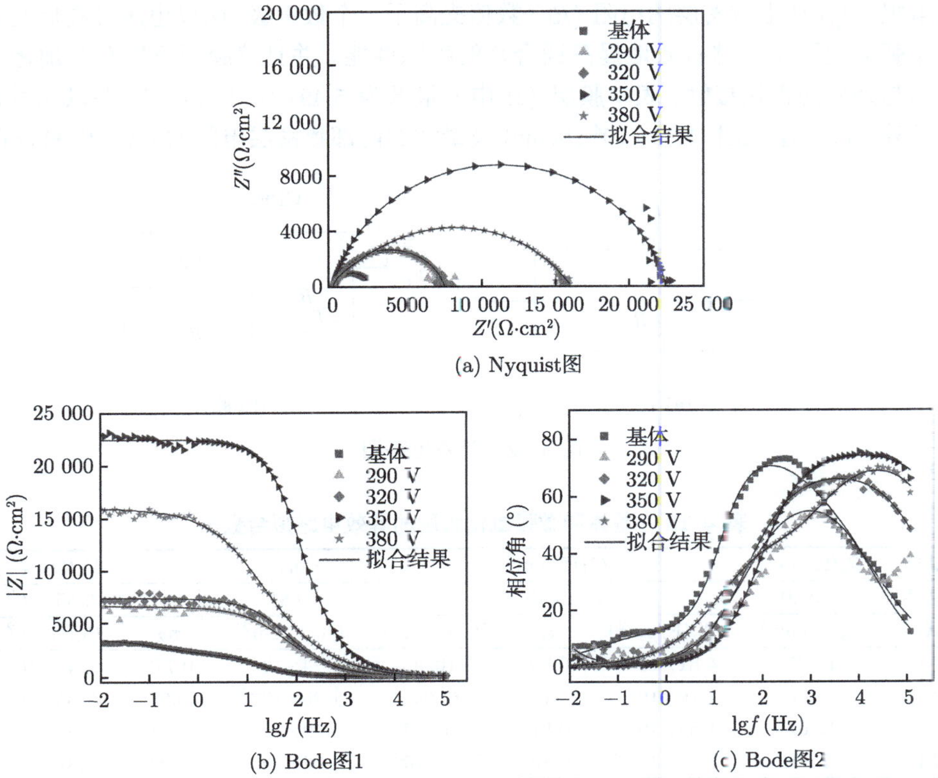

(a) Nyquist图

(b) Bode图1

(c) Bode图2

图 4-51 基体与微弧氧化膜层的电化学阻抗谱和拟合结果

(图 4-51(a)) 及 Bode 图 (图 4-51(b)、(c))。在图 4-51(a) 中，中高频容抗弧的出现是发生了电荷转移过程，而低频范围感抗弧与 Mg 的溶解有关，并表明镁合金基体的溶解腐蚀。当电容回路的半径较大时，耐腐蚀性较高。因此可以根据电容回路的半径大小判断出 (c) 膜层在试验过程中拥有较好的耐蚀性能。从图 4-51(b) 得知，低频条件下 KBM10 镁合金基体的模值约为 $3\times10^3\ \Omega\cdot cm^2$，而 (c) 膜层的模值相对于基体提高了一个数量级，约为 $2.2\times10^4\ \Omega\cdot cm^2$，这表明微弧氧化改善了 KBM10 镁合金的耐蚀性能。这与动电位极化曲线的测试结果相吻合。

根据电化学交流阻抗测试结果，建立 KBM10 镁合金基体和不同电压时制备的微弧氧化膜层的等效电路图，如图 4-52 所示。基于建立的等效电路图，拟合电化学阻抗谱，相应的等效电路图参数见表 4-18。用恒相元件 Q 代替电容器 CPE 来补偿非均匀性以获得最大程度的拟合。n 是 Q 的指数，当 $n = 1$ 时，CPE 为理想电容器。表中 R_s 代表测试的 NaCl 溶液电阻，R_p 代表膜层外部疏松层电阻，且 R_p 和相位角元件 Q_p 是平行的，R_b 表示膜层内部致密层的电阻，R_b 和相位角元件 Q_b 是平行的 [58]。从表 4-18 中可以看出，KBM10 镁合金基体具有最高的电容 CPE_1 和最小的电阻 R_1。相比于基体，微弧氧化膜层的电容较小，电阻较高，疏松层电阻 (R_p) 加上致密层的电阻 (R_b) 数值提高了一个数量级，所以电压升高后制备的微弧氧化膜层能够有效地提高镁合金的耐蚀性能。并且该膜层可以有效地避免金属与外界的直接接触。表中膜层 (c) 电容最低为 $5.49\times10^{-6}\ \Omega\cdot cm^2$，并以相对较大的外部疏松层电阻 ($1.84\times10^4\ \Omega\cdot cm^2$) 及最大的内部致密层电阻 ($5.63\times10^4\ \Omega\cdot cm^2$)

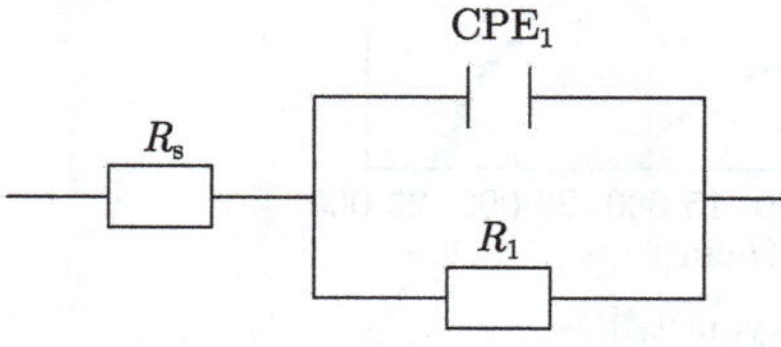

(a) 基体

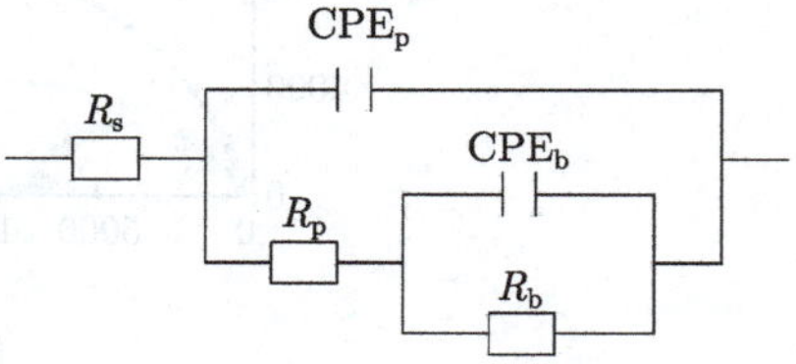

(b) 膜层

图 4-52　等效电路图

表 4-18　基体和微弧氧化膜层的等效电路拟合数据

试样	$R_s(\Omega\cdot cm^2)$		$Q_1(F/cm^2)$		n_1		$R_1(\Omega\cdot cm^2)$
基体	582.40		1.71×10^{-5}		0.81		2.55×10^3
试样	$R_s(\Omega\cdot cm^2)$	$Q_p(F/cm^2)$	n_1	$R_p(\Omega\cdot cm^2)$	$Q_b(F/cm^2)$	n_2	$R_b(\Omega\cdot cm^2)$
(a)	14.75	4.81×10^{-8}	0.90	110.40	1.74×10^{-6}	0.777	6.47×10^3
(b)	8.26	1.76×10^{-6}	0.76	83.94	1.25×10^{-8}	0.96	7.35×10^3
(c)	11.62	1.55×10^{-7}	0.87	1.84×10^4	5.49×10^{-6}	0.81	5.63×10^4
(d)	7.90	3.38×10^{-8}	0.83	2.28×10^3	4.02×10^{-6}	0.860	1.37×10^4

表现出最佳的耐蚀性能，所以 350 V 的微弧氧化电压是最为合适的电压工艺参数。当电压过高时，反而会因为裂纹导致膜层破坏使得内部电阻降低，降低膜层耐蚀性。

4.4.2　$Nd(NO_3)_3$ 前处理对 KBM10 镁合金微弧氧化陶瓷膜组织与性能的影响

稀土元素广泛应用于电子、石油化工、冶金、机械、能源、环保等领域，应用稀土可生产荧光材料、电池材料、电光源材料、永磁材料、催化材料、精密陶瓷材料、超导材料、磁致伸缩材料、磁致冷材料、磁光存储材料、光导纤维材料等 [59]。钕元素在稀土领域中占独特地位，金属钕的最大用户是钕铁硼永磁材料。钕还应用于有色金属材料。在镁或铝合金中添加 1.5%~2.5% 钕，可提高合金的高温性能、气密性和耐腐蚀性，广泛用作航空航天材料。在金属电化学中，相比于钛、铝及其合金，镁及其合金的腐蚀电位较低，化学性质较活泼，在潮湿的空气、海洋、生物环境中极易遭到严重的化学腐蚀，因此，镁及其合金表现出来的耐蚀性差的缺点一直阻碍了其相应产品的发展。镁的降解速率过快将影响其在环境中保持一定的完整性，长期腐蚀防护能力是评价微弧氧化膜层的重要指标 [58]。长时间浸泡试验是一个比较直观的评价膜层降解过程以及抗腐蚀性效果的方法。

本小节将介绍 $Nd(NO_3)_3$ 前处理对 KBM10 镁合金微弧氧化膜组织与性能的影响。将待微弧氧化处理的镁合金基体样品在 $Nd(NO_3)_3$ 溶液 (0.02 mol/L、0.04 mol/L、0.06 mol/L、0.08 mol/L、0.10 mol/L) 中浸泡 20 min，使得镁合金表面生成一层薄薄的带 Nd 氧化层，然后再对其进行微弧氧化处理。具体工艺如下：微弧氧化采用恒压模式，氧化电压为 350 V，占空比 4%，频率 400 Hz，氧化时间 15 min，电解液为硅酸钠体系 [Na_2SiO_3 (10 g/L)、KOH (5 g/L)、Al_2O_3 (2 g/L)、NaF (0.5 g/L)]，电解液温度控制在 30 ℃以下。微弧氧化膜层编号为 (350-x)，其中 350 代表微弧氧化电压值，x 代表 $Nd(NO_3)_3$ 溶液浓度的 100 倍，其值分别为 0、2、4、6、8、10。

1. $Nd(NO_3)_3$ 前处理对微弧氧化膜组织的影响

图 4-53 为不同浓度 $Nd(NO_3)_3$ 溶液浸泡前处理镁合金后微弧氧化膜层的表面微观形貌。经过微弧氧化处理后膜层表面呈多孔状，分布均匀。这些微孔是由于放电通道的存在，气体及熔融物从放电通道喷出而造成的，孔径为 1~3 μm，相对于图 4-46 更为均匀。由于电解液中新增化合物 NaF，而 F^- 可以改善膜层的均匀性，对陶瓷膜层进行整平，使得膜层表面孔洞均匀。随着前处理 $Nd(NO_3)_3$ 溶液浓度的提高，膜层表面孔洞逐渐减小，微弧氧化不断进行，个别孔洞逐渐被封闭以及存在一些孔洞重叠，但是此变化不太明显，这可能是因为 $Nd(NO_3)_3$ 溶液的浓度对镁合金表面氧化的程度有限导致的。

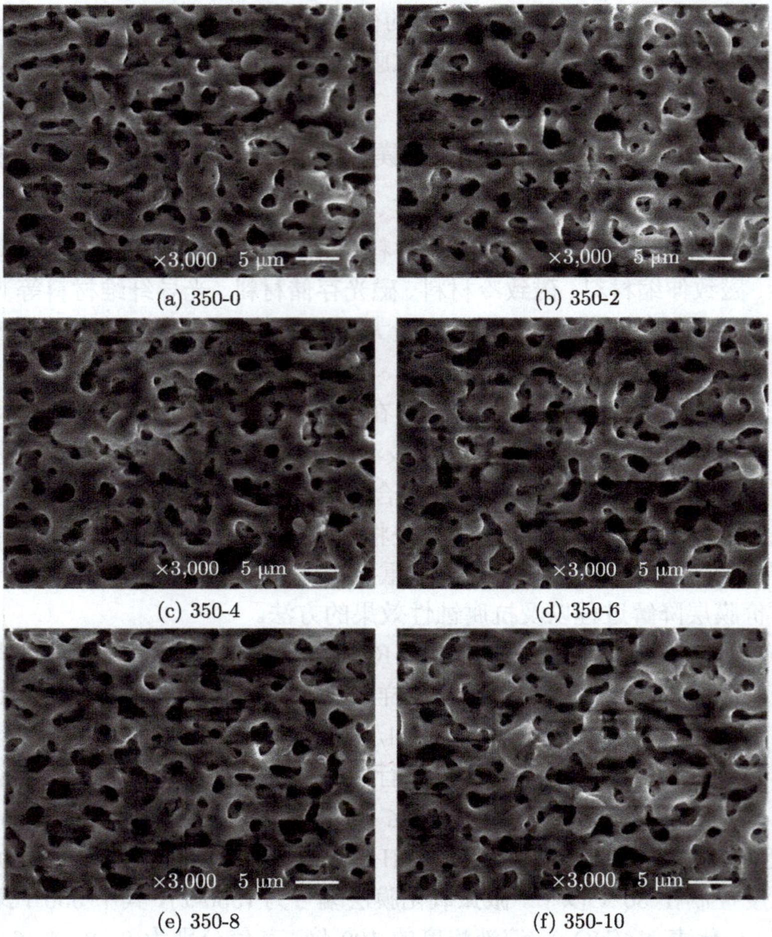

(a) 350-0　(b) 350-2　(c) 350-4　(d) 350-6　(e) 350-8　(f) 350-10

图 4-53　不同浓度 $Nd(NO_3)_3$ 溶液前处理后微弧氧化膜层的表面微观形貌

图 4-54 为不同浓度 $Nd(NO_3)_3$ 溶液前处理后微弧氧化膜层的截面微观形貌，图 4-55 为测厚仪测出的膜层厚度图。由图中的截面形貌可以看出，当前处理 $Nd(NO_3)_3$ 溶液浓度增加时膜层的截面厚度增加，当增加到 0.06 mol/L，时 (350-6) 膜层的厚度最大，之后膜层厚度变化不大，可见 $Nd(NO_3)_3$ 溶液前处理对提高镁合金微弧氧化膜层的厚度还是有作用的。从图 4-54 可以看到，膜层与基体结合交错，分界不明显，结合良好，接近镁合金基体且孔洞较少的内侧为微弧氧化致密层，外侧孔洞较多的为疏松层。由于微弧氧化是一个不断熔融凝固的循环过程，镁合金微弧氧化膜层内部出现了一些孔洞和裂纹，这些孔洞不仅是镁合金微弧氧化的放电通道，也是氧化物熔融后不断溢出膜层表面的通道。未经过 $Nd(NO_3)_3$ 溶液前处理的 (350-0) 膜层其厚度较薄，孔洞分布也不均匀；而经过 $Nd(NO_3)_3$ 溶液

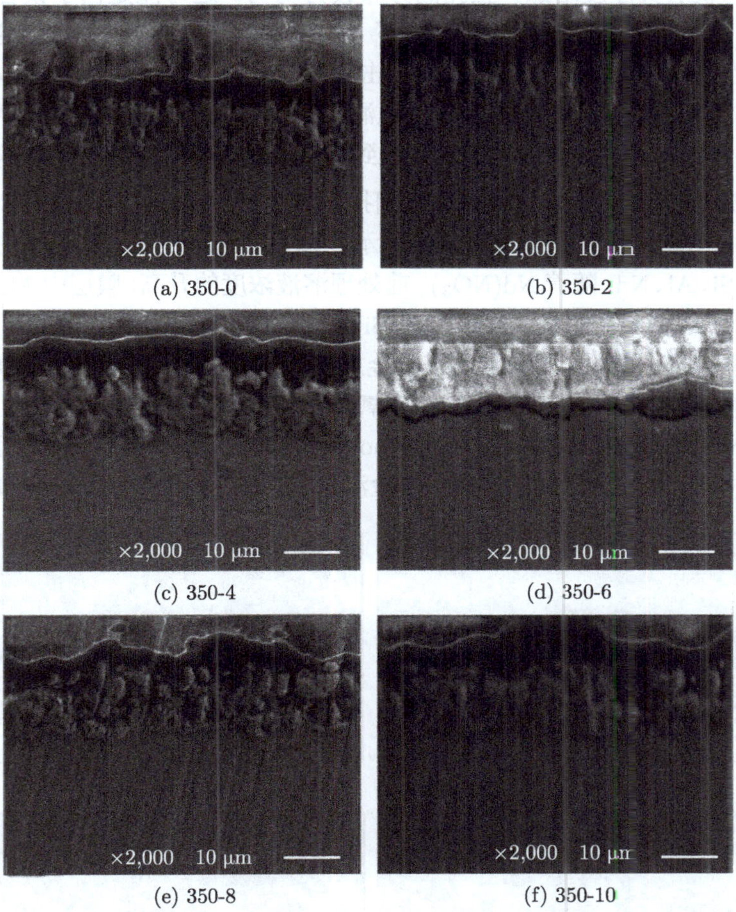

图 4-54 不同浓度 $Nd(NO_3)_3$ 溶液前处理后微弧氧化膜层的截面微观形貌

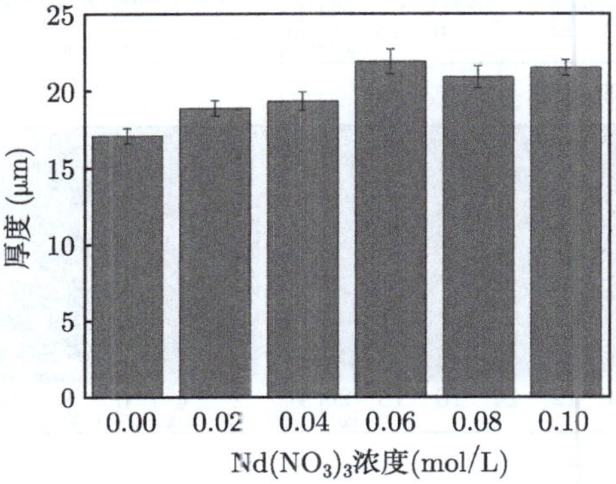

图 4-55 不同浓度 $Nd(NO_3)_3$ 溶液前处理后微弧氧化膜层的厚度

前处理后的膜层其厚度增加，且孔洞分布较为均匀。这可能是由于镁合金基体在 $Nd(NO_3)_3$ 溶液中浸泡后合金表面产生了一层薄薄的氧化层，使得镁合金表面氧化膜强度相当，从而在微弧氧化阶段放电击穿均匀。随着前处理 $Nd(NO_3)_3$ 溶液浓度的提高，达到 0.06 mol/L 之后膜层孔洞未见继续减小，而且变化不大，这说明 $Nd(NO_3)_3$ 溶液此时的氧化能力有限，达到 0.06 mol/L 时改善膜层结构效果最优。

图 4-56 为 EDS 能谱分析结果，扫描区域为图 4-53 中各膜层 SEM 照片的显示区域，元素含量结果如表 4-19 所示。EDS 结果表明，膜层的主要元素为 Mg、O、F、Si、Al、Nd。随着 $Nd(NO_3)_3$ 前处理溶液浓度的升高，膜层中 Mg 元素含量逐渐降低，F 元素含量整体呈上升趋势，Si 元素含量也逐渐增加，这表明 $Nd(NO_3)_3$ 溶液前处理可以明显增加电解液与镁合金之间的反应，使电解液中的元素进入镁合金。由于 $Nd(NO_3)_3$ 溶液的前处理，微弧氧化膜层表面也避免不了 Nd 元素的存在，当前处理 $Nd(NO_3)_3$ 溶液浓度低于 0.06 mol/L 时，膜层内几乎不含 Nd 元素，这可能由于膜层中 Nd 元素的含量过低而未被检测出来。浓度高于 0.06 mol/L 时，(350-6)

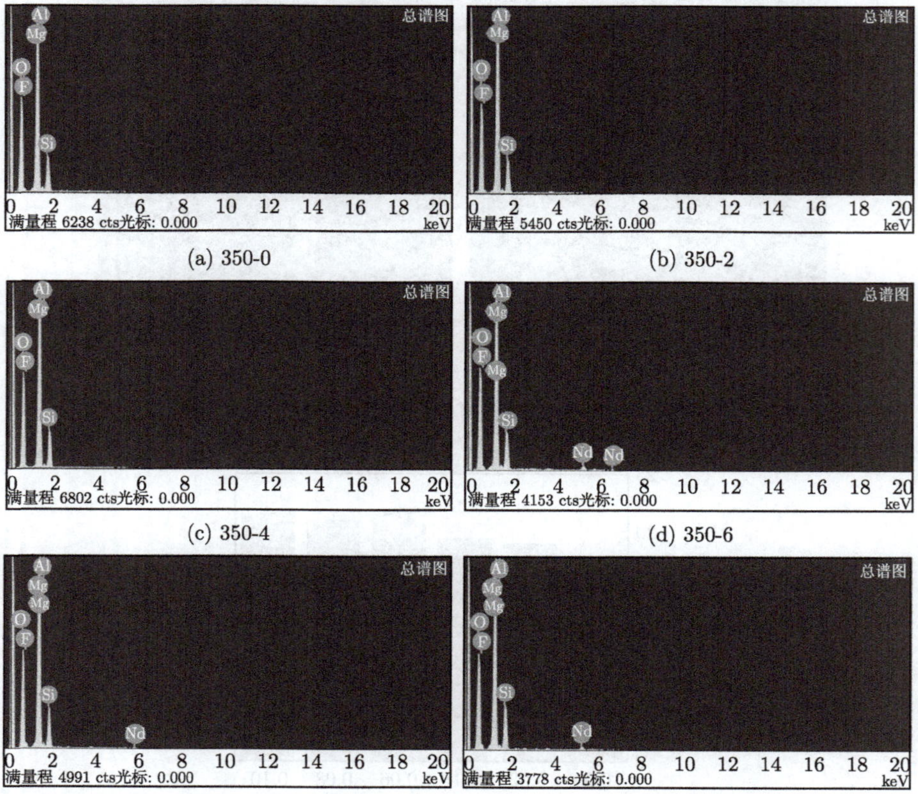

(a) 350-0　　(b) 350-2
(c) 350-4　　(d) 350-6
(e) 350-8　　(f) 350-10

图 4-56　微弧氧化膜层 EDS 能谱分析结果

膜层中 Nd 元素含量最高，溶液处理浓度再高之后，膜层中 Nd 元素的含量并没有如期继续增加。这可能是由于前处理后生成的膜层有利于微弧氧化的进行，而微弧氧化的剧烈程度导致反应或附着在镁合金表面的 Nd 元素脱落进入电解液，导致含量降低。

表 4-19 微弧氧化膜层的元素含量 (单位：%)

元素	350-0		350-2		350-4		350-6		350-8		350-10	
	质量分数	原子百分数	质量分数	原子百分数	质量分数	原子百分数	质量分数	原子百分数	质量分数	原子百分数	质量分数	原子百分数
O	46.51	57.09	46.9	57.38	47.29	57.79	44.69	57.02	44.69	55.48	43.63	54.99
F	3.64	3.77	4.41	4.54	4.34	4.46	4.77	5.13	6.07	6.34	6.12	6.5
Mg	39.12	31.61	37.96	30.57	37.37	30.05	35.38	29.71	36.44	29.77	36.01	29.86
Al	1.33	0.97	1.26	0.91	1.15	0.83	1.3	0.98	1.42	1.05	1.09	0.81
Si	9.4	6.57	9.46	6.6	9.86	6.86	8.88	6.45	10.13	7.2	10.38	7.45
Nd	—	—	—	—	—	—	4.98	0.71	1.19	0.16	2.77	0.39

图 4-57 是不同浓度 $Nd(NO_3)_3$ 溶液前处理镁合金后微弧氧化膜层的 XRD 图谱。相对于基体，经过微弧氧化的样品 Mg 的峰大幅减弱，并逐渐出现新的物相。Mg 物相的存在是由于微弧氧化的膜层过薄且多孔，部分 X 射线穿透膜层所导致。经过分析发现存在物相 MgO、Al_2O_3、Mg_2SiO_4、MgF_2 和 Nd_2O_3。这说明 Nd 元素可以通过前处理的方式使其进入膜层，并且以另一个 Nd 化合物的形式存在于膜层当中。同时表 4-19 中的 EDS 能谱分析结果也检测到有 Nd 元素的存在。Mg_2SiO_4 的存在说明了电解液中的主盐成分参与了膜层的生成反应，由表 4-19 中可以看出电解液中的 Si 元素占成膜时的较大部分。图中出现对应 MgF_2 的衍射峰说明了溶液中的 NaF 参与了微弧氧化过程，并以此形式存在于膜层之中。Al_2O_3 的存在说明了 Al_2O_3 可以通过微弧氧化的方法沉积到膜层之中。

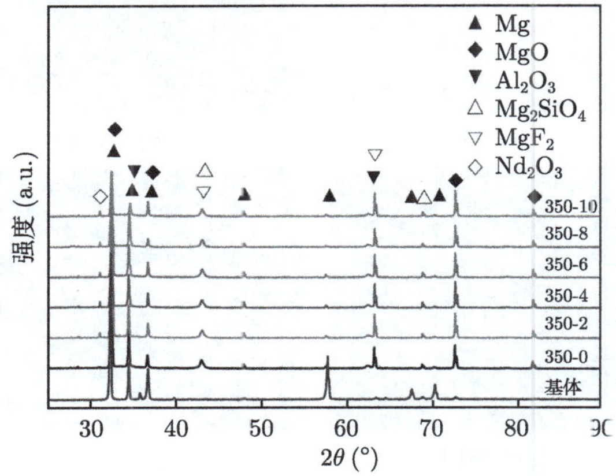

图 4-57 不同浓度 $Nd(NO_3)_3$ 溶液前处理镁合金后微弧氧化膜层的 XRD 图谱

图 4-58 是膜层 (350-6) 在 3.5%NaCl 溶液中浸泡腐蚀不同阶段后的表面微观形貌 SEM 照片。图 4-58(a)、(b)、(c) 分别是浸泡 24 h、48 h、96 h 后的表面微观形貌。可以发现，直到浸入 96 h 后，膜层的表面基本没有看到腐蚀的迹象。随着浸泡时间的增加，NaCl 溶液通过疏松层通道侵入膜层内部大量疏松的疏松层及少量的致密层溶解到腐蚀液中形成腐蚀产物堆积在膜层孔洞中以至于膜层表面的孔洞堵塞 (图 4-58(c))。这意味着微弧氧化膜层对阻止腐蚀具有良好的效果。图 4-59 是在 3.5%NaCl 溶液中不同浸泡阶段后截面的 SEM 照片，图 4-59(a)、(b)、(c) 分别是浸泡 24 h、48 h、96 h 后的截面微观形貌。浸泡 24 h 后 (图 4-59(a))，膜层的厚度与未浸泡样品相差无几，浸泡 48 h 后 (图 4-59(b))，膜层的厚度开始减小，膜层表面孔洞扩大。这是由于在浸泡初期阶段，表面受到了轻微的腐蚀，疏松层表面受到腐蚀脱落，使得膜层的厚度降低。但是浸泡 96 h 后膜层厚度未见进一步减小，这可能是由于表面腐蚀颗粒物的增加，腐蚀产物沉积在膜层表面，使得膜层厚度不再减小。

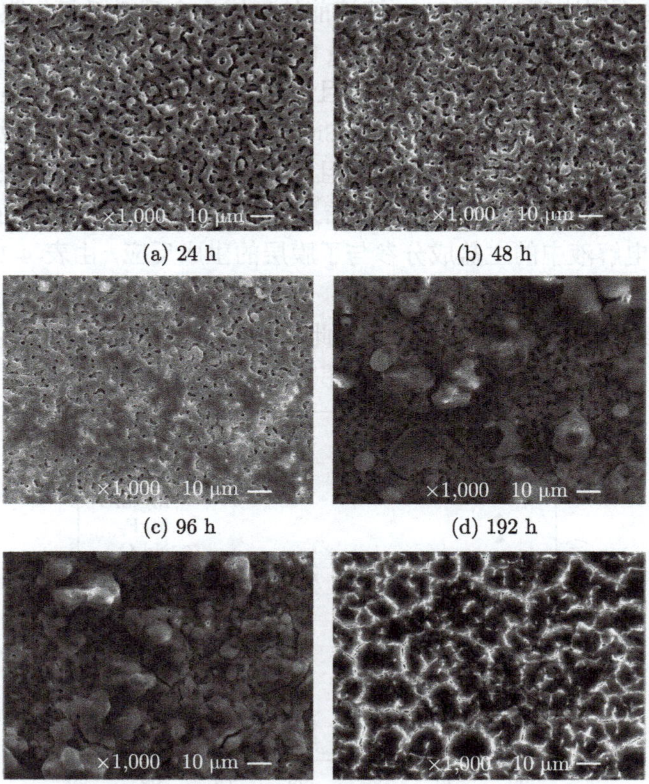

(a) 24 h　(b) 48 h　(c) 96 h　(d) 192 h　(e) 384 h　(f) 768 h

图 4-58　膜层 (350-6) 在 3.5%NaCl 溶液中浸泡腐蚀后的表面微观形貌

图 4-58(c) 中膜层孔洞开阔，表面有块状物生成。这说明随着浸泡时间的增长，膜层进一步溶解，腐蚀产物疏松，一部分堆积在疏松层孔洞的一些腐蚀产物被膜层致密层的腐蚀产物挤出，掉落到腐蚀溶液中，另一部分腐蚀产物逐渐堆积到膜层表面。由于疏松层被腐蚀，腐蚀产物掉落，导致膜层变薄 (图 4-59(c)、(d))。浸泡时间增加到 384 h 后，膜层表面孔道扩大，沉积了越来越多的腐蚀产物，并且膜层表面出现裂纹。从图 4-59(e) 截面可以看出膜层截面孔洞逐渐延伸向镁合金基体，同时裂纹的出现为腐蚀液进入基体表面提供了通道，此时可以推测腐蚀溶液已经渗入膜层的内部并造成膜层局部破裂。随着浸泡时间达到 768 h 时 (图 4-58(f))，膜层的厚度 (图 4-59(f)) 进一步减少到约 10 μm，从截面形貌来看基体有局部腐蚀，且膜层表面裂纹众多，表明膜层有些剥落的迹象。

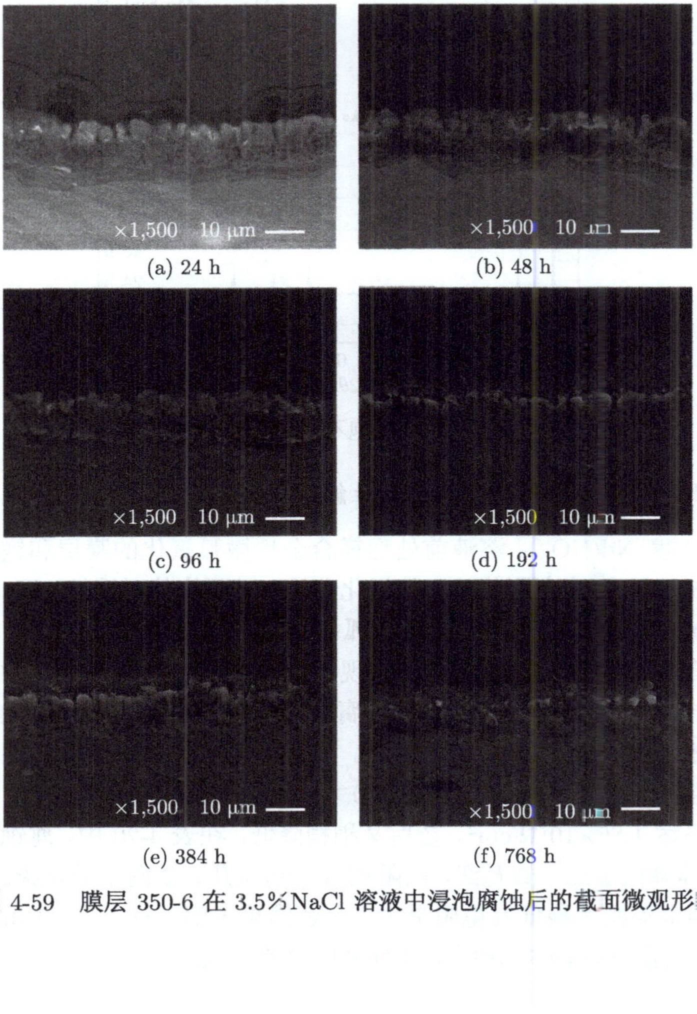

(a) 24 h (b) 48 h (c) 96 h (d) 192 h (e) 384 h (f) 768 h

图 4-59 膜层 350-6 在 3.5%NaCl 溶液中浸泡腐蚀后的截面微观形貌

图 4-60 是膜层 350-6 在浸泡不同时间后的 XRD 图谱。浸泡后膜层中的主要物相变化不大，主要有 MgO 和 Mg_2SiO_4，还含有少量的 Al_2O_3 和 MgF_2，膜层 NaCl 溶液浸泡后 Nd_2O_3 峰丢失，浸泡 384 h 后图谱中有 $Mg(OH)_2$ 峰出现，$Mg(OH)_2$ 峰的出现可能是由于溶液已经侵蚀到基体，大量的镁与水发生析氢反应而生成的腐蚀产物 $Mg(OH)_2$。而在此之前 XRD 之所以检测不到 $Mg(OH)_2$，是因为 MgO 与水反应较慢，生成的 $Mg(OH)_2$ 固体并不会一直附着在膜层表面，而是掉落在腐蚀液中。图中随着浸泡时间的增长，Mg_2SiO_4、Al_2O_3 和 MgF_2 峰的峰面积不断减小，Mg 峰峰面积不断增大。这说明膜层中的 Mg_2SiO_4、Al_2O_3 和 MgF_2 相不断减少，膜层越来越薄，镁合金基体逐渐地一步一步暴露出来。因此可以推断，微弧氧化膜层对提高镁合金耐蚀性是有较大作用的。

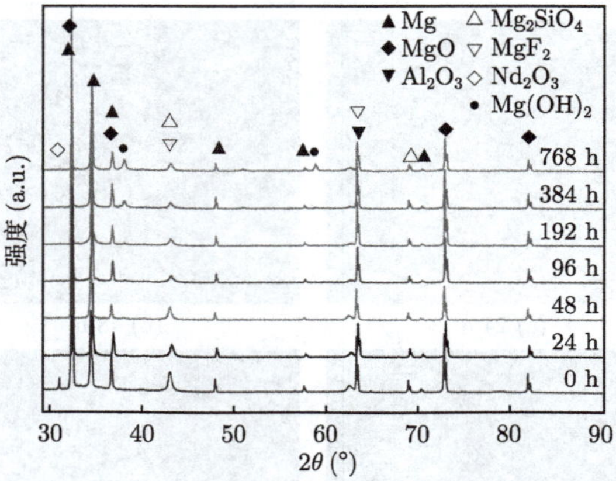

图 4-60　膜层 350-6 浸泡不同时间后的 XRD 图谱

2. $Nd(NO_3)_3$ 前处理对微弧氧化膜性能的影响

将不同浓度 $Nd(NO_3)_3$ 溶液前处理镁合金后微弧氧化的膜层和镁合金基体分别置于 3.5%NaCl 溶液中测其动电位极化曲线，以评价其耐蚀性。图 4-61 为不同浓度 $Nd(NO_3)_3$ 溶液前处理镁合金后微弧氧化膜层的极化曲线图，表 4-20 为动电位极化曲线的拟合数据。从图中可以发现微弧氧化膜层的腐蚀电位均正移，表中微弧氧化膜层的腐蚀电流均小于基体的腐蚀电流 (降低超过一个数量级)，这表明经过微弧氧化处理后其耐蚀性显著提高。随着 $Nd(NO_3)_3$ 溶液前处理镁合金浓度的提高，膜层的腐蚀电流减小到 8.02×10^{-7} μA/cm^2 后又回升了一点，电阻 R_p 逐渐上升，最高达 $1.89\times10^7\Omega\cdot cm^2$，之后又稍稍降低。在表 4-20 中，腐蚀电流的最大值相对于基体降低了三个数量级，电阻相对于基体升高了两个数量级。此外，膜层 350-6 的腐蚀电流密度最低及电阻最大。上述结果表明，0.06 mol/L 的 $Nd(NO_3)_3$ 溶液前处理镁合金后微弧氧化膜层具有最优异的耐蚀性。

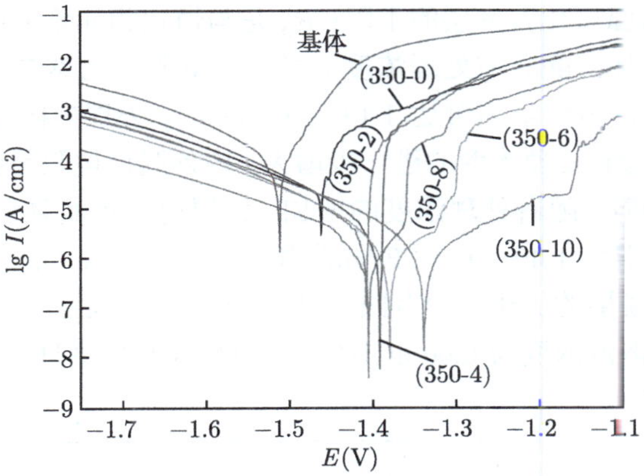

图 4-61 基体与 $Nd(NO_3)_3$ 溶液前处理后微弧氧化膜层的极化曲线

表 4-20 基体与 $Nd(NO_3)_3$ 溶液前处理后微弧氧化膜层的极化曲线拟合数据

试样	E_{corr}(V vs. SCE)	I_{corr}(μA/cm^2)	β_a(mV)	β_c(mV)	R_p(Ω·cm^2)
基体	−1.512	1.80×10^{-4}	81.604	180.64	1.36×10^5
350-0	−1.463	5.21×10^{-5}	97.765	283.55	6.06×10^5
350-2	−1.408	5.98×10^{-6}	58.879	148.63	3.06×10^6
350-4	−1.392	4.19×10^{-6}	53.448	114.53	3.78×10^6
350-6	−1.380	8.02×10^{-7}	55.669	93.24	1.89×10^7
350-8	−1.405	1.39×10^{-6}	57.178	134.28	1.26×10^7
350-10	−1.339	2.28×10^{-6}	175.59	127.09	1.46×10^7

图 4-62 是不同浓度 $Nd(NO_3)_3$ 溶液前处理镁合金后微弧氧化膜层的电化学阻抗谱。在图 4-62(a) 的 Nyquist 图中，当电容回路的半径较大时出现容抗弧，容抗弧的出现是由于电荷发生转移，说明样品耐腐蚀性较高。而感抗弧则与镁溶解有关，这表明镁合金基体发生了点蚀现象。微弧氧化处理过的试样出现类似的变化，可见微弧氧化试样也发生了类似机制的腐蚀现象。当 $Nd(NO_3)_3$ 溶液浓度为 0.06 mol/L 时，微弧氧化膜层具有最大的容抗弧半径，显示出最大的电容性，这表明膜层 350-6 具有更优于其他膜层保护镁合金不受侵蚀的特性。从图 4-62(b) 得知，低频条件下 KBM10 镁合金基体的模值约为 3×10^3 Ω·cm^2，而经过 $Nd(NO_3)_3$ 溶液前处理后的微弧氧化膜层在同频率可高达 $10^4\sim10^7$ Ω·cm^2。这表明 $Nd(NO_3)_3$ 溶液前处理后可以明显提高 KBM10 镁合金微弧氧化膜的耐蚀性能，且当 $Nd(NO_3)_3$ 溶液浓度为 0.06 mol/L 时的效果最佳，这与电化学极化曲线测试的结果相一致。

根据电化学反应系统腐蚀过程的特点，用于拟合 KBM10 镁合金基体经过 $Nd(NO_3)_3$ 溶液前处理后微弧氧化膜层的电化学阻抗谱测试的拟合结果如表 4-21 所示，等效电路如图 4-63 所示。从图 4-63 看出，相位元件由 Q 和 n 表征，当 n 的值为 1 时，CPE 是理想电容。在等效电路中 R_s 是 NaCl 溶液的电阻；R_b 是

与 CPE_b 并联的微弧氧化致密层的电阻；R_p 是与恒定相元素 CPE_p 平行的处理过的膜层的疏松层电阻。随着前处理浓度的增加，微弧氧化膜层的内外层电阻均呈一个上升趋势，内层电阻最高可达 $1.13\times10^7\ \Omega\cdot cm^2$，外层电阻最高可达 $6.47\times10^6\ \Omega\cdot cm^2$ (表 4.21)。随着处理浓度的进一步增大，内外膜层电阻呈减小趋势，但是减小不是很明显。同时，随着处理浓度的增加，膜层电容不断降低，350-6 样品电容最低，内外电容分别为 $1.40\times10^{-10}\ F/cm^2$ 和 $1.00\times10^{-10}\ F/cm^2$。可见过高浓度的 $Nd(NO_3)_3$ 溶液对膜层的优化能力有限，到达一个极限之后就不再有效了。综上所述，当 $Nd(NO_3)_3$ 溶液浓度为 0.06 mol/L 时，对微弧氧化处理的贡献最大，微弧氧化膜层耐蚀性最优。

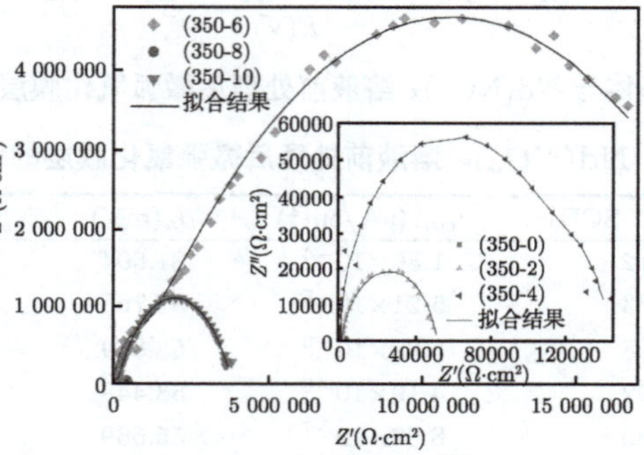

(a) Nyquist图

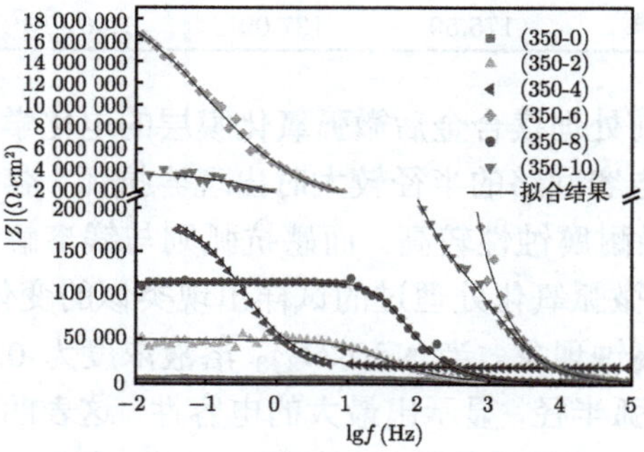

(b) Bode图1

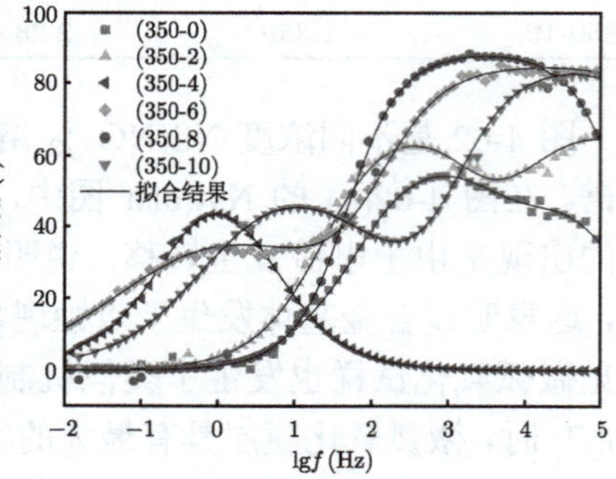

(c) Bode图2

图 4-62 不同浓度 $Nd(NO_3)_3$ 溶液前处理后微弧氧化膜层的电化学阻抗谱

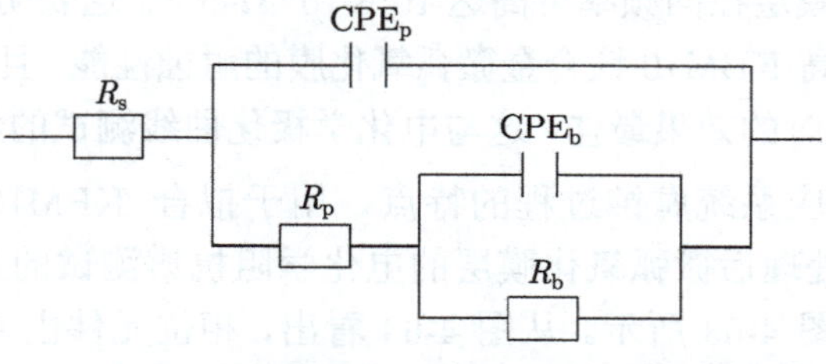

图 4-63 $Nd(NO_3)_3$ 溶液前处理后微弧氧化膜层的等效电路图

图 4-64 为不同浓度 $Nd(NO_3)_3$ 溶液前处理后微弧氧化膜层的声信号强度 (SI)

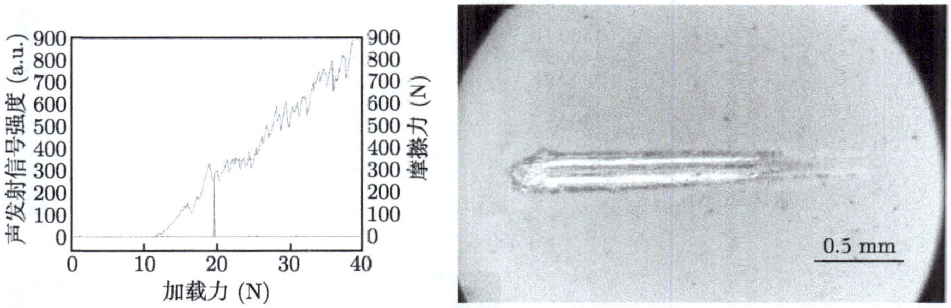

(a) 350-0

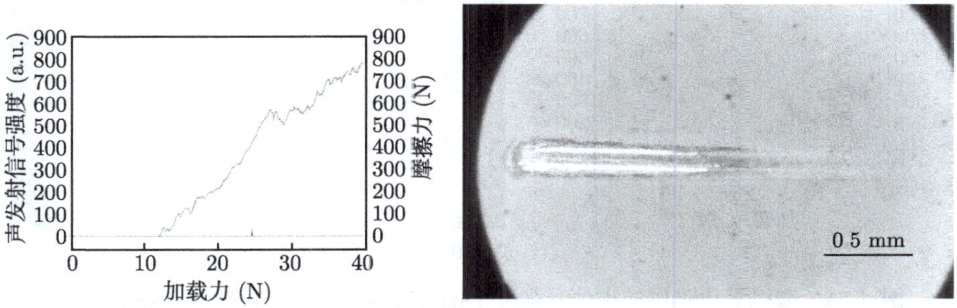

(b) 350-2

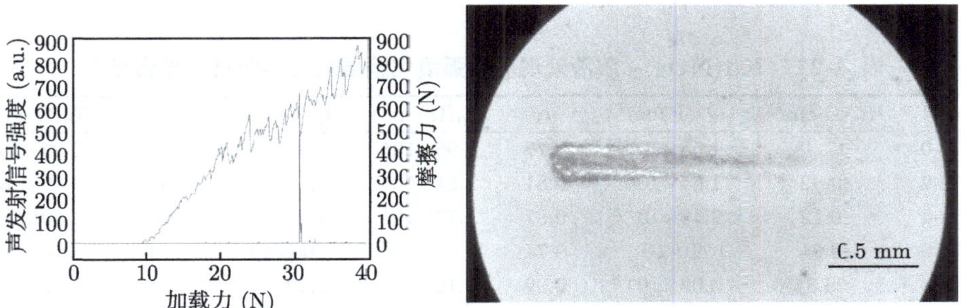

(c) 350-4

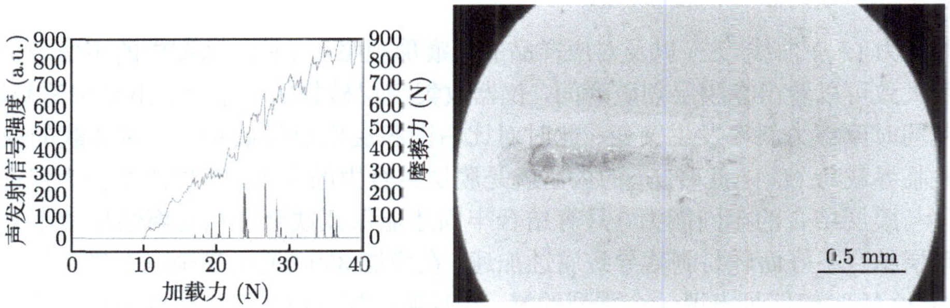

(d) 350-6

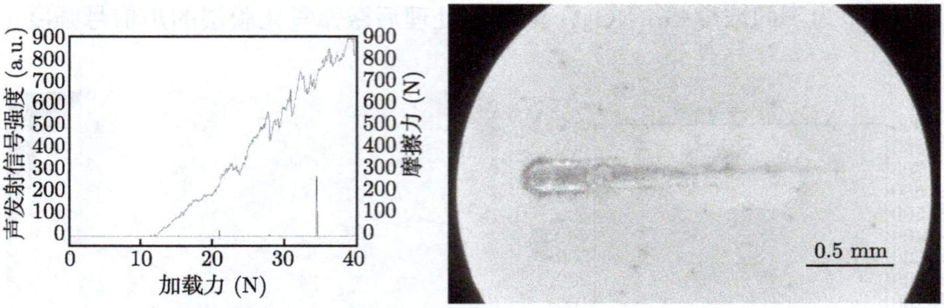

(e) 350-8

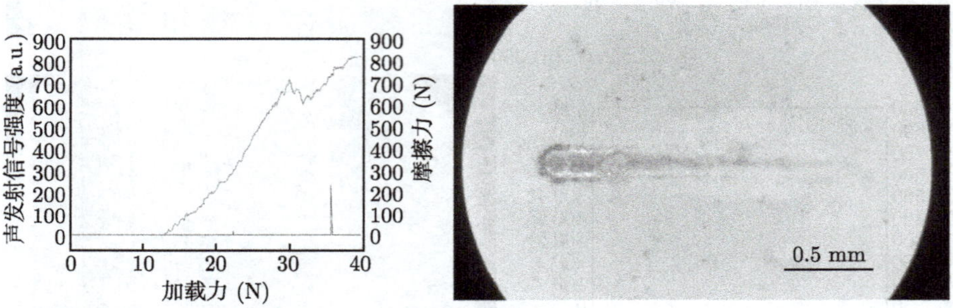

(f) 350-10

图 4-64　微弧氧化膜层的声信号强度 (SI) 和摩擦力 (F_f) 曲线及其划痕照片

表 4-21　$Nd(NO_3)_3$ 溶液处理后微弧氧化膜层电化学阻抗谱拟合参数

试样	$R_s(\Omega\cdot cm^2)$	$Q_p(F/cm^2)$	n_1	$R_p(\Omega\cdot cm^2)$	$Q_b(F/cm^2)$	n_2	$R_b(\Omega\cdot cm^2)$
350-0	17.98	1.53×10^{-6}	0.77	1.96×10^{2}	1.91×10^{-7}	0.76	2.99×10^{3}
350-2	9.42	1.64×10^{-7}	0.81	1.81×10^{3}	1.78×10^{-7}	0.83	4.89×10^{4}
350-4	0.12	2.43×10^{-8}	0.81	1.72×10^{4}	4.27×10^{-6}	0.81	1.80×10^{5}
350-6	0.01	1.40×10^{-10}	0.74	1.13×10^{7}	1.00×10^{-10}	1.00	6.47×10^{6}
350-8	28.34	3.09×10^{-8}	0.99	1.16×10^{5}	5.49×10^{-9}	0.71	1.82×10^{5}
350-10	10.26	1.80×10^{-9}	0.95	1.34×10^{5}	9.25×10^{-8}	0.68	3.49×10^{6}

和摩擦力 (F_f) 曲线 (左) 以及对应样品的划痕形貌照片 (右)。从图中的声信号强度曲线大致可以看出在膜层划破瞬间，仪器收集膜层破损的声信号，出现声信号峰，与此同时摩擦力斜率发生突变，此时对比右图膜层则已经破裂。这时加载的载荷就是临界载荷 (L_c)，此时 L_c 的大小就是膜层结合力的大小。膜层的结合力保证了基体与膜层结合的牢固能力，只有结合牢固才能保证镁合金在易腐蚀环境不会因为膜层结合不好而轻易剥落导致腐蚀加速。在膜层 350-0 中，当金刚石锥头加载到大约 20 N 时声信号出现一个强烈的峰，这说明膜层此时破裂；结合划痕形貌可以看出，划痕尾部出现金属亮泽，表明膜层已经划穿，这时的临界载荷即加载载荷为

20 N(图 4-64(a))。随着 $Nd(NO_3)_3$ 溶液前处理浓度的增加，图中显示出的膜层临界载荷越来越高。图 4-64(d) 中强烈的声信号不断出现，直至载荷加载至 40 N 膜层都没有破裂，这种现象说明了此时膜层的结合力大于 40 N，声信号的不断出现可能是由于金刚石锥头划过膜层与陶瓷性膜层摩擦产生振动所导致的结果。而随着 $Nd(NO_3)_3$ 溶液前处理浓度的进一步增大，膜层的临界载荷约处于 35 N 左右，这说明了 $Nd(NO_3)_3$ 溶液前处理的确可以改善膜层与基体的结合力，并且 $Nd(NO_3)_3$ 溶液浓度为 0.06 mol/L 时微弧氧化膜层的结合力最好。

图 4-65 为 KBM10 镁合金基体与 $Nd(NO_3)_3$ 溶液前处理后微弧氧化膜层试样的摩擦系数随时间的变化情况。表 4-22 为磨损前后失重和磨损速率。从图中可知，镁合金基体从开始到最后磨损基本在一个平稳阶段，这是因为镁合金表面有一层很薄的氧化膜，氧化膜去除之后，对磨材料 SiC 和镁合金直接接触，此时摩擦系数随时间的变化波动较小，基本维持在 0.5 左右，磨损失重最大 (0.001 26 g)，磨损速率最快 (4.2×10^{-5} g/min)。对于膜层 350-0、350-2 和 350-4 试样，摩擦系数变动较为缓慢，并且 350-2 和 350-4 的曲线缓慢平滑地上升。这表示随着磨

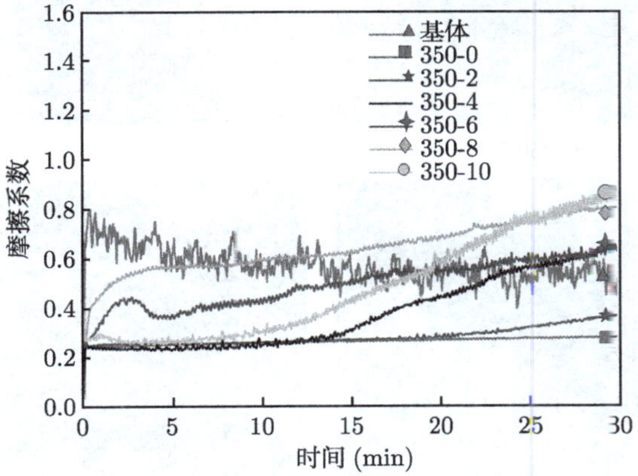

图 4-65 不同试样的摩擦系数随时间变化的曲线

表 4-22 4.9 N 载荷下摩擦磨损试样前后的质量损失及磨损率

试样	磨损失重量 (g)	磨损速率 (g/min)
基体	0.001 26	4.2×10^{-5}
350-0	0.000 98	3.24×10^{-5}
350-2	0.000 88	2.93×10^{-5}
350-4	0.000 73	2.43×10^{-5}
350-6	0.000 58	1.93×10^{-5}
350-8	0.000 88	2.93×10^{-5}
350-10	0.000 65	2.16×10^{-5}

损的进行，SiC 陶瓷球不断地向膜层内部行进，但是由于微弧氧化内部致密层的存在，SiC 陶瓷球只能在表面摩擦，此时的摩擦系数几乎小于镁合金基体与 SiC 陶瓷球的摩擦系数，说明微弧氧化陶瓷膜内层比镁合金基体硬。膜层 350-6、350-8 和 350-10 试样随着摩擦磨损时间的延长，摩擦力不断增加，最终摩擦系数超过基体。表 4-22 结果显示试样磨损率呈现出先下降，后变化不大的趋势，其中膜层 350-6 试样的磨损失重最小。

图 4-66 为 $Nd(NO_3)_3$ 溶液前处理后微弧氧化膜层的磨痕轨迹 SEM 照片。膜层 350-0、350-2 和 350-4 试样的磨痕轨迹较宽，已磨损至膜层内部。从膜层 350-2 试样右上角的局部放大 SEM 照片可以看出，膜层内部有些许孔洞及裂纹，这可能是由于膜层形成时的热应力导致。在磨损的同时，表面磨出的膜层粉末有部

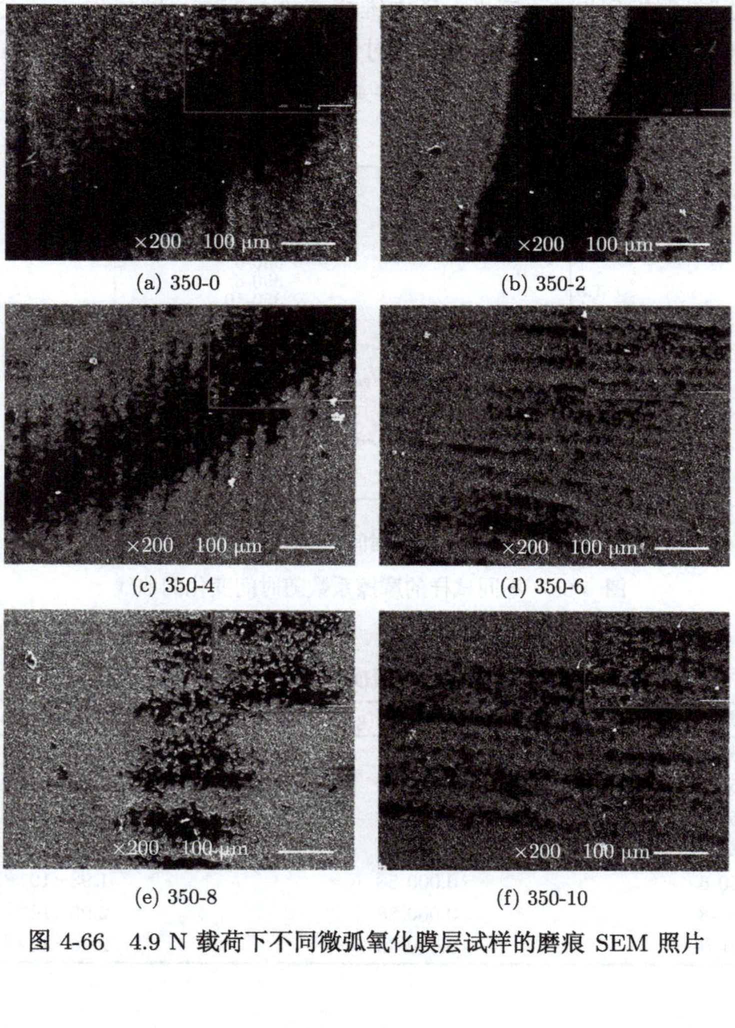

(a) 350-0　(b) 350-2　(c) 350-4　(d) 350-6　(e) 350-8　(f) 350-10

图 4-66　4.9 N 载荷下不同微弧氧化膜层试样的磨痕 SEM 照片

分会被 SiC 陶瓷球挤入膜层孔洞，以至于膜层摩擦力的减小。图 4-66 中膜层 350-6、350-8 和 350-10 试样磨损较少，磨痕轨迹较浅，这可能是由于在 $Nd(NO_3)_3$ 溶液前处理后进行微弧氧化的样品表面膜层更加坚硬，以至于磨损较小。由于膜层的平整度不高，且膜层坚硬，从而导致摩擦系数较高，最高可达 0.8。

图 4-67 是试样 350-6 在 NaCl 溶液中浸泡的电化学阻抗谱。从图可见，膜层在浸泡初期表现出很大的全阻抗，这说明膜层 350-6 拥有很高的耐蚀性能。由图 4-67(a)、(b) 可知，随着浸泡时间的增加，膜层中的容抗弧半径变得越来越小，证明膜层的阻抗在不断减小。图 4-67(b) 中可以看到，中高频范围内出现容抗弧，低频范围内出现感抗弧，容抗弧的出现是由于电荷发生转移，而感抗弧则与镁溶解有关，这表明镁合金基体发生了点蚀现象。从图 4-67(a) 中看出，在初始浸泡过程中，高频区域内电容回路收缩迅速，可以看出初期主要腐蚀集中在膜层外层区域，随着浸泡时间增加到 192 h，出现低频电感回路。在图 4-58(e) 中，发现浸泡 384 h 后膜层表面出现明显的裂纹，这意味着腐蚀介质已经通过裂纹处到达 KBM10 镁合金基体。以上结果表明，随着浸泡腐蚀时间的增加，膜层 (350-6) 试样的抗腐蚀性能逐渐降低。

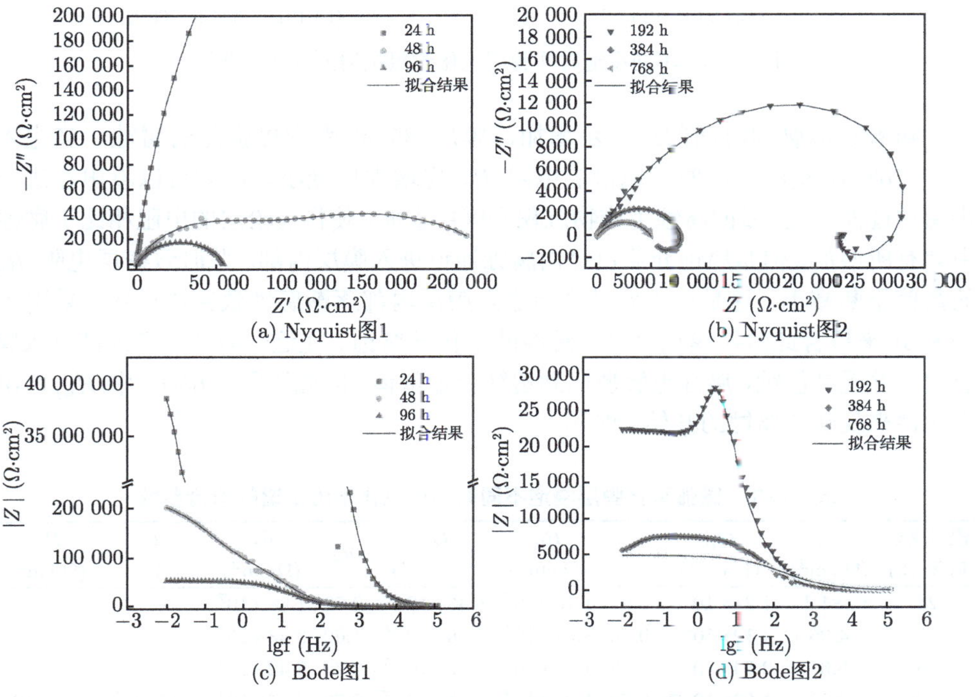

图 4-67　膜层 350-6 浸泡不同时间的电化学阻抗谱

图 4-68 是浸泡不同时间微弧氧化膜层电化学阻抗谱的等效电路图。在等效电路图中，R_s 是溶液电阻，R_p 是与恒定相元件 CPE_p 平行的疏松层电阻，R_b 是与恒定相元件 CPE_b 相平行的致密层电阻。相应的拟合结果如表 4-23 所示。从表 4-23 数据可以得出，在浸泡初期 (0~24 h)，膜层的 R_p 较高，达到了 $1.16\times10^6\ \Omega\cdot cm^2$，致密层的电阻 R_b 为 $1.18\times10^7\ \Omega\cdot cm^2$，可以得出多疏松的电阻小于致密层的电阻，膜层的抗腐蚀性能主要取决于致密层的抗腐蚀性。这说明在膜层抗腐蚀过程中，致密层起主要阻挡作用。随着浸泡时间不断增加 (24~96 h)，R_p 和 R_b 的值不断减少，这说明在这一阶段腐蚀溶液通过疏松层进入膜层内部，使得致密层遭到破坏，并且在浸泡过程中腐蚀产物沉淀到腐蚀液中。这三个阶段电化学腐蚀电路可以等效图 4-68(a)。

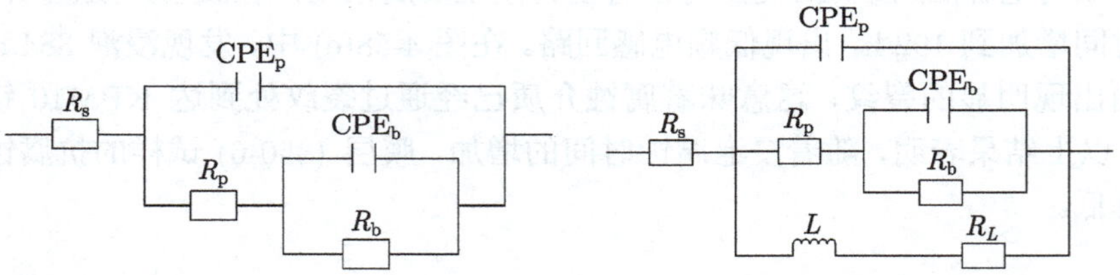

(a) 24 h, 48 h, 96 h　　(b) 192 h, 384 h, 768 h

图 4-68　不同浸泡时间膜层电化学阻抗谱的等效电路图

随着浸泡腐蚀时间的进一步增加，膜层 350-6 受到更强烈的腐蚀，当进入 (192~768 h) 浸泡阶段时，疏松层电阻 R_p 先增大后减小，由此可以看出在进一步腐蚀过程中，大量的腐蚀生成物沉积到膜层表面，使得疏松层的电阻相比于腐蚀中期有所增加，但是腐蚀介质已经由腐蚀通道进入膜层内部。此时致密层电阻 R_p 的数值不断减小，这是由于腐蚀介质进入膜层内部逐渐腐蚀致密层导致。采用图 4-68(b) 来拟合此阶段膜层 350-6 浸泡的电化学腐蚀。在这一阶段，腐蚀液进入膜层内部并受到侵蚀，腐蚀电解质已到达镁合金基体，因此用图 4-68(b) 中 R_L/L 组合元件来反映点腐蚀的开始 [60,61]。

表 4-23　微弧氧化膜层浸泡不同时间后电化学阻抗谱的拟合参数

浸泡腐蚀时间 (h)	R_s ($\Omega\cdot cm^2$)	Q_p (F/cm^2)	n_1	R_p ($\Omega\cdot cm^2$)	Q_b (F/cm^2)	n_2	R_b ($\Omega\cdot cm^2$)	L (H)	R_L ($\Omega\cdot cm^2$)
24	184.3	1.31×10^{-9}	0.97	1.16×10^6	8.43×10^{-8}	0.52	1.88×10^7	—	—
48	4.96	4.19×10^{-7}	0.80	8.32×10^4	2.56×10^{-6}	1.00	3.48×10^4	—	—
96	5.61	2.84×10^{-7}	0.82	1.36×10^3	6.12×10^{-7}	0.70	5.42×10^4	—	—
192	9.52	1.62×10^{-6}	0.70	1.06×10^3	3.41×10^{-7}	0.78	3.65×10^4	4.35×10^3	5.79×10^4
384	9.44	1.40×10^{-6}	0.79	4.31×10^3	1.98×10^{-6}	1.00	3.06×10^3	1.87×10^5	1.44×10^4
768	7.10	1.27×10^{-7}	0.88	8.55×10^2	7.64×10^{-6}	0.58	3.97×10^3	2.66×10^9	2.44×10^9

镁合金微弧氧化陶瓷膜的应用实例

本章介绍了镁合金微弧氧化陶瓷膜组织与性能方面的一些研究成果，可以看出微弧氧化技术的确对镁合金的耐磨、耐蚀等性能有很大的提高。以下是采用微弧氧化技术对各行业一些镁合金零部件表面进行处理后的实例照片，可以看出微弧氧化技术目前已经成功地应用于镁合金各个领域。

· 镁合金零件（防腐）

· 镁合金手机外壳（装饰、耐磨与防腐）

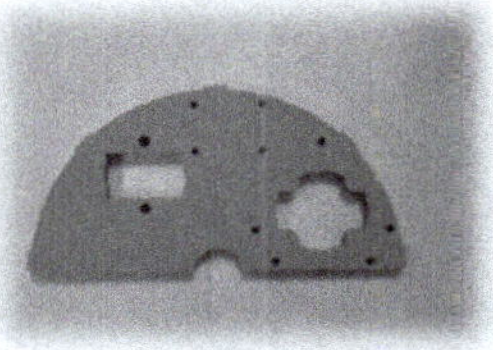

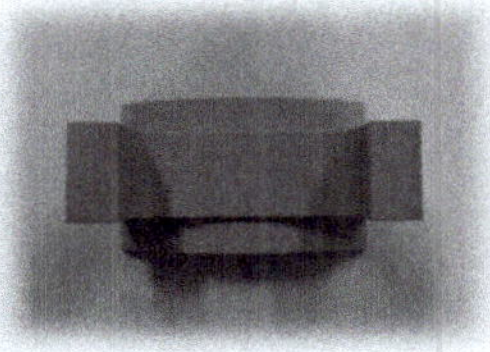

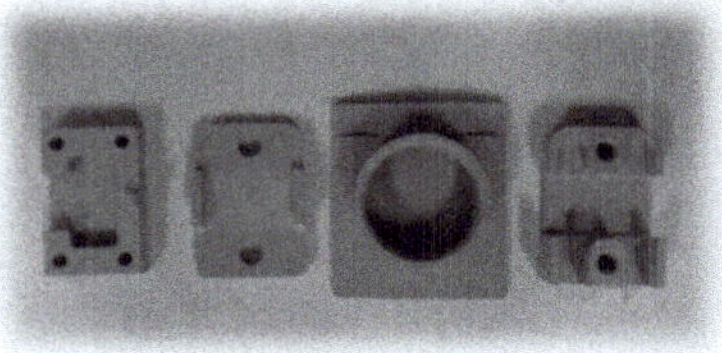

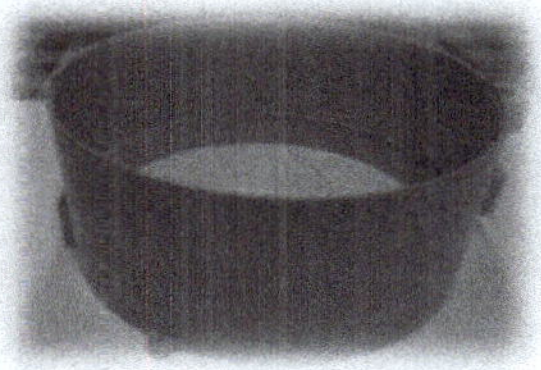

· 压铸镁合金组件（防腐）

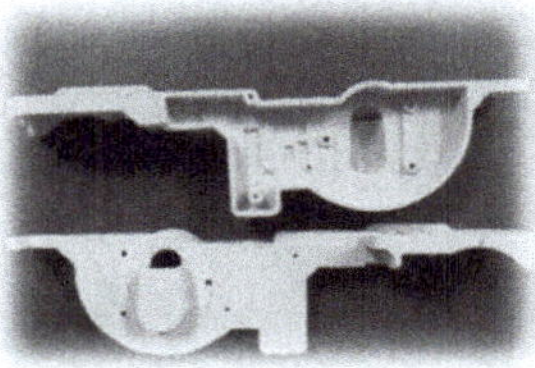

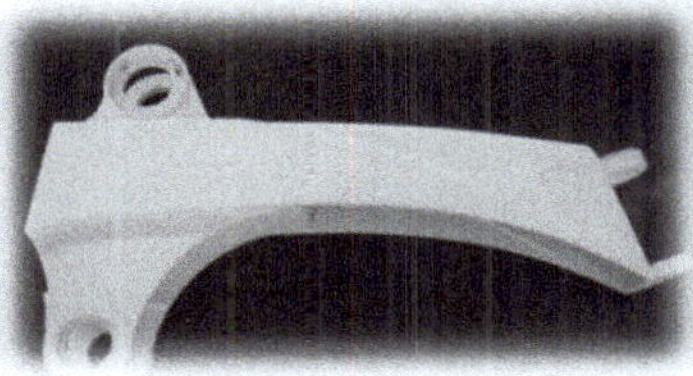

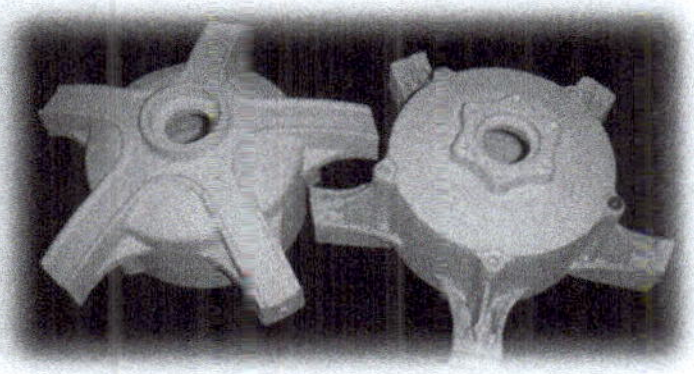

· 镁合金压铸件（防腐）

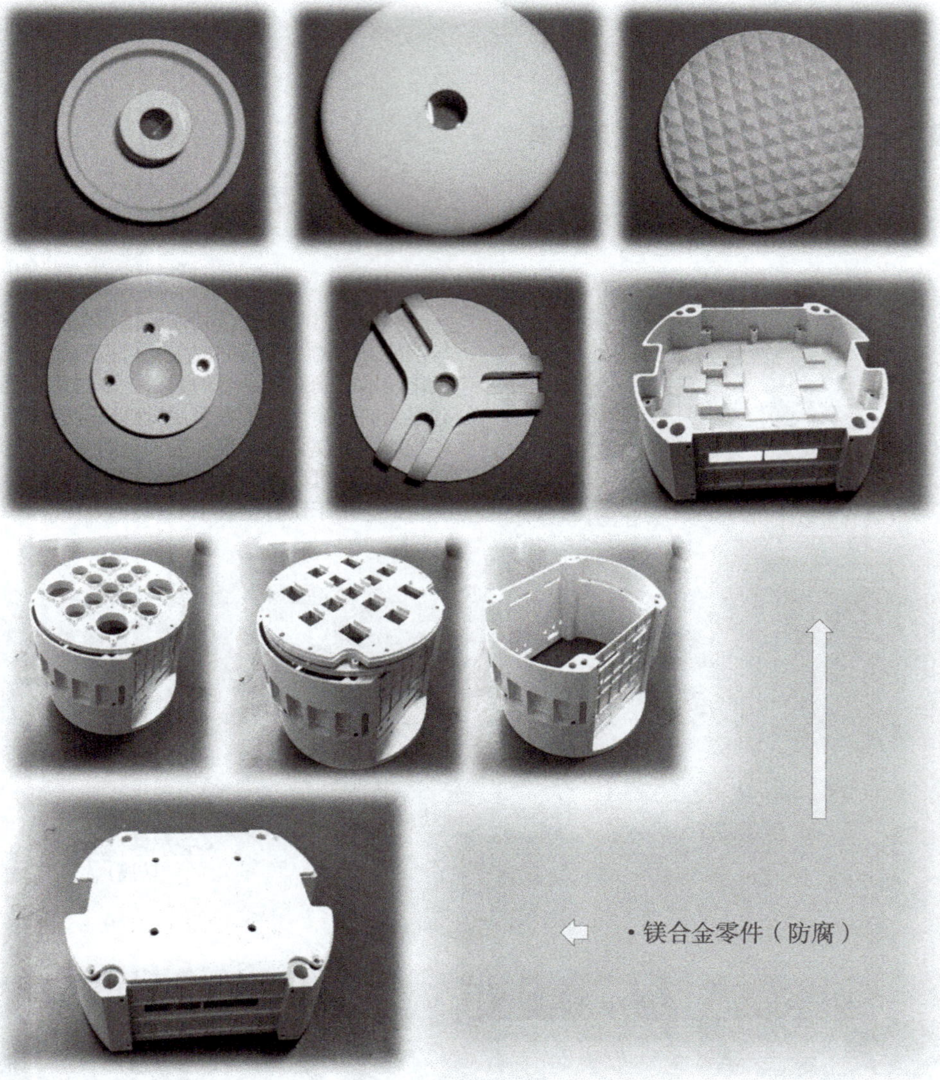
·镁合金零件（防腐）

参 考 文 献

[1] Song R G, Yang F E, Blawert C, et al. Behavior of stress corrosion cracking in a magnesium alloy. Journal of Wuhan University of Technology-Materials Science, 2009, 24(1): 111～113.

[2] Song R G, Blawert C, Dietzel W, et al. A study on stress corrosion and hydrogen embrittlement of AZ31 magnesium alloy. Materials Science and Engineering A, 2005, 399(1～2): 308～317.

[3] Song R G, Zheng X H, Bai S J, et al. Corrosion protection of AM50 magnesium alloy by Nafion/DMSO organic coatings. Journal of Wuhan University of Technolog-Materials Science, 2008, 23(2): 204～206.

[4] 姚美意, 周邦新. 镁合金耐蚀表面处理的研究进展. 材料保护, 2001, 34(10): 19～21.

[5] 周学华, 陈秋荣, 卫中领, 等. 镁合金化学转化膜. 腐蚀与防护, 2004, 25(11): 468～472.

[6] 庄俊杰, 宋仁国, 项南, 等. 氟锆酸钾对 AZ31 镁合金微弧氧化膜层的影响. 材料热处理学报, 2016, 37(9): 157～164.

[7] 庄俊杰, 宋若希, 胡强, 等. 焦磷酸盐对 AZ31 镁合金微弧氧化陶瓷膜层的影响. 材料导报, 2016, 30(52): 526～530.

[8] Zhuang J J, Song R G, Xiang N, et al. Effect of oxidation time on corrosion resistance of plasma electrolytic oxidation coatings on magnesium alloy. International Journal of Materials Research, 2017, 108(9): 758～766.

[9] Zhuang J J, Song R G, Xiang N, et al. Effect of current density on microstructure and properties of PEO ceramic coatings on magnesium alloy. Surface Engineering, 2017, 33(10): 744～752.

[10] Zhuang J J, Guo Y Q, Xiang N, et al. A study on microstructure and corrosion resistance of ZrO2-containingPEO coatings formed on AZ31 Mg alloy in phosphate-based electrolyte. Applied Surface Science, 2015, 357: 1463～1471.

[11] 庄俊杰. AZ31 镁合金表面微弧氧化陶瓷膜层的微观结构与性能研究. 常州: 常州大学, 2017.

[12] 刘丽来, 杨培霞, 安茂忠, 等. 电解液组成工艺条件对镁合金微弧氧化过程的影响. 材料工程, 2012, (3): 83～88.

[13] Chen H, Lv G H, Zhang G L, et al. Corrosion performance of plasma electrolytic oxidized AZ31 magnesium alloy in silicate solutions with different additives. Surface and Coatings Technology, 2010, 205(7): S32～S35.

[14] Liang J, Guo B G, Tian J, et al. Effect of potassium fluoride in electrolytic solution on the structure and properties of microarc oxidation coatings on magnesium alloy. Applied Surface Science, 2005, 252(2): 345～351.

[15] Shang W, Chen B Z, Shi X C, et al. Electrochemical corrosion behaviour of composite MAO/sol-gel coatings on magnesium alloy AZ91D using combined micro-arc oxidation

and sol-gel technique. Journal of Alloys and Compounds, 2009, 474(1): 541~545.

[16] 郅青，高瑾，董超芳，等. AZ91D 镁合金微弧氧化膜的腐蚀行为研究. 金属学报，2008, 44(8): 986~990.

[17] Yang W, Wang P, Guo Y C, et al. Microstructure and corrosion resistance of modified AZ31 magnesium alloy using microarc oxidation combined with electrophoresis process. Journal of Wuhan University of Technology-Materials Science Edition, 2013, 28(3): 612~616.

[18] Sreekanth D, Rameshbabu N, Venkateswarlu K. Effect of various additives on morphology and corrosion behavior of ceramic coatings developed on AZ31 magnesium alloy by plasma electrolytic oxidation. Ceramics International, 2012, 38(6): 4607~4615.

[19] 杨志成, 吴向清, 谢发勤, 等. 纳米石墨改性 ZM5 镁合金微弧氧化陶瓷层摩擦磨损性能. 中国表面工程, 2013, 26(2): 45~50.

[20] Guo J, Wang L P, Liang J, et al. Tribological behavior of plasma electrolytic oxidation coating on magnesium alloy with oil lubrication at elevated temperatures. Journal of Alloys and Compounds, 2009, 481: 903~909.

[21] 葛延峰, 蒋百灵, 王聪婕, 等. 镁合金微弧氧化陶瓷层形成及生长过程. 材料热处理学报, 2014, 35(12): 190~194.

[22] 徐涛涛. 镁合金微弧氧化陶瓷层形成机制及工艺研究. 秦皇岛: 燕山大学, 2011.

[23] 蒋百灵, 张淑芬, 吴国建, 等. 镁合金微弧氧化陶瓷层显微结构缺陷与相组成及其耐蚀性. 中国有色金属学报, 2002, 12(3): 454~457.

[24] Ghasemi A, Raja V S, Blawert C, et al. The role of anions in the formation and corrosion resistance of the plasma electrolytic oxidation coatings. Surface and Coatings Technology, 2010, 204: 1469~1478.

[25] Arrabal R, Matykina E, Hashimoto T, et al. Characterization of AC PEO coatings on magnesium alloys. Surface and Coatings Technology, 2009, 203(16): 2207~2220.

[26] Cui X J, Lin X Z, Liu C H, et al. Fabrication and corrosion resistance of a hydrophobic micro-arc oxidation coating on AZ31 Mg alloy. Corrosion Science, 2015, 90: 402~412.

[27] Gao R, Liu Q, Wang J, et al. Fabrication of fibrous szaibelyite with hierarchical structure superhydrophobic coating on AZ31 magnesium alloy for corrosion protection. Chemical Engineering Journal, 2014, 241(4): 352~359.

[28] Song G, Atrens A, John D S, et al. The anodic dissolution of magnesium in chloride and sule phate solutions. Corrosion Science, 1997, 39: 1981~2004.

[29] Gao Y H, Yerokhin A, Matthews A, et al. Effect of current mode on PEO treatment of magnesium in Ca^- and P^- containing electrolyte and resulting coatings. Applied Surface Science, 2014, 316(1): 558~567.

[30] Li Z J, Yuan Y, Jing X Y. Effect of current density on the structure, composition and corrosion resistance of plasma electrolytic oxidation coatings on Mg-Li alloy. Journal of Alloys and Compounds, 2012, 541: 380~391.

[31] Zhang R F, Zhang S F, Shen Y L, et al. Influence of sodium borate concentration on properties of anodic coatings obtained by micro arc oxidation on magnesium alloys. Applied Surface Science, 2012, 258(17): 6602~6610.

[32] Luo H H, Cai Q Z, Wei B K, et al. Study on the microstructure and corrosion resistance of ZrO_2-containg ceramic coatings formed on magnesium alloy by plasma electrolytic oxidation. Journal of Alloys and Compounds, 2009, 474(1~2): 551~556.

[33] Sreekanth D, Rameshbu N, Venkateswarlu K, et al. Effect of K_2TiF_6 and $Na_2B_4O_7$ as electrolyte additives on pore morphology and corrosion properties of plasma electrolytic oxidation coatings on ZM21 magnesium alloy. Surface and Coatings Technology, 2013, 222(6): 31~37.

[34] Cai J S, Cao F H, Chang L R, et al. The preparation and corrosion behaviors of MAO coating on AZ91D with rare earth conversion precursor film. Applied Surface Science, 2011, 257(8): 3804~3811.

[35] Xue W, Deng Z, Ma H, et al. Microstructure and phase composition of microarc oxidation coatings formed on Ti-6Al-4V alloy in aluminate solution. Surface Engineering, 2001, 17(4): 323~326.

[36] Yao Z P, Deng D L, Xia Q X, et al. Effect of PEO power modes on structure and corrosion resistance of ceramic coatings on AZ91D Mg alloy. Surface Engineering, 2012, 28(2): 96~101.

[37] Srinivasan P B, Liang J, Blawert C, et al. Effect of current density on the microstructure and corrosion behaviour of plasma electrolytic oxidation treated AM50 magnesium alloy. Applied Surface Science, 2009, 255(7): 4212~4218.

[38] Mu W Y, Han Y. Characterization and properties of the MgF_2/ZrO_2 composite coatings on magnesium prepared by micro-arc oxidation. Surface and Coatings Technology, 2008, 202(17): 4278~4284.

[39] Zou B, Lu G H, Zhang G L, et al. Effect of current frequency on properties of coating formed by microarc oxidation on AZ91D magnesium alloy. Transaction of Nonferrous Metals Society of China, 2015, 25(5): 1500~1505.

[40] Wang H M, Chen Z H, Li L L, et al. Corrosion resistance and microstructure characteristics of plasma electrolytic oxidation coatings formed on AZ31 magnesium alloy. Surface Engineering, 2010, 26(5): 385~391.

[41] Cheng Y L, Cao J H, Mao M K, et al. High growth rate, wear resistance coatings on an Al-Cu-Li alloy by plasma electrolytic oxidation in concentrated aluminate electrolytes. Surface and Coatings Technology, 2015, 269(1): 74~82.

[42] Durdu S, Aytac A, Usta M. Characterization and corrosion behavior of ceramic coating on magnesium by micro-arc oxidation. Journal of Alloys and Compounds, 2011, 509(34): 8601~8606.

[43] Dehnavi V, Shoesmith D W, Luan B L, et al. Corrosion properties of plasma electrolytic oxidation coatings on an aluminium alloy-The effect of the PEO process stage. Materials Chemistry and Physics, 2015, 161: 49~58.

[44] Zhu F, Wang J W, Li S H, et al. Preparation and characterization of anodic films on AZ31B Mg alloy formed in the silicate electrolytes with ethylene glycol oligomers as additives. Applied Surface Science, 2012, 258 (22): 8985~8990.

[45] 杨东东. 镁合金微弧氧化生物医用陶瓷层的结构与性能. 哈尔滨: 哈尔滨工业大学, 2007.

[46] Xiong Y, Hu X X, Song R G. Characteristics of CeO_2/ZrO_2-HA composite coating on ZK60 magnesium alloy. Journal of Materials Research, 2017, 32(6): 1073~1082.

[47] 卢超. 镁合金生物陶瓷复合涂层的制备与性能研究. 杭州: 浙江工业大学, 2013.

[48] Wang C Z, Zhang D, Jiang Y F. Growth process and wear resistance for ceramic coatings formed on Al-Cu-Mg alloy by micro-arc oxidation. Applied Surface Science, 2006, 253(2): 674~678.

[49] Duan H P, Du K Q, Yan C W, et al. Electrochemical corrosion behavior of composite coatings of sealed MAO film on magnesium alloy AZ91D. Electrochimica Acta, 2006, 51(14): 2898~2908.

[50] Bai A, Chen Z J. Effect of electrolyte additives on anti-corrosion ability of micro-arc oxide coatings formed on magnesium alloy AZ91D. Surface and Coatings Technology, 2009, 203(14): 1956~1963.

[51] Chen F, Zhou H, Yao B, et al. Corrosion resistance property of the ceramic coating obtained through microarc oxidation on the AZ31 magnesium alloy. Surface and Coatings Technology, 2007, 201(9-11): 4905~4908.

[52] Lu J P, Cao G P, Quan G F, et al. Effects of voltage on microstructure and corrosion resistance of micro-arc oxidation ceramic coatings formed on KBM10 magnesium alloy. Journal of Materials Engineering and Performance, 2018, 27: 147~154.

[53] 卢俊鹏. KBM10 镁合金微弧氧化陶瓷膜层组织与性能研究. 常州: 常州大学, 2018.

[54] Jiang X Z, Lu S, Tang L, et al. Influence of Negative Voltage on Micro-arc Oxidation of Magnesium Alloy Under Two Steps Voltage-Increasing Mode. Key Engineering Materials, 2014, 575: 472~476.

[55] 张道礼, 胡云香, 黎步银, 等. 电泳沉积原理及其在陶瓷制备中的应用. 现代技术陶瓷, 1999, 4(20): 22~25.

[56] 卫中领, 陈秋荣, 郭歆聪, 等. 镁合金微弧氧化膜的微观结构及耐蚀性研究. 材料保护, 2003, 3(10): 21~23.

[57] 曾志恒, 楼白杨. 镁合金微弧氧化膜的耐蚀性及其在腐蚀介质下的磨损行为. 材料科学与工程学报, 2011, 29(3): 433~436.

[58] Xiong Y, Hu Q, Hu X X, et al. Microstructure and corrosion resistance of Ti_3O_5-HA bioceramic coating fabricated on AZ80 magnesium alloy. Surface and Coatings Technology, 2017, 325: 239~247.

[59] 徐永东. 稀土镁合金组织和性的研究. 天津: 天津大学，2012.

[60] Dong K, Song Y, Shan D, et al. Corrosion behavior of a self-sealing pore micro-arc oxidation film on AM60 magnesium alloy. Corrosion Science, 2015, 100: 275~283.

[61] Venugopal A, Panda R, Manwatkar S, et al. Effect of micro arc oxidation treatment on localized corrosion behaviour of AA7075 aluminum alloy in 3.5%NaCl solution. Transactions of Nonferrous Metals Society of China, 2012, 22(3): 700~710.

第5章 钛与钛合金微弧氧化及其应用

5.1 钛与钛合金简介

钛是地球上储量排位第九丰富的元素，其蕴藏量占 0.44%~0.57%，是蕴藏量比较多的元素。利用目前的技术可开采的矿石主要是钛铁矿石 ($FeTiO_2$) 和金红石 (TiO_2), 此外尚有锐钛矿石 (TiO_2)、板钛矿 (TiO_2) 及黑砂 (低品位钛铁矿) 等。钛位于元素周期表的第四周期 ⅣB 族，原子序数 22，是过渡族金属。在 882 ℃时具有同素异晶转变点 T_c，在低于 T_c 的低温侧，结晶组织具有密排六方晶格的 α 相，在高温侧为体心立方的 β 相。纯钛的物理性质特点是熔点高 (1668 ℃)，密度在铁与铝之间，热膨胀系数及纵向弹性模量比钢小等。此外，纯钛还具有优良的耐化学腐蚀性能。

以钛为基础加入各种金属或者非金属合金元素组成的合金统称为钛合金。合金元素根据它们对相变温度的影响可分为三类:

(1) 稳定 α 相、提高相变温度的元素为 α 稳定元素，有铝、碳、氧和氮等。其中铝是钛合金主要合金元素，它对提高合金的常温和高温强度、降低比重、增加弹性模量有明显效果。

(2) 稳定 β 相、降低相变温度的元素为 β 稳定元素，又可分同晶型和共析型两种。前者有钼、铌、钒等；后者有铬、锰、铜、铁、硅等。

(3) 对相变温度影响不大的元素为中性元素，有锆、锡等。氧、氮、碳和氢是钛合金的主要杂质。氧和氮在 α 相中有较大的溶解度，对钛合金有显著强化效果，但却使塑性下降。通常规定，钛中氧和氮的含量分别在 0.15%~0.2%和 0.04%~0.05%以下。氢在 α 相中溶解度很小，钛合金中溶解过多的氢会产生氢化物，使合金变脆。通常钛合金中氢含量控制在 0.015%以下。氢在钛中的溶解是可逆的，可以用真空退火除去。

室温下，钛合金有三种基体组织，因此也就分为以下三类: α 合金，$\alpha+\beta$ 合金和 β 合金，分别以 TA、TC、TB 表示。

(1) α 钛合金；它是 α 相固溶体组成的单相合金，不论是在一般温度下还是在较高的实际应用温度下，均是 α 相，组织稳定，耐磨性高于纯钛，抗氧化能力强。在 500~600 ℃的温度下，仍保持其强度和抗蠕变性能，但不能进行热处理强化，室温强度不高。

(2) β 钛合金：它是 β 相固溶体组成的单相合金，未热处理即具有较高的强度，淬火、时效后合金得到进一步强化，室温强度可达 1372~1666 MPa；但热稳定性较差，不宜在高温下使用。

(3) $\alpha+\beta$ 钛合金：它是双相合金，具有良好的综合性能。组织稳定性好，有良好的韧性、塑性和高温变形性能，能较好地进行热压力加工。能进行淬火、时效使合金强化。热处理后的强度约比退火状态提高 50%~100%；高温强度高，可在 400~500 ℃的温度下长期工作，其热稳定性次于 α 钛合金。

三种钛合金中最常用的是 α 钛合金和 $\alpha+\beta$ 钛合金。α 钛合金的切削加工性最好，$\alpha+\beta$ 钛合金次之，β 钛合金最差。

钛合金因具有强度高、耐蚀性好、耐热性高等特点而被广泛用于航空航天、汽车、石油化工、生物医疗等各个领域。世界上许多国家都认识到钛合金材料的重要性，相继对其进行研究开发，并得到了实际应用。第一个实用的钛合金是 1954 年美国研制成功的 Ti-6Al-4V 合金，由于它的耐热性、强度、塑性、韧性、成形性、可焊性、耐蚀性和生物相容性均较好，而成为钛合金工业中的王牌合金，该合金使用量已占全部钛合金的 75%~85%。其他许多钛合金都可以看作是 Ti-6Al-4V 合金的改型。20 世纪 50~60 年代，主要是发展航空发动机用的高温钛合金和机体用的结构钛合金，70 年代开发出一批耐蚀钛合金，80 年代以来，耐蚀钛合金和高强钛合金得到进一步发展。耐热钛合金的使用温度已从 20 世纪 50 年代的 400 ℃提高到 90 年代的 600~650 ℃。A2 (Ti_3Al) 和 γ (TiAl) 基合金的出现，使钛在发动机的使用部位正由发动机的冷端 (风扇和压气机) 向发动机的热端 (涡轮) 方向推进。结构钛合金向高强、高塑、高韧、高模量和高损伤容限方向发展。另外，20 世纪 70 年代以来，还出现了 Ti-Ni、Ti-Ni-Fe、Ti-Ni-Nb 等形状记忆合金，并在工程上获得日益广泛的应用。目前，世界上已研制出的钛合金有数百种，最著名的合金有 20~30 种，如 Ti-6Al-4V、Ti-5Al-2.5Sn、Ti-2Al-2.5Zr、Ti-32Mo、Ti-Mo-Ni、Ti-Pd、SP-700、Ti-6242、Ti-10-5-3、Ti-1023、BT9、BT20、IMI829、IMI834 等。

5.2 钛微弧氧化陶瓷膜的组织与性能

近年来，随着对光催化技术研究的进一步深入，作为半导体材料的 TiO_2 因其自身的无毒、价廉、高活性和高稳定性等特点一跃成为世界上最热的纳米光触媒材料，也再一次扩展了钛的应用领域。不过，作为高效光催化剂的 TiO_2，早期研究主要以悬浮体系光催化为主。虽然在去污等方面功效明显，但 TiO_2 颗粒自身易随水流失，分离缓慢而昂贵，无法满足实际的应用 [1-3]。于是人们将研究重点转向 TiO_2 薄膜催化剂。要制备出性能优越的薄膜催化剂，首先要攻克两大难题：一是 TiO_2

与载体间的结合力问题，就是要确保 TiO_2 在使用中不易从载体上脱落；二是获得高的光催化活性。只有解决了这对矛盾体 (很多情况下，薄膜与载体的牢固结合是以降低比表面积为代价的)，才能真正意义上拓宽钛的应用领域。本节将介绍在工业纯钛 (纯度为 99.9%) 表面利用微弧氧化技术制备 TiO_2 陶瓷膜层的组织与性能 [4-9]。

5.2.1　电解液浓度对钛微弧氧化陶瓷膜组织与性能的影响

本小节具体试验条件如下：在磷酸盐电解液体系中，微弧氧化过程采用恒压模式，氧化电压为 420 V，氧化时间为 30 min，电解液的主要成分为 Na_3PO_4 和 NaF，Na_3PO_4 的浓度分别为 4 g/L、6 g/L、8 g/L、10 g/L、12 g/L，NaF 为 1 g/L，电解液温度控制在 30 ℃以下。

图 5-1 是不同电解液浓度时制备的微弧氧化陶瓷膜的 XRD 图谱。在 4~10 g/L 的浓度范围内，微弧氧化膜主要由锐钛矿型 TiO_2 组成，整体趋势是锐钛矿型 TiO_2 所占比例随着 Na_3PO_4 浓度的增大而增加，且在 8~10 g/L 内变化幅度最大。当 Na_3PO_4 浓度达到 12 g/L 时，薄膜中锐钛矿含量下降，相应生成金红石型 TiO_2 和 Ti_6O。对于 4~6 g/L 时的相组成，可以看到 4 g/L 时的衍射峰相比于 6 g/L 时，在强度上更大，在峰值宽度上更窄，考虑到锐钛矿型的含量及 TiO_2 的粒度大小和反应能量的关系，间接说明前者在反应能量上的优势。这样就可以推测，在低浓度范围内 (6 g/L 以下)，反应能量并不是一味随着 Na_3PO_4 浓度的增大而增大，而是存在一个最佳值。在 8~10 g/L 的浓度范围内，锐钛矿相的百分含量增长迅速，说明期间薄膜生长迅速，且反应能量所引发的剧烈程度在锐钛矿型 TiO_2 的有效生长范围之内，这样既保证了锐钛矿相含量的可观增长，又避免了金红石相的产生。

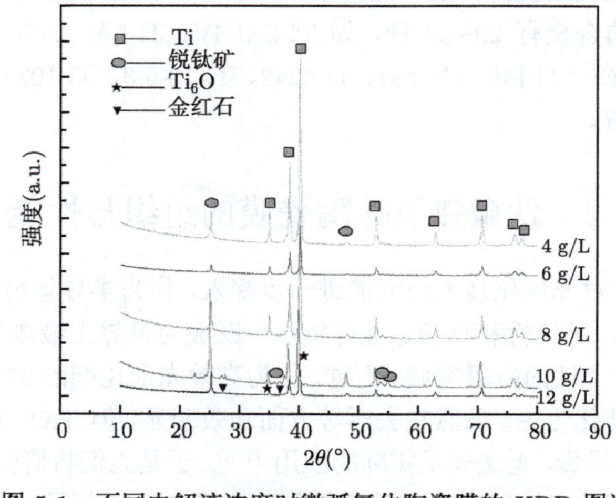

图 5-1　不同电解液浓度时微弧氧化陶瓷膜的 XRD 图谱

当 Na_3PO_4 浓度为 12 g/L 时，不仅出现了高温下稳定相金红石型 TiO_2，而且生成了新相 Ti_6O，期间锐钛矿相的含量较 10 g/L 时明显下降。除去小部分转变成金红石相外，根据衍射峰中各自的强度比，推测大部分应该在转变成金红石相的基础上，通过再次反应转变，最终形成了 Ti_6O 这种钛的氧化物。考虑到金红石型 TiO_2 的高温稳定性，从另一方面反衬出高浓度下，反应的剧烈程度。由此可以推断，Na_3PO_4 浓度如果持续增大，反应将愈加剧烈，而高浓度下的反应结果，明显不符合实验的要求，期间应该存在一个最佳值。

图 5-2 为不同电解液浓度时所制备的微弧氧化陶瓷膜的表面微观形貌 SEM

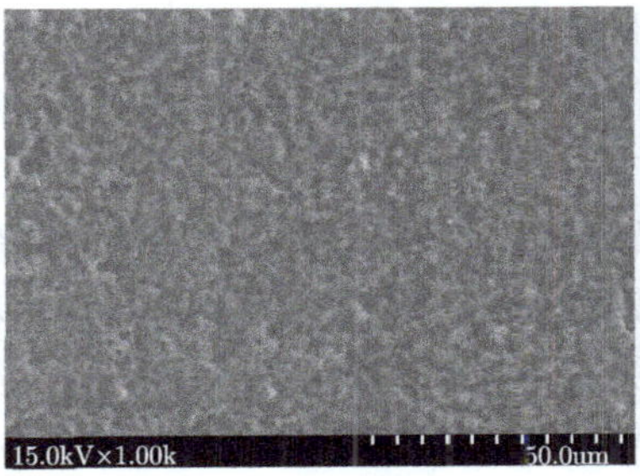

(a) 4 g/L

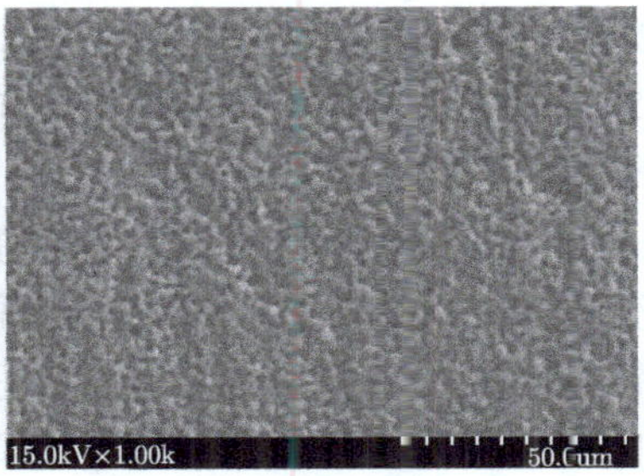

(b) 6 g/L

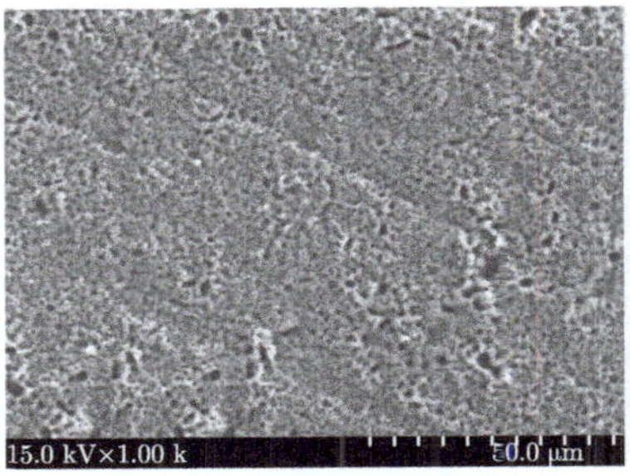

(c) 8 g/L

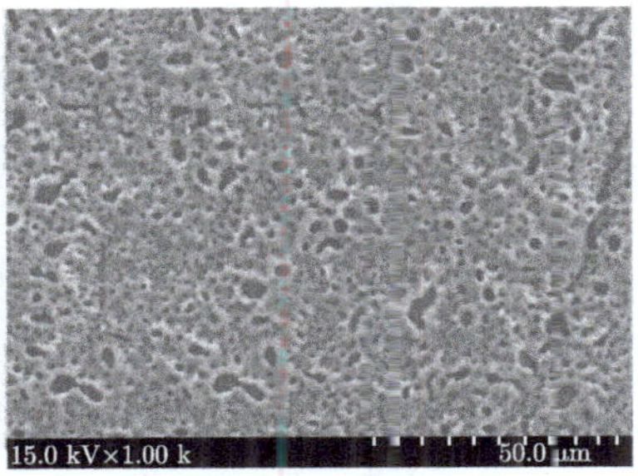

(d) 10 g/L

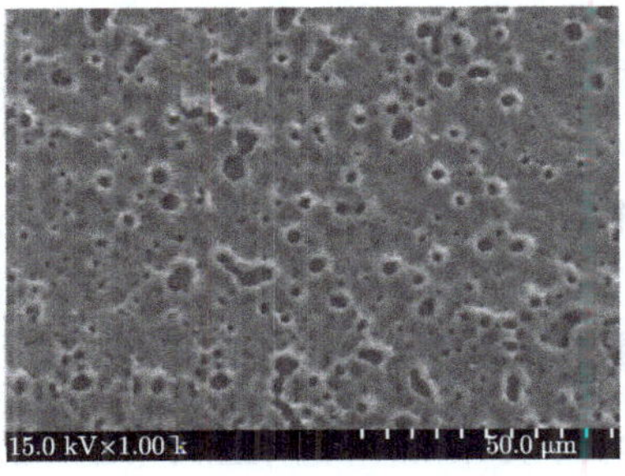

(e) 12 g/L

图 5-2　不同电解液浓度时微弧氧化陶瓷膜的表面微观形貌

照片。可以看到随着 Na_3PO_4 浓度的增大，膜层由薄到厚，孔洞数量随孔径的增大而减少。在 Na_3PO_4 浓度为 8~10 g/L 的范围内，微弧氧化反应程度随 Na_3PO_4 浓度增大而显著增加，具体表现为单位面积微孔数量减少，孔径变大 (图 5-2(c) 与 (d))。当 Na_3PO_4 浓度为 4~6 g/L 时，肉眼可以观察到试样表面均匀、细小和不密集的白色弧点，其反应的剧烈程度相比于 8 g/L 等高浓度，差距明显。有限的反应程度传递出反应能量不足的信息，而能量又是影响氧化膜生长的主要因素，这就解释了低浓度下的膜表面，孔洞结构模糊、粗碎的原因 (图 5-2(a) 与 (b))，即有限的反应能量抑制了薄膜的进一步生长，薄膜颗粒停留在生长初期，更没有进一步的内部生长。以此类推，对于 12 g/L 时的试样表面，可以清晰地发现各孔洞间熔融后凝固的痕迹，且膜层很厚 (图 5-2(e))。结合 XRD 物相分析，究其原因，Na_3PO_4 浓度增大，微弧氧化反应加剧，期间的高能量促使 TiO_2 颗粒加速生长、转变，持续反复的强弧光熔融使得部分熔融物喷涌而出，在膜层表面堆积、覆盖，再加上新相 Ti_6O 的影响，最终形成了照片中的形貌。

图 5-3 为不同电解液浓度时制备的微弧氧化陶瓷膜对亚甲基蓝的降解率随光照时间的变化曲线。由图可见，微弧氧化膜层对亚甲基蓝的光催化降解率基本上与各自所含锐钛矿型 TiO_2 的多少呈正比例关系。锐钛矿的百分含量仍是制约薄膜光催化效率的主要因素。可以看到 10 g/L 时所制备的薄膜有着最佳的光催化效率，6 g/L 时的薄膜由于锐钛矿含量偏低，故在催化效果上明显落后于其他浓度。

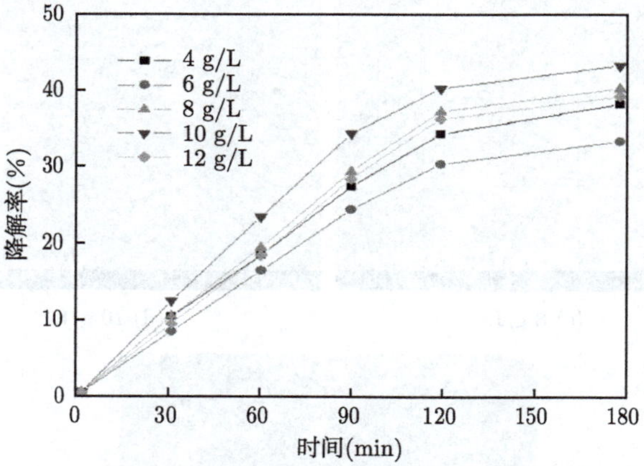

图 5-3　不同电解液浓度时微弧氧化陶瓷膜降解率随光照时间的变化

5.2.2　添加剂对钛微弧氧化陶瓷膜组织与性能的影响

本小节将介绍在电解液中分别加入不同金属 (过渡金属、重金属以及稀土) 氧化物添加剂对微弧氧化陶瓷膜层显微组织与性能的影响，本小节具体试验条件如下：在磷酸盐电解液体系中，微弧氧化过程采用恒压模式，氧化电压为 420 V，氧化时间为 30 min，电解液为磷酸盐体系 [成分为 Na_3PO_4(8 g/L)+NaF(1 g/L)]，电解液温度控制在 30 ℃以下。

图 5-4 为在 V_2O_5 添加剂条件下所制备的微弧氧化陶瓷膜的 XRD 图谱。图中并未发现与 V 相关的氧化物相的存在，但是通过谢乐公式计算所得的粒径却较未加入添加剂的薄膜有明显的减少，说明晶格中掺杂进了外来元素，可能是因为相对量过少，颗粒太小 (V^{5+} 的半径小于 Ti^{4+})，或者没有结晶，故没能在 XRD 图谱中呈现。

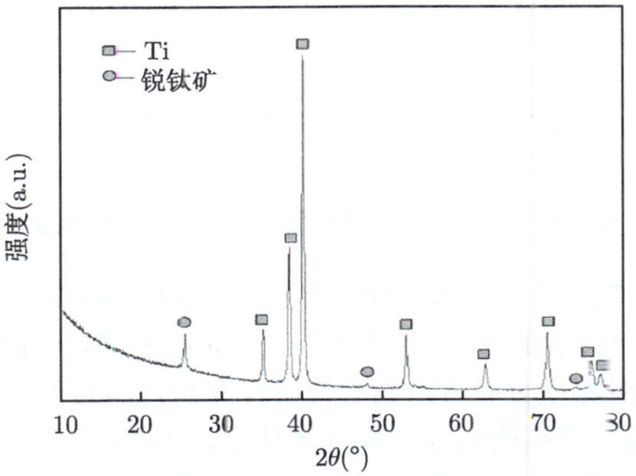

图 5-4 V_2O_5 添加剂时微弧氧化陶瓷膜的 XRD 图谱

图 5-5 为 V_2O_5 添加剂条件下制备的微弧氧化陶瓷膜的微观形貌 SEM 照片。从照片中可以看到薄膜表层存在明暗两种色调，说明膜层表面至少存在两种物质。它们彼此夹杂，使得整个表面形貌显得异常繁密，孔洞繁多。越是小孔洞的周围，暗色越浓密，结合能谱图 (图 5-6) 和 TiO_2 薄膜的原始 SEM 照片，可以推测暗色物质应该是含有 V 元素的化合物，且是 V_2O_5 参与微弧氧化反应后的产物。小

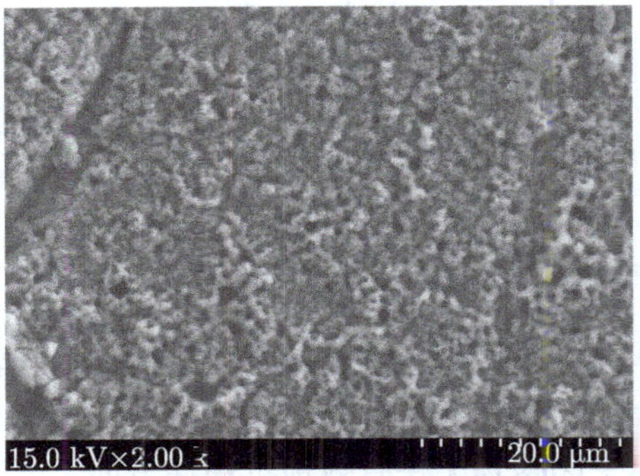

图 5-5 V_2O_5 添加剂时微弧氧化陶瓷膜的微观形貌

孔洞周围聚集含 V 化合物可能是 Ti 和 V 两种氧化物在反应过程中相互挤压、作用的结果，可以确定的是大量密、小且深的孔洞增加了薄膜的表面积。

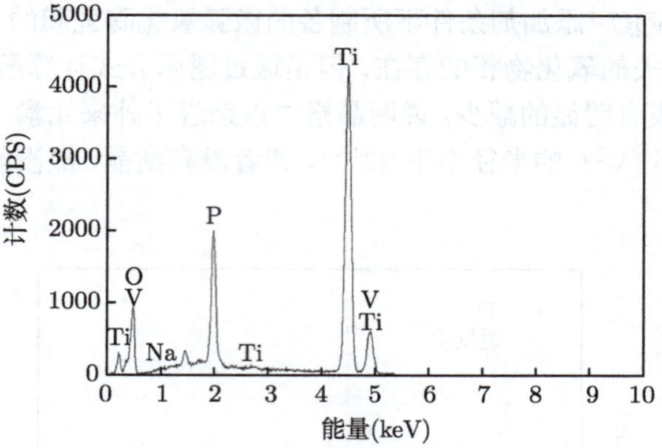

图 5-6　V_2O_5 添加剂时微弧氧化陶瓷膜的能谱

如图 5-7 所示，加入 Ag_2O 添加剂后所制备的 TiO_2 薄膜内，没有检测到 Ag_2O 相的衍射峰，可能的结果是 Ag^+ 已经掺入了 TiO_2 晶格内，但自身没有结晶，或者 Ag_2O 含量过少且零散分布，以至于没有检测到。但无论如何，可以确定的是 Ag_2O 的电解修饰对于薄膜的内部结构改变甚微，主要原因可能是重金属离子的半径大而无法很好地取代 Ti^{4+} 所致，它们更多地是通过改变体系中的电子分布来影响 TiO_2 的表面性质。

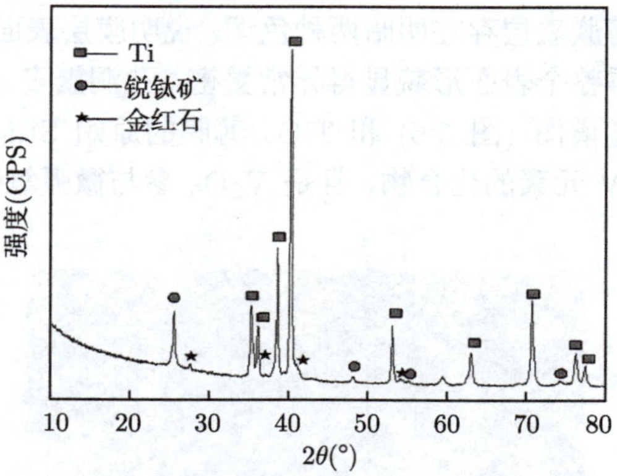

图 5-7　Ag_2O 添加剂时微弧氧化陶瓷膜的 XRD 图谱

从图 5-8 中可以清晰地看到少量 Ag 沉积在 TiO_2 表面，结合能谱分析 (图 5-9) 可知，Ag 含量明显偏少。这一结果的产生可以把它归因于过于剧烈的反应让大半径的 Ag 离子团聚物无法有效地沉积在表面。

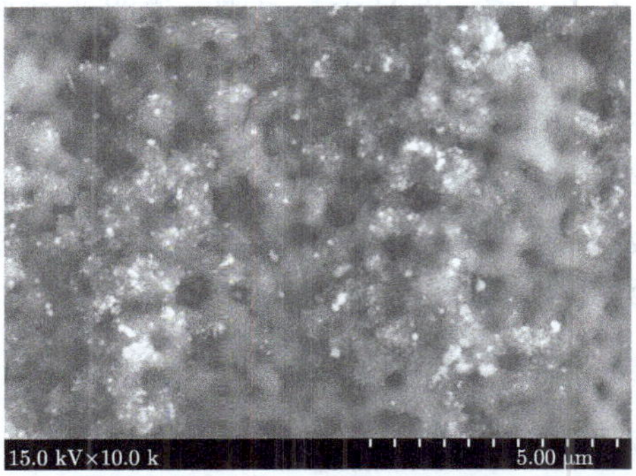

图 5-8 Ag_2O 添加剂时微弧氧化陶瓷膜的微观形貌

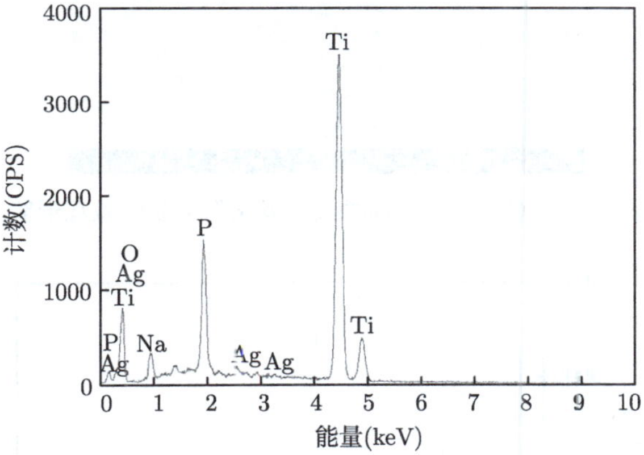

图 5-9 Ag_2O 添加剂时微弧氧化陶瓷膜的能谱

图 5-10 为在 CeO_2 添加剂条件下所制备的微弧氧化陶瓷膜的 XRD 图谱，由

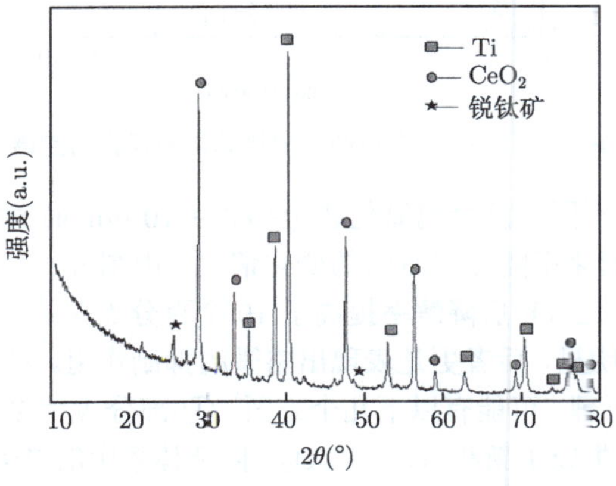

图 5-10 CeO_2 添加剂时微弧氧化陶瓷膜的 XRD 图谱

图可见，CeO_2 不仅进入了晶格，而且含量可观。说明通过直接反应，借助反应能可以很好地帮助 Ce^{4+} 及其氧化物进入微弧氧化膜晶格内部。

加入 CeO_2 添加剂后所制备的微弧氧化陶瓷表面微观形貌如图 5-11 所示。可见氧化膜除了更加浓密的细小孔洞外，表面有细小而分散的沉积物。结合能谱分析结果 (图 5-12) 可以推测，这些沉积物很有可能是 CeO_2，这对于防止孔洞堵塞和有效表面积的增加都起到积极的作用。

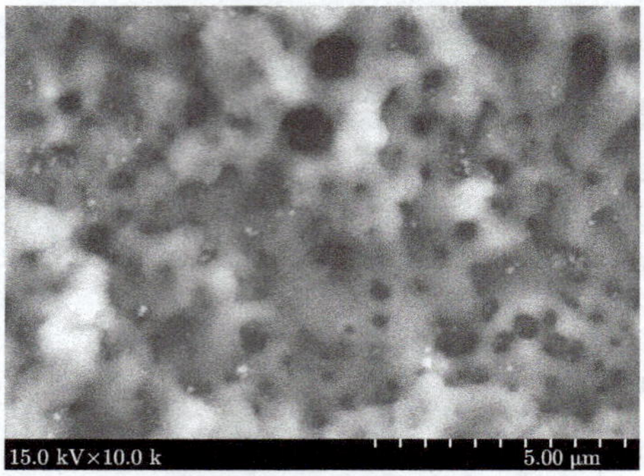

图 5-11　CeO_2 添加剂时微弧氧化陶瓷膜的微观形貌

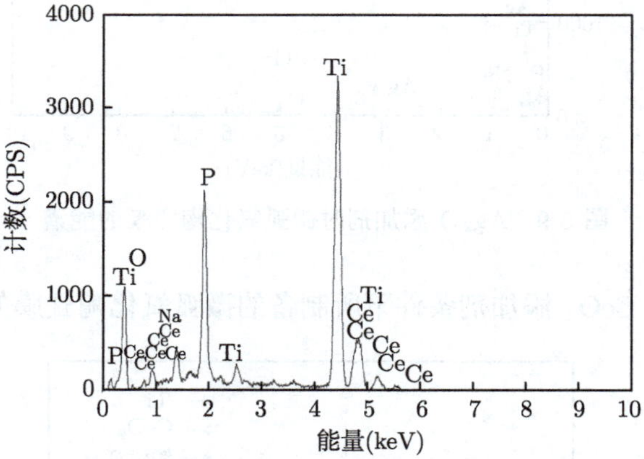

图 5-12　CeO_2 添加剂时微弧氧化陶瓷膜的能谱

图 5-13 为加入不同过渡金属氧化物 (浓度为 10 mmol) 添加剂所制备的微弧氧化陶瓷膜光降解催化率随光照时间的变化情况。由图 5-13 可知，V_2O_5 和 ZnO 的效果最好，在光催化 3 h 后降解率提高了 10 个百分点左右。Cr_2O_3 次之，Fe_2O_3 和 Co_2O_3 的效果不明显，后者更是表现出略微的抑制作用。对于适量 V 掺杂提高薄膜光催化活性的机理，可能有以下几个方面：① 部分 V^{5+} 在反应过程中取代了 TiO_2 晶体中 Ti^{4+}，生成了新相 $Ti_{1-x}V_xO_2$，掺杂体系中的 TiO_2 的导带底与杂质能级发生交叠，减小了 TiO_2 的有效带隙，使电子吸收较小的光子能量便可从价带

跃迁至导带中；② V^{5+} 比 Ti^{4+} 有着更高的电荷和更小的半径。在取代了 Ti^{4+} 后，可能会缩短与 O^{2-} 间的距离，从而有利于光电子的跃迁。③ V^{5+} 有更大的电荷半径比，使其对 O 有较强的极化效应，大大提高了 TiO_2 对可见光的吸收 [10,11]。对于 Co_2O_3 的微弱抑制现象，考虑到 Co^{3+} 的离子半径在这些元素中最大，有可能在反应过程中部分 Cr_2O_3 无法进入晶格之内，从而堆积在 TiO_2 表面，减少了 TiO_2 的有效表面积，进而影响其光催化活性。

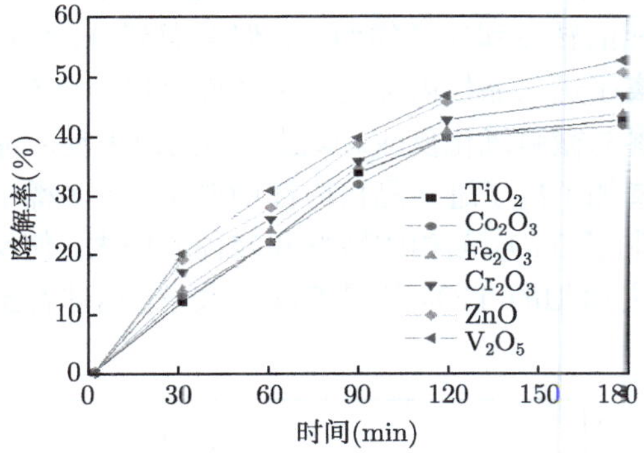

图 5-13 不同过渡金属氧化物添加剂时微弧氧化陶瓷膜降解率随光照时间的变化

图 5-14 为加入不同重金属氧化物 (浓度为 10 mmol) 添加剂时所制备的微弧氧化陶瓷膜光催化降解率随光照时间的变化情况。可以看出电解液中加入重金属氧化物添加剂后的薄膜，光催化活性得到了一定的提高。重金属以原子簇形式聚集在 TiO_2 表面，通过加速电子向 O_2 的传递来降低 e^-/h^+ 的复合概率。其催化效果与 Ag、Pb 簇的负载量密切相关，因为重金属的大半径，限制了它们进入晶格内部，而只能聚集在 TiO_2 表面。而微弧氧化过程是一个伴随着溶解和生成、氧化和还原的剧烈反应过程，这一过程中的化学热能和动能等作用，很有可能阻碍了 Ag

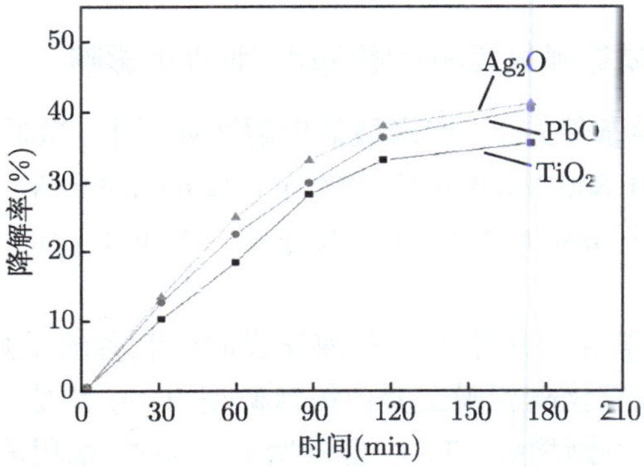

图 5-14 不同重金属氧化物添加剂时微弧氧化陶瓷膜降解率随光照时间的变化

或 Pb 簇在 TiO_2 表面的聚集，从而减少了 Ag、Pb 簇的负载量，也就间接降低了薄膜的光催化效率，故重金属氧化物添加剂对于提高微弧氧化膜的光催化降解率效果有限。

图 5-15 为加入不同稀土氧化物 (浓度为 10 mmol) 添加剂所制备的微弧氧化膜光催化降解率随光照时间的变化情况。由图可知，CeO_2 有着最好的修饰效果，且各稀土元素的催化效果相比于未加入添加剂时整体都有了较大的提高。这是因为稀土元素进入晶格内部，与 TiO_2 晶格相互作用，导致 TiO_2 晶格不同程度的膨胀，抑制了 TiO_2 晶相的转变和粒径的增大。但考虑到 Ti^{4+} 和稀土元素间的半径相差较大，所以稀土离子进入晶格内部的量总体而言仍十分有限。在电解液中加入稀土氧化物，将直接参与微弧氧化反应。该过程中的巨大反应能加速了稀土离子的运动能，可能因此而增加了离子进入晶格内部的概率。更多稀土离子的进入提升了晶格膨胀的程度，抑制了 TiO_2 晶相的转变和粒径的增大，使反应向着有利光催化的锐钛矿型转变；加之增加的 TiO_2 的晶格缺陷数量，这些都提高了薄膜的光催化性能。

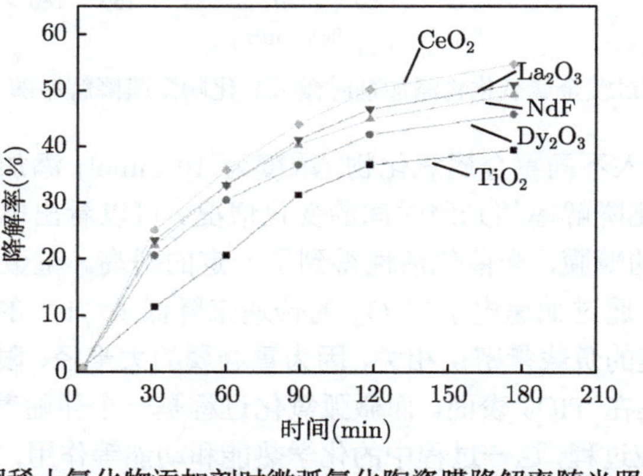

图 5-15 不同稀土氧化物添加剂时微弧氧化陶瓷膜降解率随光照时间的变化

5.2.3 氧化电压对钛微弧氧化陶瓷膜组织与性能的影响

本小节具体试验条件如下：在磷酸盐电解液体系中，微弧氧化过程采用恒压模式，氧化电压分别为 360 V、380 V、400 V、420 V、440 V，氧化时间为 30 min，电解液为磷酸盐体系 [成分为 Na_3PO_4(8 g/L)+NaF(1 g/L)]，电解液温度控制在 30 ℃以下。

图 5-16 为不同氧化电压下在工业纯钛表面所制备的微弧氧化陶瓷膜的 XRD 图谱。可以看到微弧氧化陶瓷膜主要由锐钛矿型 TiO_2 组成，随着电压的增大，锐钛矿 TiO_2 的衍射峰逐渐增强，TiO_2 含量增加；同时，衍射峰的宽度逐渐变窄，表明膜层内的 TiO_2 粒度变大。相比于恒流条件下制备的薄膜，在恒压 440 V 下所得

陶瓷膜的锐钛矿含量也仅为 40%，且没有金红石相出现。这是因为金红石型 TiO_2 作为高温稳定相，是在高温下由锐钛矿型 TiO_2 转变而来。温度越高，转变越多。考虑到温度的高低取决于系统的反应能量，这就说明整个反应过程的能量稳定而有限。联系交流电压工作原理，只加阳极电压时，钛表面只发生钛的氧化膜的形成和膜的化学溶解及氧的析出。当加上阴极电压时，因为有了阴极还原电流的通过，额外多了析氢反应。这样一来，当电解电流由氧化变为还原电流时，钛表面由阳极变成阴极，溶液中的 H^+ 在电场力的作用下，将进入多孔膜的膜孔底部，使其致密层发生还原而减薄，也就减少了膜电阻 (同时也减少了锐钛矿型 TiO_2 的含量)，加速了膜内反应产生的焦耳热与外界的扩散，从而降低了因膜内局部高温无法扩散而引发晶型转变的可能。另外，大量氢气的产生也能迅速地带走反应产生的热量。提高电压、增大电流或延长氧化时间都是为了增大系统的反应能量，从这一点上来说，440 V 的恒压制备电压是一个比较理想的工艺参数 (对比恒流下 470 V 的终止电压，相同的制备时间下，已经有金红石相出现)。

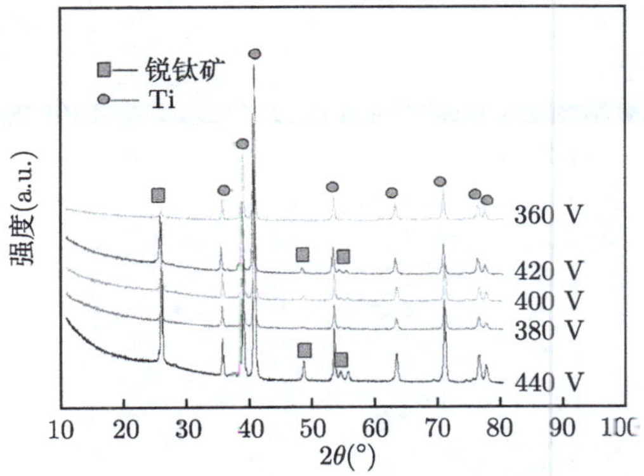

图 5-16 不同氧化电压时微弧氧化陶瓷膜的 XRD 图谱

图 5-17 为不同电压下制备的微弧氧化陶瓷膜微观形貌 SEM 照片。从图中可以看出，低压时 (360 V)，氧化膜较薄，基底磨痕明显，表面粗糙且连续性差，同时零星分散的微孔已大量出现，这些火花放电时所形成的放电通道很好地说明了微弧氧化反应在该电压下的剧烈程度。随着电压的升高，薄膜生长加快，增厚的膜层逐渐掩盖了磨痕，各微孔在扩张性生长后连成一片，并在此基础上继续长大。具体表现为微孔尺寸的增加，微孔数量相应减少，膜表面形状越发不规则，粗糙程度加大。对比恒流条件下制备的薄膜表面，发现恒压下所得的膜层与其有着相似的变化规律和结果。比较图 5-17(d) 和图 5-17(e)，可以发现两者都有着相似的表面形貌和孔径，唯一不同的就是彼此的终止电压。这就意味着在相同的反应时间下，恒流处理要想获得与恒压相当的表面特征，需要达到更高的恒流终止电压。考虑到钛基材

表面反应加剧、孔径增大的最终决定因素是系统的反应能量，也就可以间接推论：在相同的终止电压下，恒流处理时的反应能量明显小于恒压处理。

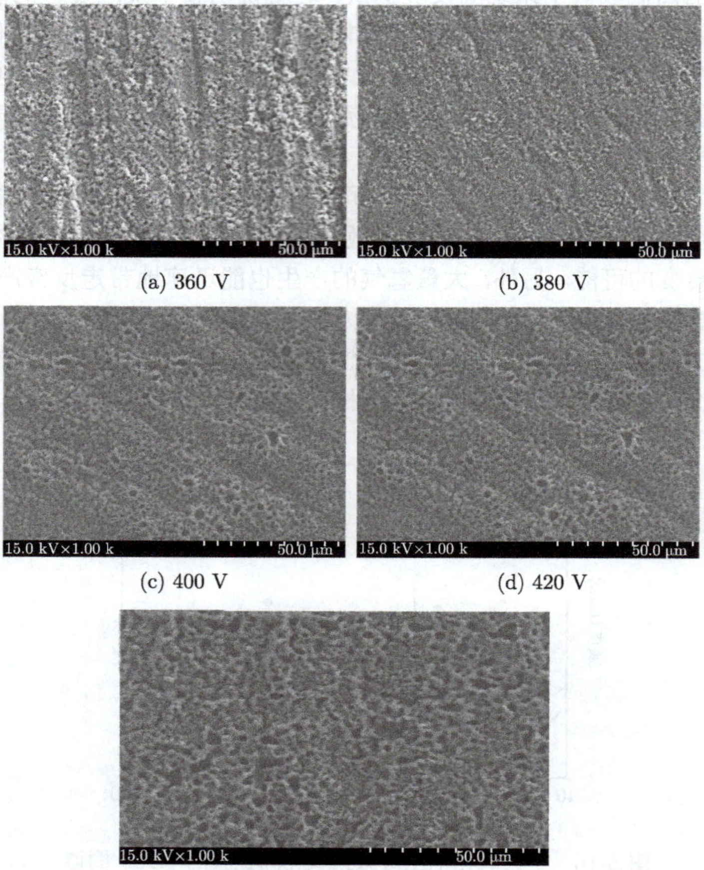

(a) 360 V　(b) 380 V　(c) 400 V　(d) 420 V　(e) 440 V

图 5-17　不同氧化电压时微弧氧化陶瓷膜的微观形貌

图 5-18 为不同氧化电压时制备的微弧氧化陶瓷膜对亚甲基蓝的降解率随光照时间的变化曲线。由图可知，TiO_2 薄膜对亚甲基蓝的光催化降解率随制备电压的增大而增大，420 V 时所制备的陶瓷膜具有最佳光催化效率，在 380 V 后则是一个明显的跨越。从 360 V 和 380 V 时陶瓷膜 XRD 图谱看 (图 5-16)，锐钛矿 TiO_2 的衍射峰趋于微弱，也就意味着 TiO_2 的含量较少，而含量又是决定薄膜光催化效果的一个主导因素，所以在相同的外在条件下，含量明显较少的陶瓷膜其光催化效果自然不理想。而对于 420 V 和 440 V 时制备的薄膜，含量有差别但不明显，催化效果近似相同。对于此种现象，考虑引入另一个参考因素 —— 比表面积。440 V 下

的膜表面，单位面积上的孔洞数量相比 420 V 下的少，孔径则较大，说明该电压下能产生出更高的能量，多出的能量促成了颗粒的再生长 (关于粒径的大小，也可从衍射峰的宽窄比较得出)，相应的比表面积减少，从而部分抵消了由 TiO_2 含量增高而带来的光催化活性的提高。

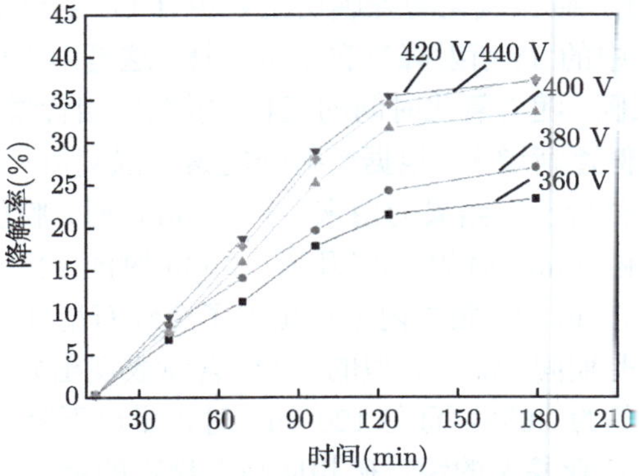

图 5-18 不同电压时微弧氧化陶瓷膜降解率随光照时间的变化

5.2.4 氧化时间对钛微弧氧化陶瓷膜组织与性能的影响

本小节具体试验条件如下：在磷酸盐电解液体系中，微弧氧化过程采用恒流模式，电流密度为 20 A/dm^2，氧化时间分别为 5 min、15 min、30 min、60 min、120 min，电解液为磷酸盐体系 [成分为 Na_3PO_4(8 g/L)+NaF(1 g/L)]，电解液温度控制在 30 ℃以下。

图 5-19 为恒定电流密度下电压随微弧氧化时间的变化情况。从图中可看出，在微弧氧化的起始阶段，电压随氧化时间的增加而迅速增大，随后 (至 470 V 时) 增加速度变缓，最后维持在一个稳定值 (478 V)。在恒流的前提下，电压值与电阻

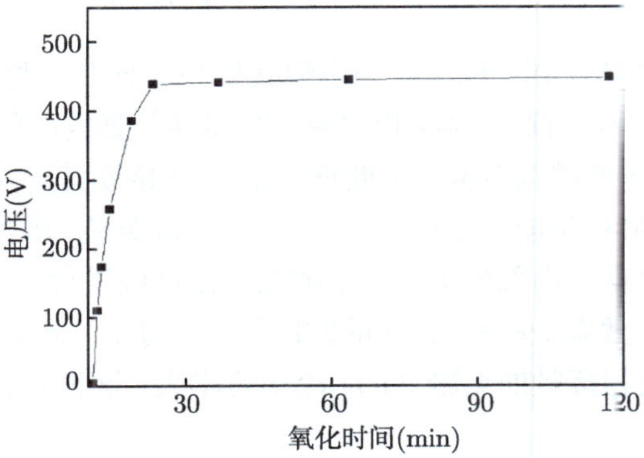

图 5-19 电压随微弧氧化时间的变化情况

成正比，也就与膜厚间接呈线性关系。电压值增长迅速，表明薄膜生长迅速。电压不再增大，则意味着膜层增长缓慢或近乎停滞。换言之，此时的电压无力击穿试样的膜层，新膜的生长也就因无法继续向内部延伸而终止。

图 5-20 为不同氧化时间条件下在工业纯钛表面所制备的微弧氧化陶瓷膜的 XRD 图谱。可以看出，微弧氧化陶瓷膜层主要由 TiO_2(金红石型和锐钛矿型) 组成，其中，XRD 图谱中的 Ti 衍射峰来自于基体钛，这是由于所制备的微弧氧化膜厚度不是足够厚的原因。随着氧化时间的延长，锐钛矿相含量先增后减，金红石相则从无到有，所占比例逐渐增大。根据衍射峰的累积强度值，可以估算各晶型的百分含量，以便进一步分析反应结果的由来。在 15 min 时，膜层中尚无金红石相出现，锐钛矿相的含量由 5 min 时的 10%升至 15 min 时的 22%，反应只生成亚稳态的锐钛矿型 TiO_2。30 min 时，膜层内不仅出现了金红石型 TiO_2，且含量随时间的推移呈线性增长。在此期间，锐钛矿型的 TiO_2 含量表现出先增后减的走势，在 60 min 时达到最大值，约为 46%，而在 120 min 时含量已下降至 25%。这说明在微弧氧化过程中发生了由亚稳态的锐钛矿相向高温稳定的金红石相的相转变。

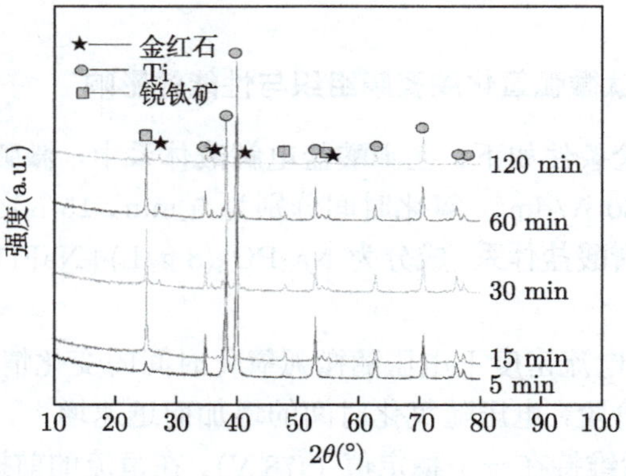

图 5-20　不同氧化时间时微弧氧化陶瓷膜的 XRD 图谱

当温度在 610~915 ℃时，低温亚稳态锐钛矿型会向高温稳定态金红石型转变。所以在低电压时 (15 min 前)，火花相对温度较低 (主要呈白色弧光)，只形成锐钛矿型 TiO_2。随着电压的继续升高，不断增大的膜厚导致膜层内局部地区部分放电通道堵塞，致使该地区的电流密度增大，火花 (呈橘黄色) 温度升高，晶型转变由此产生。进一步考虑反应内部的因素，在微弧氧化反应过程中，等离子体弧区瞬间温度非常高，但每个微弧 (火花) 存在的时间很短 (约 10~20 μs)，在每个火花熄灭瞬间，表面与电解液相接触的熔融 TiO_2 冷却速率大，这也就解释了反应前期没有金红石生成的原因。

以此类推，膜层内部的 TiO_2，因为与电解液接触少，冷却速率相应减小，导致冷却能力逐层递减。因此，当膜内的厚度达到一定值时，在膜内的微等离子体放电所产生的瞬间高温来不及被冷却，从而使第一阶段中生成的锐钛矿相在反复放电弧光的重熔烧结作用下，逐渐转变为高温金红石型 TiO_2。当然，锐钛矿相的生成与向金红石相的转变并非孤立，随氧化时间的延长，两种行为同时发生。只不过在反应的后期，随着膜厚的进一步增大，击穿电压的要求也相应提高，而恒流的前提限制了击穿电压的升高，也就阻碍了膜层的进一步生长，以致后期的反应都停留在锐钛矿型向金红石型转变的阶段。这就解释了锐钛矿型 TiO_2 在后期百分含量下降的缘故。此外，根据 XRD 所测定的数据，通过谢乐公式计算粒径，得出了所制备的 TiO_2 尺寸分别近似为 23 nm 和 40 nm。由此可见，所制备的 TiO_2 微弧氧化膜属于纳米量级的薄膜。

图 5-21 为不同微弧氧化时间时在工业纯钛表面所制备的微弧氧化陶瓷膜的表面微观形貌。不同于基体表面的光滑平整 (图 5-21(a))，微弧氧化陶瓷膜表面呈现出多孔的形貌。在这些试样中，随着氧化时间的延长，表面微孔数量逐渐减少，孔径逐渐增大，膜层表面的粗糙度、不平整度也逐渐增大。

在恒流下对钛表面进行微弧氧化处理，通电后工件表面产生大量气泡，金属光泽渐失，表面钝化，生成薄而均匀的氧化膜。当施加电压超过某一临界值时，绝缘膜很容易被击穿，发生弧光放电现象，出现分布均匀、致密且快速游动于整个样品表面的弧点，由于击穿形成的放电通道，形成了多孔的微弧氧化膜 (图 5-21(b))。随着反应时间的延长，膜厚增加，电击穿变得越来越困难，试样表面的弧光密集度变小，弧光面积逐渐变大，且零星黄色火花。但膜层内部仍存在微弧放电，使得氧化膜继续向内部生长，形成致密层。结合电压走势图，以图 5-21(c) 为例进行分析。当微弧氧化进行到 15 min 时，电压仍旧处于上升期但趋于平稳 (图 5-19)，说明膜厚仍在增加，表面上孔洞的孔径明显变大，同时在表面出现了几个较大熔坑。这是由于当试样的处理时间较长时，其表面的某些微区 (微粒) 熔凝增加，膜层不断增厚，与此同时，放电通道不断堵塞，放电部位逐渐减少，电流集中使该部位的电流密度升高，高温熔融其附近颗粒，进而产生较大熔坑。对比后期的微弧氧化膜形貌，可以认为 15 min 时的反应是一个过渡阶段 —— 氧化膜的生长进入晚期，局部高温放电现象出现。当反应电压开始稳定在 470 V 时，火花不再零星闪现，呈现均匀态并伴随着尖锐的爆鸣声，只有少部分弧光可见。这说明随着熔融薄膜的叠加、膜厚的增大，越来越多的放电通道被堵塞，电流进一步集中，继而发生局部持续放电现象，产生更多的熔坑 (图 5-21(d) 和 (e))。不仅如此，随着时间的进一步推移，从基体内部源源不断熔融、喷出的氧化物开始堆积、附着在表面 (见图 5-21(f) 中的白色颗粒)，说明膜层内的生长已经受阻、停滞，后期的反应越来越多地是膜层的再熔融 (或者说是膜内成分的转变)，而非新膜的生成。

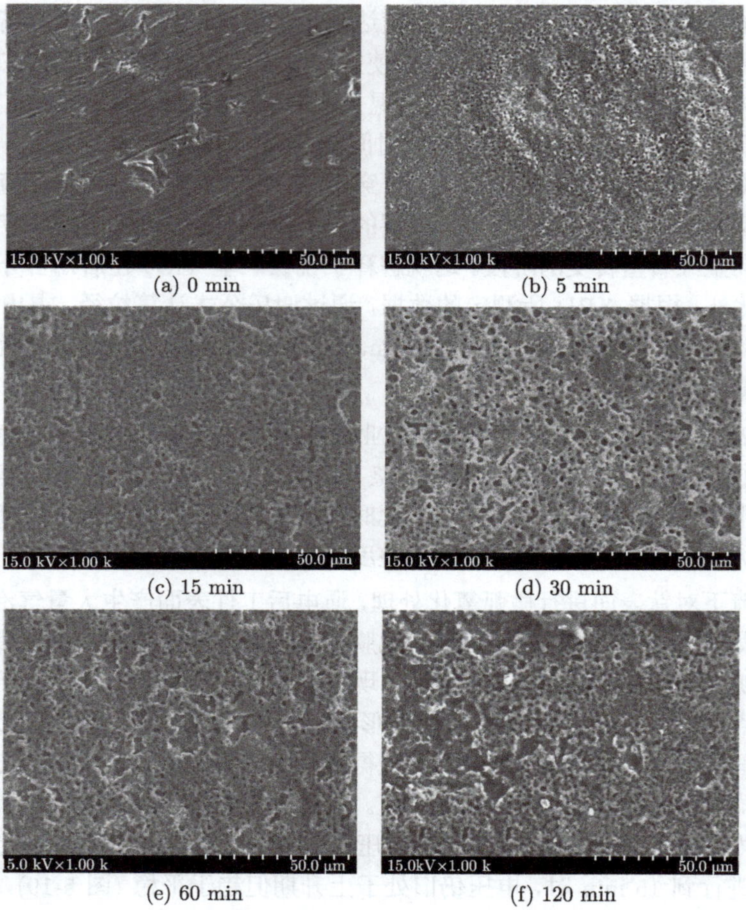

图 5-21　不同氧化时间时微弧氧化陶瓷膜的表面微观形貌

图 5-22 为不同氧化时间时制备的微弧氧化陶瓷膜对亚甲基蓝的降解率随光照时间的变化曲线。在光照初期，TiO_2 陶瓷膜的降解率随着光照时间的延长线性增加；但是到光照后期，降解率却随着光照时间的延长缓慢增加且增加到一定程度后趋于停滞。究其原因，具备催化活性的 TiO_2 主要集中在样品表面的疏松和致密层，光线极易接触、涵盖，越往里光线所能到达的量就越少，反应所需的吸收光能也就越少；TiO_2 受光激发产生的电子–空穴对的浓度取决于光照时间，但量是有限的 (包括溶液中的含氧量等)，也就是说存在一个平衡浓度，时间越长，越接近平衡值，差别也就越不明显。故初期反应明显而集中，以致到了后期，反应近乎结束，降解也就不再明显。

比较不同时间时所得 TiO_2 膜的降解率即光催化能力，呈现先增后减的趋势，60 min 为最佳。结合 XRD 图谱和 SEM 照片 (见图 5-20 及图 5-21)，可知在该氧化阶段，薄膜中锐钛矿型 TiO_2 含量达到最大值，由此可以推测，锐钛矿型 TiO_2 含量的多少关系着膜层催化能力的大小。这样一来，当处理时间延长到 120 min 时，更多的锐钛矿型 TiO_2 转变成更为稳定的金红石型 TiO_2，加厚的膜层不仅对光催化活性的提高没有促进，反而因为致密层中锐钛矿型 TiO_2 含量的降低而减弱了其自身的催化活性。再比较制备时间为 5 min 和 15 min 时的两个试样，大部分时间里，后者的光催化能力大于前者，唯独在初始阶段，情况相反。这一现象可以归因于量子尺寸效应和膜内成分的分布不均。研究表明 TiO_2 半导体的颗粒尺寸减少至纳米级时，其光催化活性有显著的提高 [12,13]。而孙奉玉等 [14] 以光催化降解苯酚为探针反应，研究了 TiO_2 尺寸与光催化活性的关系，发现当催化剂晶粒尺寸小于 16 nm 时，TiO_2 半导体具有明显的量子尺寸效应，活性明显上升。另外，膜内锐钛矿型 TiO_2 含量的分布不均导致光照初期反应面积有限 (指 15 min 试样，且相对于后期的几个锐钛矿型 TiO_2 含量较高的试样) 也是影响试样早期光催化能力的一个重要因素。至于各试样最后的催化效果，则再一次有力地证明了锐钛矿型 TiO_2 含量对于薄膜光催化性能的重要影响。

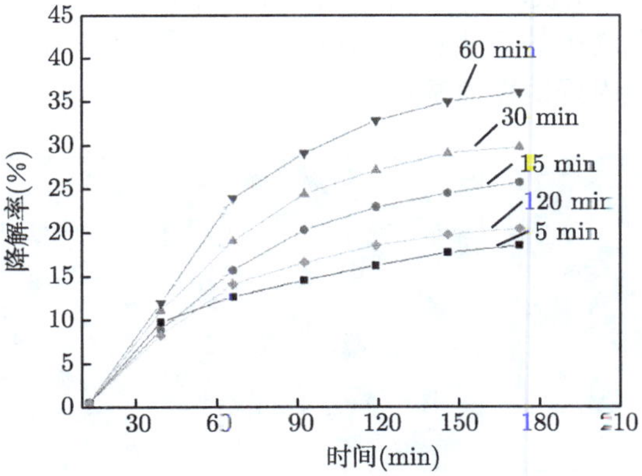

图 5-22 不同氧化时间时微弧氧化陶瓷膜降解率随光照时间的变化

5.3 钛合金微弧氧化陶瓷膜的组织与性能

钛合金具有质量轻、比强度大、热稳定性好等优良的综合性能，广泛应用于航空航天及民用工业。但是钛合金的表面硬度较低、耐磨性和耐蚀性较差，限制了其进一步应用。因此需要对钛合金表面进行改性处理，以提高其表面性能。其中，微弧氧化技术在实践中取得了很好的效果。本节将主要介绍 Ti-6Al-4V(TC4) 合金微弧氧化膜的组织与性能，其化学成分见表 5-1。

表 5-1 Ti-6Al-4V 合金的化学成分

元素	Al	V	Fe	Si	C	N	H	O	Ti
质量分数 (%)	5.5~6.75	3.5~4.5	0.30	0.15	0.10	0.05	0.125	0.20	余量

5.3.1 钛合金微弧氧化陶瓷膜的组织

图 5-23 为 3 种不同电解液 ($NaAlO_2$(10 g/L)+$NaHPO_2 \cdot H_2O$(1 g/L)、Na_3PO_4(10 g/L)+$NaHPO_2 \cdot H_2O$(1 g/L)、Na_2SiO_3(10 g/L)+$NaHPO_2 \cdot H_2O$(1 g/L)) 中制备的微弧氧化膜的表面微观形貌 [15]。由图可见，三种电解液中制备的钛合金微弧氧化膜均表现出多孔、细致、均匀的微弧氧化膜特征。从表面的放电孔洞大小、孔径差别度、孔隙率以及孔洞周围形态可推测，$NaAlO_2$ 电解液中的氧化程度最为强烈，Na_2SiO_3 中的氧化程度最微弱。$NaAlO_2$ 溶液中制备的氧化膜孔洞较多，孔隙率最大，放电孔洞孔壁氧化物比较粗糙，并产生了裂纹，这是因为反应过程中剧烈放电造成金属熔浆溅射所致。在 Na_3PO_4 溶液中微弧氧化过程的放电程度没有使金属熔浆溅射，故孔洞周围的氧化物较光滑、饱满，氧化膜能够较好地覆盖基体表面，孔隙率较低，表面比较均匀。Na_2SiO_3 中得到的氧化膜孔洞较少，放电孔洞小，孔隙率最低，从孔洞周围的氧化物形态可知氧化过程起弧比较微弱，放电能量低，氧化膜较疏松，不能很好地覆盖基体。

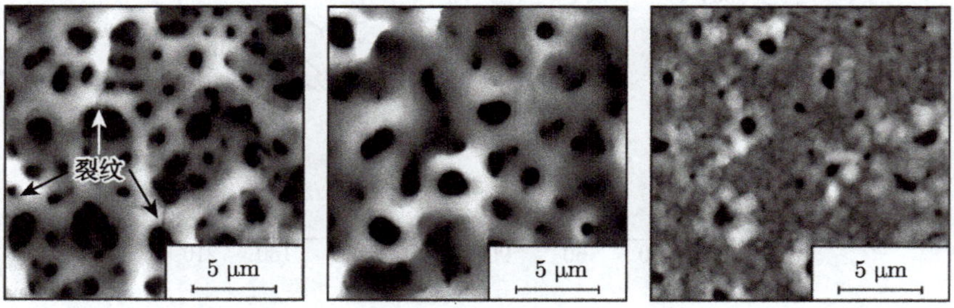

(a) $NaAlO_2$ (b) Na_3PO_4 (c) Na_2SiO_3

图 5-23 不同电解液时微弧氧化陶瓷膜的表面微观形貌

图 5-24 是电流密度分别为 3 A/dm^2、8 A/dm^2、12 A/dm^2 时制备的微弧氧化膜的 XRD 图谱 [16]。可以看出膜层由锐钛矿和金红石相 TiO_2 组成，最强的峰为基底钛峰。电流密度对膜层中锐钛矿和金红石相 TiO_2 的生成有显著的影响。电流密度较小时，锐钛矿和金红石相 TiO_2 的衍射峰的强度很小，随着电流密度的增大，锐钛矿和金红石相 TiO_2 的衍射峰的强度逐渐增加，XRD 谱中可见各主衍射峰尖锐，可见膜层中生成的锐钛矿和金红石结晶完好。根据锐钛矿和金红石的衍射峰的强度的可以估算出膜层中两者的相对含量 [17]，随着电流密度的增大，金红石 TiO_2 的相对含量分别为 51%、55%、60%。TiO_2 有多种结晶相，其中最常见的是具有

热力学平衡态的金红石相和亚稳态的锐钛矿相，金红石相和锐钛矿相在高温合成时很容易生成，但是在较高的温度下 (接近熔点) 更容易生成金红石相 [18]。电流密度较小的时候，试件表面的微弧密度较低，不足以使试件表面达到很高的温度，因而在此条件下生成的金红石型 TiO_2 较少。当电流密度较高时，试件表面产生激烈的微弧，试件表面的温度急剧升高，促进了金红石核的形成，因而在膜层表面得到了较多的金红石相 TiO_2。

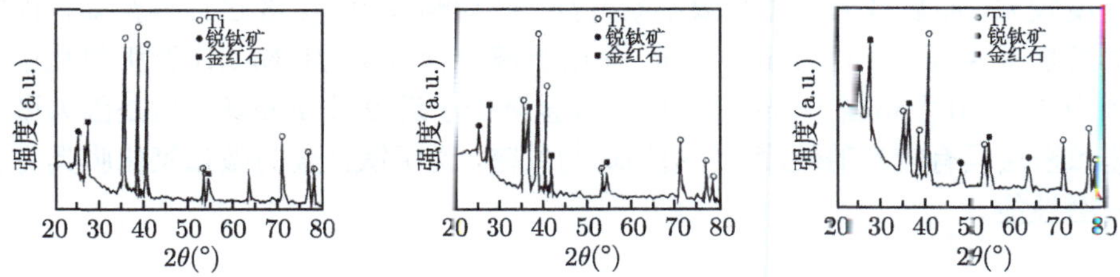

(a) 3 A/dm²　(b) 8 A/dm²　(c) 12 A/dm²

图 5-24　不同电流密度时微弧氧化陶瓷膜的 XRD 图谱

5.3.2　钛合金微弧氧化陶瓷膜的性能

图 5-25 为 TC4 合金基体与不同氧化电压时制备的微弧氧化陶瓷膜的表面硬度 [19]。从图 5-25 中可以看出，经过微弧氧化处理后的试样表面硬度明显地高于基体材料。这说明微弧氧化过程对提高钛合金的表面硬度具有良好的效果。另外，微弧氧化膜层的硬度是随着电压的增加而增加的。这主要是在电压较低时，微弧氧化过程中产生的热量可以很好地散去，电解质溶液中的温度不会太高，促使锐钛矿型 TiO_2 的形核过程，因此在电压较低时得到的微弧氧化膜层的主要成分是锐钛矿型 TiO_2。相反在电压较高时，微弧氧化过程中的热量释放量的就相对较少，导致电解质溶液中的温度较高，试件表面的冷却速度减慢，促使金红石型 TiO_2 的形核过程。因此在电压较高时，微弧氧化膜层的主要成分是金红石型 TiO_2。金红石型 TiO_2 的

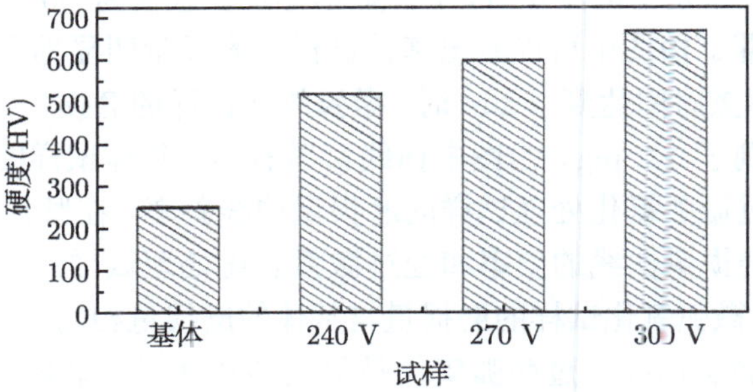

图 5-25　氧化电压对钛合金微弧氧化陶瓷膜硬度的影响

硬度比锐钛矿型 TiO_2 的硬度要高得多。所以，微弧氧化膜层的硬度是随着电压的增加而增加的。

图 5-26 为 TC4 合金基体、电解液中无 NaOH[Na_2SiO_3(15 g/L)+ Na_3PO_4(10 g/L)] 与有 NaOH[Na_2SiO_3(15 g/L)+ Na_3PO_4(10 g/L)+NaOH(1 g/L)] 条件下所制备的微弧氧化膜与 Si_3N_4 球对摩时的平均摩擦系数。可以看出，电解液中含有 1 g/L 的 NaOH 微弧氧化陶瓷膜层的平均摩擦系数最低，只有 0.272 15，而未经微弧氧化处理的 TC4 合金的摩擦系数高达 0.614 50。前者的摩擦系数不断降低且波动幅度较大，而后者的摩擦系数不断升高，波动幅度较小。经过计算得知，TC4 合金的磨损率为 5.0×10^{-4} mm^3/N·m，而电解液中含有 1 g/L NaOH 微弧氧化膜的磨损率为 9.2×10^{-6} mm^3/N·m，比 TC4 合金降低了近 2 个数量级，这是因为微弧氧化膜致密层具有较高的硬度，且结构均匀致密，说明钛合金的微弧氧化膜具有良好的耐磨性能。

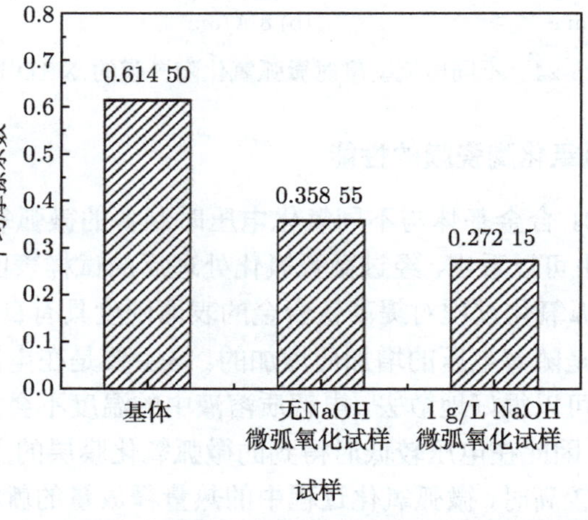

图 5-26　TC4 合金基体与微弧氧化陶瓷膜试样的摩擦系数

图 5-27 是钛合金表面微弧氧化陶瓷膜试样和 TC4 合金基体试样的磨损曲线。图中所示的微弧氧化试样和 TC4 合金基体是在载荷为 50 N 的条件下经摩擦 25 min 后的磨损量。由图中可以看出基体试样的磨损量明显地大于经过微弧氧化处理的试样，在摩擦时间达到 5 min 时，微弧氧化试样的磨损量为 0.7 mg，而基体试样的磨损量达到了 1.2 mg。由图中曲线可以看出，基体试样的磨损量曲线的斜率明显要大于经过微弧氧化处理试样的磨损量曲线斜率，在磨损时间达到 20 min 后，基体试样的磨损量曲线的斜率和经过微弧氧化处理试样的磨损量曲线斜率基本相同，说明此时微弧氧化试样的磨损量与基体的磨损量相同，此时微弧氧化试样与 Si_3N_4 球的对磨层已经透过微弧氧化膜层达到基体了，即微弧氧化膜层已经被磨穿。

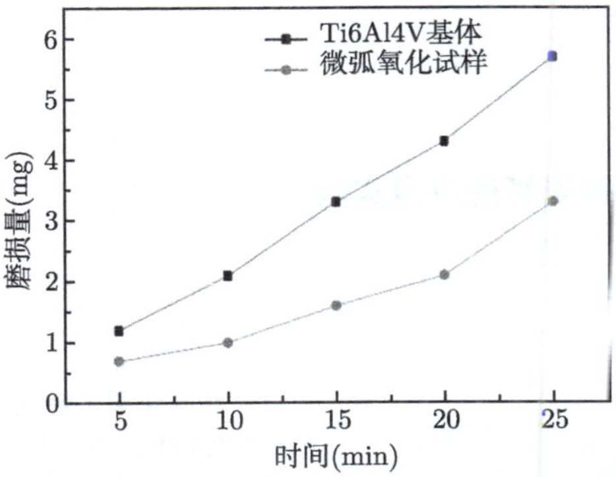

图 5-27 TC4 合金基体与微弧氧化陶瓷膜试样的磨损曲线

对 TC4 合金基体、微弧氧化陶瓷膜试样进行中性盐雾试验，连续喷雾 168 h 后观察试样表面形貌，并称量试验前后试样质量 [20]。试验前后试样的质量变化量为：TC4 合金基体 (20.30±1.21) mg，从不含 K_2CrO_4 电解液 (主要成分为 Na_2SiO_3+Na_3PO_4+NaOH) 中所得膜层 (11.50±0.89) mg，从含 0.5 g/L K_2CrO_4 电解液中所得膜层 (8.20±0.63) mg。可见钛合金经微弧氧化处理后其耐蚀性有明显提高，且在电解液中加入 K_2CrO_4 则进一步提高了微弧氧化膜层的耐蚀性。肉眼观察 3 种试样表面在盐雾试验后均无变化，SEM 观察试样的表面微观形貌如图 5-28 所示。从图 5-28 可以看出，未加入添加剂制备的微弧氧化膜层经盐雾腐蚀试验后，表面出现一些明显的裂纹，表明微弧氧化膜层内存在一定的脆性和内应力，致使膜层被腐蚀后出现裂纹。电解液中加入 K_2CrO_4 可在一定程度上消除微弧氧化膜层的脆性和内应力，盐雾腐蚀试验后未见裂纹。

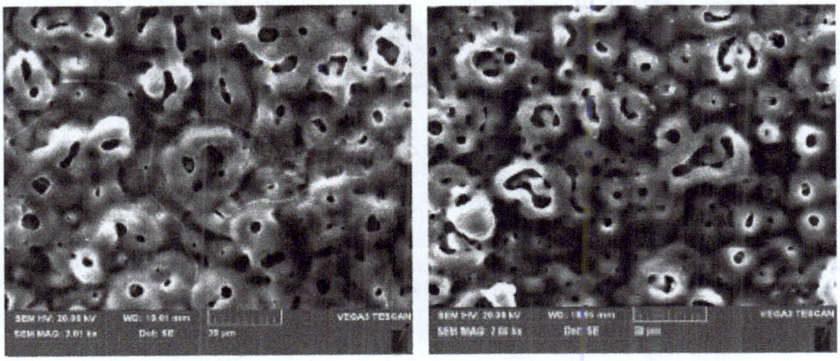

(a) 0 g/L K_2CrO_4 (b) 0.5 g/L K_2CrO_4

图 5-28 不同电解液时微弧氧化陶瓷膜层盐雾腐蚀试验后的表面微观形貌

钛与钛合金微弧氧化陶瓷膜的应用实例

本章介绍了钛及钛合金微弧氧化陶瓷膜组织与性能方面的一些研究成果，可以看出微弧氧化技术的确对钛及钛合金的光催化、耐蚀、耐磨等性能有很大的提高。以下是采用微弧氧化技术对各行业一些钛及钛合金零部件表面进行处理后的实例照片，可以看出微弧氧化技术成功地应用于钛和钛合金的各个领域。

· 钛丝
(光催化)

· 钛合金零件(耐磨)

· 钛合金零件(绝缘)

· 钛零件(防腐)

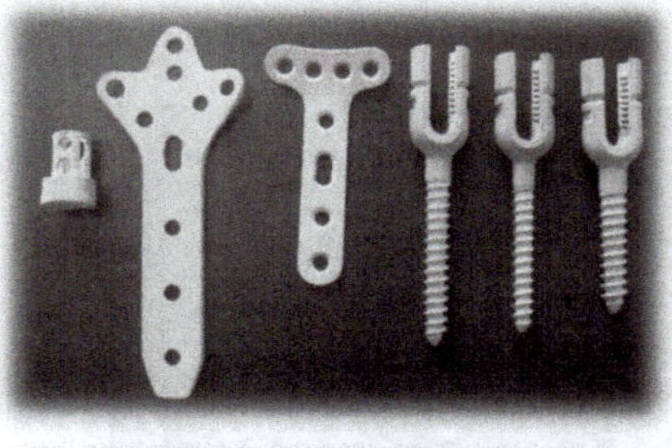

· 钛骨钉与夹板(防腐及生物活性)

· 钛合金接骨板(防腐及生物活性)

参 考 文 献

[1] Chatterjee D, Mahata A. Visible light induced photodegradation of organic pollutants on dye adsorbed TiO_2 surface. Journal of Photochemistry and Photo-biology A: Chemistry, 2002, 153: 199~204.

[2] Bahneman D W. Mechanistic studies of water detoxification in illuminated suspensions. Solar Cells, 1994, 33: 475~481.

[3] Matthews R W. Kinetics of photocatalytic oxidation of organic solutes over titanium dioxide. Journal of Catalysis, 1988, 111(2): 264~272.

[4] Zhuang J J, Xiang N, Lu X Y, et al. Improved photocatalytic activity of cerium doped TiO_2 films prepared by micro-arc oxidation. Materials Technology, 2016, 31(7): 416~422.

[5] Xiang N, Zhuang J J, Song R G, et al. Fabrication and photocatalytic activity of MAO-TiO_2 films formed on titanium doped with cations. Materials Technology, 2016, 31(6): 332-336.

[6] Xiang N, Song R G, Xiang B, et al. Preparation and photocatalytic activity of MAO-TiO_2 films formed on titanium doped with V_2O_5 and Ag_2O. Materials Technology, 2016, 31(1): 58-63.

[7] Xiang N, Song R G, Xiang B, et al. A study on photocatalytic activity of micro-arc oxidation TiO_2 films and Ag^+/MAO-TiO_2 composite films. Applied Surface Science, 2015, 347: 454-460.

[8] 项博, 宋仁国, 李红霞, 等. 微弧氧化时间对二氧化钛薄膜微观结构与性能的影响. 热加工工艺, 2010, 39(10): 129-132.

[9] 项博. 微弧氧化二氧化钛薄膜微观结构与性能的研究. 杭州: 浙江工业大学, 2010.

[10] 赵宗彦, 柳清菊, 张谨, 等. 3D 过渡金属掺杂锐钛矿相 TiO_2 的第一性原理研究. 物理学报, 2007, 56(11): 6593~6599.

[11] 孙晓君, 井立强, 蔡伟民, 等. 掺 V 的 TiO_2 纳米粒子的制备和表征及其光催化性能. 硅酸盐学报, 2002, 30(s1): 26~30.

[12] Anpo M, Shima T, Kodama S, et al. Photocatalytic hydrogenation of propyne with water on small-particle titania:size quantization effects and reaction intermediates. Journal of Physical Chemistry, 1987, 91: 4305~4310.

[13] Anpo M, Aikawa N, Kodama S, et al. Photocatalytic hydrogenation of alkynes and alkenes with water over titanium dioxide. Hydrogenation accompanied by bond fission. Journal of Physical Chemistry, 1984, 88: 2569~2572.

[14] 孙奉玉, 吴鸣, 李文钊, 等. 二氧化钛的尺寸与光催化活性的关系. 催化学报, 1998, 19(3): 229~233.

[15] 陈泉志, 唐仕光, 李少波, 等. TC4 钛合金微弧氧化膜的高温暴露行为. 材料保护, 2016, 49(8): 24~27.

[16] 刘忠德, 向正群, 张中元, 等. 电流密度对钛合金微弧氧化膜的影响. 轻金属, 2008, (1): 48~51.

[17] Zhang Q G, Gao L, Guo J K. Effects of Calcination on the Photocatalytic Properties of Nanosized TiO_2 Powders Prepared by $TiCl_4$ Hydrolysis. Applied Catalysis B Environmental, 2000, 26: 207~215 .

[18] Li Y, Takamasa I. Thermodynamic Analysis of Nucleation of Anatase and Rutile From TiO_2 Melt. Journal of Crystal Growth, 2002, 242(3~4): 511~516.

[19] 武立志. Ti6Al4V 钛合金微弧氧化工艺及性能研究. 西安: 陕西理工学院, 2012.

[20] 林修洲, 唐唯, 杜勇, 等. 添加剂铬酸钾对 TC4 钛合金微弧氧化膜层性能的影响. 电镀与涂饰, 2013, 32(7): 35-37.

第6章 微弧氧化复合处理技术

6.1 引 言

微弧氧化技术虽然具有很多独特的优点，但是单一的微弧氧化技术有时仍然具有一定的局限性，因而不能满足人们对材料性能越来越高的使用要求。例如，很多实际服役条件对材料的耐蚀性能有非常苛刻的要求，而此时单一的微弧氧化膜层由于孔洞等缺陷的存在就很难满足使用要求，这就需要借助于其他表面处理技术如电泳对微弧氧化膜层进一步的封孔处理，来改善提高微弧氧化膜层的耐蚀性能等。

因此，近年来综合运用微弧氧化技术与其他表面处理技术相结合而发展起来的微弧氧化复合处理技术受到了人们的日益重视，并取得一些重要进展。本章将分别介绍微弧氧化与电泳沉积、激光熔覆以及化学镀相结合的复合处理技术。

6.2 微弧氧化–电泳沉积复合处理技术

本节将介绍在微弧氧化膜层的基础上采用电泳沉积 (EPD) 工艺在膜层表面沉积纳米羟基磷灰石 (HA) 的微弧氧化–电泳沉积复合处理技术 [1]。沉积的纳米 HA 颗粒一方面可以填充到微弧氧化膜层的微孔和微裂纹中，延缓浸泡过程中腐蚀介质对膜层内部结构的破坏；另一方面，微弧氧化膜层表面沉积的纳米 HA 颗粒可以提高膜层的生物相容性，使其作为植入材料成为可能。

具体试验条件如下 [2,3]：微弧氧化采用恒流模式，电流密度为 10 A/dm^2、氧化时间为 20 min、电解液为硅酸钠体系 (17.5 g/L Na_2SiO_3+10.0 g/L NaF+5.0 g/L ZrO_2+1.5 g/L CeO_2)，温度控制在 30 ℃以下。将按上述工艺参数制备的 ZK60 镁合金微弧氧化膜层试样编号为 60-M$_5$。将制备好的 60-M$_5$ 号试样作为待处理试样，在以 10 g/L 的 Na_3PO_4、5.5 g/L 的 NaOH、10 g/L 的纳米 HA 粉末以及 3 mL/L 的乙二醇为主要成分制备的悬浮液中进行 EPD 处理，阴阳两极之间施加的脉冲直流电为 380 V，处理时间为 10 min。将制备好的微弧氧化–电泳沉积复合膜层试样自然干燥并编号为 60-MD。ZK60 镁合金基体试样编号为 60-BM。

6.2.1 微弧氧化–电泳沉积复合膜层的组织

图 6-1 为 ZK60 镁合金微弧氧化膜层 (60-M$_5$) 以及微弧氧化–电泳沉积复合膜

层 (60-MD) 的表面与截面 SEM 照片。从试样 60-M_5(见图 6-1(a_1)、(a_2)) 可知，膜层表面多孔且凹凸不平，由断面图可知，膜层的厚度大约为 10 μm，由疏松层和致密层组成，疏松层较厚且疏松多孔洞，致密层较薄，无孔洞存在，与基体结合较为紧密。对比之下，试样 60-MD(见图 6-1(b_1)) 表面的孔洞明显减少。说明经过 EPD 处理后的微弧氧化膜层表面沉积了一些纳米 HA 颗粒，这些颗粒主要沉积在微弧氧化膜层的凹陷区以及膜层的孔洞和裂纹处。正因为微弧氧化膜层表面存在了一些缺陷，为纳米 HA 的细小颗粒提供了一些附着区域，同时也就弥补了微弧氧化膜层表面的一些微缺陷。复合膜层的平均厚度比微弧氧化膜层有增加，达到了 13 μm，膜层内部更加致密，没有明显的孔洞 (图 6-1(b_2))。另外，EPD 处理后，微弧氧化膜层表面并没有形成 HA 覆盖层，这可能是由于纳米 HA 的细小颗粒之间吸附力不够导致的。

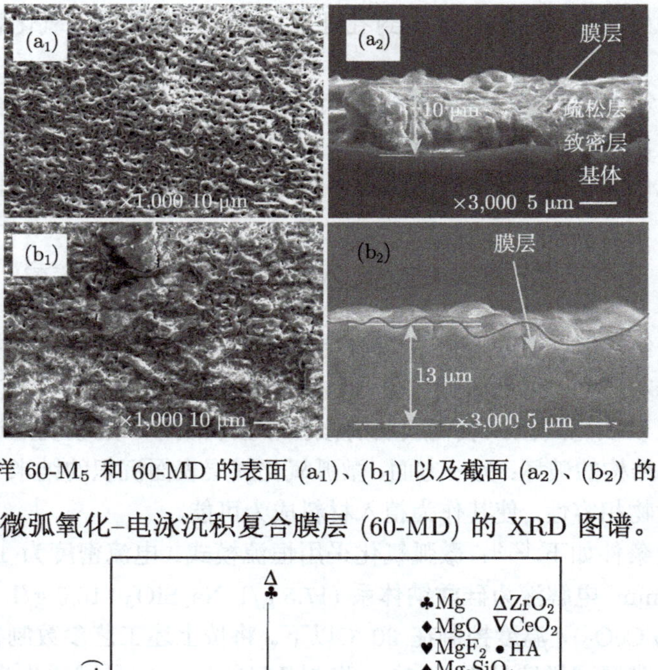

图 6-1　试样 60-M_5 和 60-MD 的表面 (a_1)、(b_1) 以及截面 (a_2)、(b_2) 的 SEM 照片

图 6-2 是微弧氧化–电泳沉积复合膜层 (60-MD) 的 XRD 图谱。由图可知，试

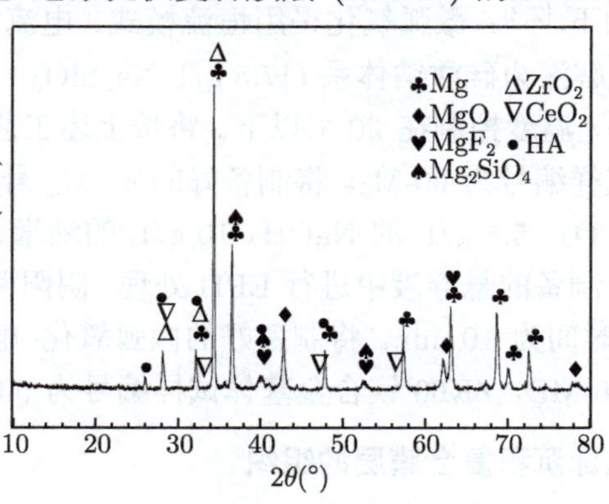

图 6-2　试样 60-MD 的 XRD 图谱

样 60-MD 中除微弧氧化过程中形成的物相外，还有少量的 HA 物相存在，这也就说明了微弧氧化–电泳沉积复合膜层表层的一些细小颗粒就是 HA 形成的沉积物。

6.2.2 微弧氧化–电泳沉积复合膜层的性能

图 6-3 为试样 60-BM、60-MD 以及 60-M_5 在 SBF 溶液中的动电位极化曲线。由图可知，试样 60-MD 的腐蚀电位要比试样 60-BM 以及试样 60-M_5 的腐蚀电位偏正更多，同时试样 60-MD 拥有更低的腐蚀电流密度，表明复合膜层拥有更好的抗腐蚀性能。

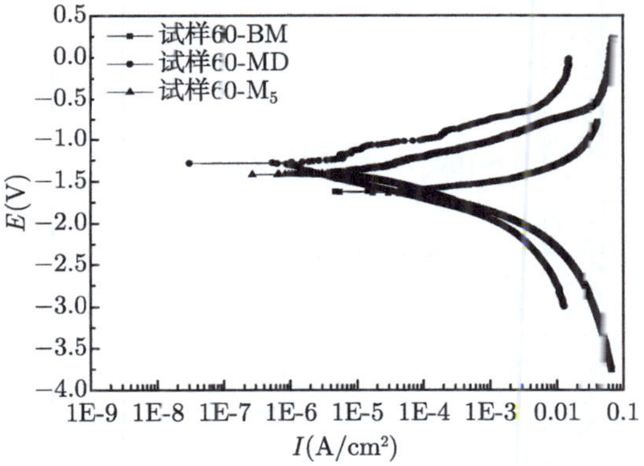

图 6-3 试样 60-BM、60-MD 及 60-M_5 的极化曲线

通过拟合计算动电位极化曲线可得各试样电化学参数如表 6-1 所示。由表 6-1 的数据可知，试样 60-BM、60-MD 的 E_{corr} 由 −1.627 V 提高到了 −1 289 V，I_{corr} 则由 6.60×10^{-4} A/cm^2 降低到 4.38×10^{-7} A/cm^2，而 R_p 则由 3.94×10^4 Ω·cm^2 升高到 6.03×10^7 Ω·cm^2，这几个参数的变化幅度都比较大，也定量地说明了微弧氧化–电泳沉积复合膜层具有优异的耐蚀性。另外，相比试样 60-M_5，试样 60-MD 的 E_{corr} 由 −1.423 V 升高到 −1.289 V，而 I_{corr} 则由 1.28×10^{-5} A/cm^2 降低到 4.38×10^{-7} A/cm^2。可见，微弧氧化–电泳沉积复合膜层的耐蚀性比微弧氧化膜层有所提高。

表 6-1 试样 60-BM、60-MD 及 60-M_5 的极化曲线拟合数据

元试样	E_{corr}(V)	I_{corr}(A/cm^2)	β_a(mV)	β_c(mV)	R_p(Ω·cm^2)
60-BM	−1.627	6.60×10^{-4}	91.19	173.82	3.94×10^4
60-MD	−1.289	4.38×10^{-7}	102.07	150.13	6.03×10^7
60-M_5	−1.423	1.28×10^{-5}	262.49	207.57	3.94×10^5

电泳沉积是电泳和沉积两个过程的综合。电泳是指胶体粒子在外加电场力的作用下，在分散介质中做定向迁移；沉积是指微小粒子聚集成团的过程 [4]。图 6-4 是微弧氧化–电泳沉积复合膜层的形成机理示意图。电泳沉积试验开始之前，在阴

阳两极之间施加一定大小的电压，两极之间形成一个电场。另一方面，由 HA 配制而成的悬浮液呈碱性，这使得分散在电解质中的 HA 胶体颗粒带负电性 [5]。因此，在这两个要素的影响下，带负电性的 HA 胶体粒子在外电场的作用下朝带正电荷的镁合金微弧氧化膜层表面迁移，并聚集在微弧氧化膜层的表面。微弧氧化膜层表面凹凸不平的区域以及膜层表面存在的微孔和微裂纹为这些微小颗粒提供了沉积的场所，同时，沉积在微孔以及微裂纹中的 HA 颗粒起到填充和密封的作用。因此，微弧氧化–电泳沉积复合膜层的综合性能比单纯的微弧氧化膜层的综合性能要好。

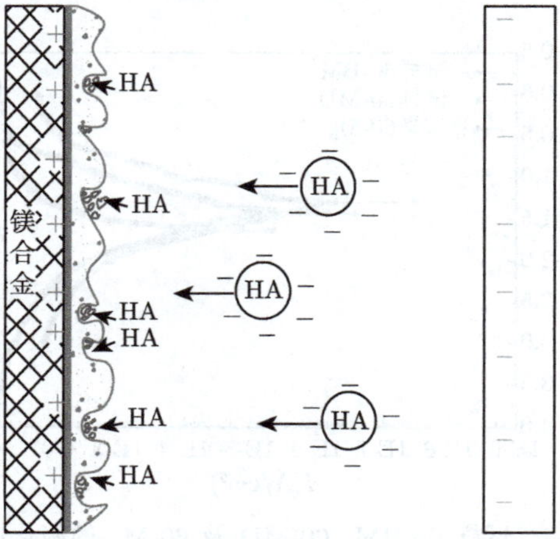

图 6-4　微弧氧化–电泳沉积复合膜层形成机理示意图

图 6-5 是 ZK60 镁合金微弧氧化膜层 (试样 60-M_5) 和微弧氧化–电泳沉积复合膜层 (试样 60-MD) 在划痕试验中 SI 和 F_f 随加载力 (F_N) 变化的关系曲线 (SI 代表声发射信号，F_f 代表摩擦力) 以及划痕的微观形貌。试验过程中加载力是均匀增加的，在 5 mm 的划痕过程中加载 60 N，单位长度加载力为 12 N/mm。

图 6-5(a_1)、(b_1) 分别为试样 60-M_5 以及试样 60-MD 在划痕试验中 SI 和 F_f 随加载力 (F_N) 变化的关系曲线，图 6-5(a_2)、(b_2) 为划痕试验后划痕的微观形貌。在图 6-5(b_1) 中可以看到很明显的摩擦力突变的部位 (如图中圆圈所示)，从摩擦力突变的部位可以大致判断微弧氧化–电泳沉积复合膜层的临界载荷 L_c=44 N 左右。同时，这一结合力的大小也可借助图 6-5(b_2) 来判断，在单向箭头的部位可以看到划痕的沟槽底部开始有黑色的小块部位出现，这是由于在膜层被划破后，基体暴露出来受到摩擦力的作用而出现的一些氧化膜层，由 SEM 照片的放大比例可以计算这段黑色氧化膜的长度 (1.25 mm)，从而得出临界载荷的大小。对于试样 60-M_5 而言，由于摩擦力曲线上有多个突变部位，因此可以借助划痕的 SEM 照片中黑色氧化膜的长度 (1.2 mm) 来判断膜层在多少临界载荷时脱落。结合图 6-5(a_1)、(a_2) 可以判断出 60-M_5 膜层的临界载荷 L_c=46 N 左右。可见，微弧氧化膜层和微弧氧

化–电泳沉积复合膜层的界面结合力相差很小，表明经过 EPD 再处理后微弧氧化膜层的结合力并没有受到影响。这可能是因为微弧氧化–电泳沉积复合膜层是以微弧氧化膜层为基底制备出来的，纳米 HA 颗粒只是单纯地沉积在微弧氧化膜层多孔中，结合方式为物理结合。另外，与镁合金基体直接接触的是微弧氧化膜层的致密层，覆盖在微弧氧化膜层上的 HA 沉积层并不会影响到膜层/基体界面之间的结合强度。因此，从理论上分析，微弧氧化–电泳沉积复合膜层与基体之间的结合力应与微弧氧化膜层相接近，实际的试验结果也支持理论分析结果。

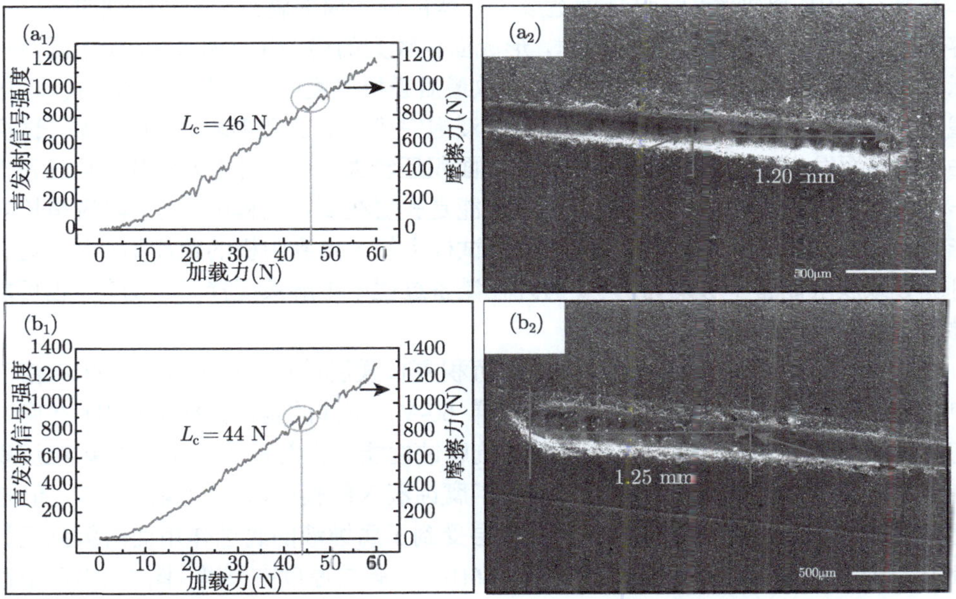

图 6-5 *SI* 和 F_f 随 F_N 的变化曲线及划痕的微观形貌

(a_1)、(a_2) 60-M_5；(b_1)、(b_2) 60-MD

图 6-6(a_1) ~(a_5) 为含纳米粉末的微弧氧化膜层 (60-M_5) 在 SBF 溶液中浸泡时各个阶段的微观形貌。在浸泡初期 (图 6-6(a_1))，膜层表面还会存在少量的微孔以及裂纹，但是与没有浸泡过的膜层 (图 6-1(a_1)) 相比，膜层的微孔数量减少，有可能是浸泡初期膜层受到了轻微腐蚀而生成了少量的腐蚀产物，腐蚀产物沉积在表面的微孔和裂纹中，膜层内部的孔洞也就减少了 (图 6-6(a_1) 中截面图所示)。当浸泡继续进行 (图 6-6(a_2))，SBF 腐蚀液通过膜层疏松层的通道侵入膜层内部，大量的疏松层以及少量的致密层溶解到腐蚀液中形成腐蚀产物，膜层厚度在减薄 (图 6-6(a_2) 中截面图所示)。另外 SBF 腐蚀液中还存在一些 Ca/F 化合物离子，两者之间结合有可能形成磷灰石类物质 (由后面膜层的物相分析结果可知)。因此，由腐蚀产物和磷灰石类物质形成的沉积物沉淀在膜层表面一些残存的缺陷部位 (图

6-6(a_3))，导致膜层表面几乎没有微孔和裂纹存在。而且随着浸泡时间的增长，沉积物越来越多并覆盖于膜层表面，使得膜层的孔隙率变小，膜层厚度反而增加 (图 6-6(a_3) 中截面图所示)，膜层的阻抗在这一时期有可能突然增高。当达到浸泡的后期 (图 6-6(a_4)、(a_5)，膜层继续受到腐蚀介质的腐蚀，膜层表面的凸处首先受到腐蚀并被溶解，膜层表面变得相对平滑而无缺陷 (图 6-6(a_4))，不利于沉积物与表面进行物理结合。在腐蚀介质的持续侵蚀下，膜层厚度渐渐变薄 (图 6-6(a_4) 中截面图所示)。当腐蚀到达一定程度，相对薄弱的部位会率先被腐蚀破损，使镁合金基体暴露在 SBF 腐蚀液中，这样就造成了一些部位的局部腐蚀，局部腐蚀的部位很容易形成原电池而导致腐蚀的加速，形成面积较大的腐蚀坑 (图 6-6(a_5) 中圆圈所示)。另外，由于原始膜层的不均匀性导致最后膜层厚度的不均匀性 (图 6-6(a_5) 中截面图所示)。图 6-7(a) 是试样 60-M_5 在浸泡完成后的宏观形貌。由图可知，试样 60-M_5 表面发生了局部腐蚀，一些腐蚀坑面积还较大，而膜层的大部分部位还没有出现破损情况。出现这一情况的原因有可能是膜层在制备过程中，由于阳极是长方形片状试样，而阴极是圆筒形的不锈钢，试样上每一点到阴极的距离不一致，这有可能导致膜层制备不够均匀 [6,7]。另外在制备过程中电解液搅拌不够均匀，也可能导致上述情况的发生。

图 6-6(b_1) ~(b_5) 为微弧氧化–电泳沉积复合膜层试样 (60-MD) 在 SBF 溶液中浸泡时不同阶段的微观形貌图。与试样 60-M_5 不同的是，试样 60-MD 在腐蚀初期阶段 (图 6-6(b_1)) 能够保持良好的抗腐蚀性能，这主要是因为 HA 颗粒沉积在微弧氧化膜层的孔洞和裂纹处，减少了腐蚀液入侵膜层内部的腐蚀通道。但是随着腐蚀的不断进行 (120 h)，HA 沉积层受到了腐蚀液的腐蚀作用而溶解到腐蚀液中，膜层表面的孔隙率有所增大 (图 6-6(b_2))，膜层厚度在减薄 (图 6-6(b_2) 中截面图所示)。导致这一现象发生的原因可能是 HA 沉积层中的纳米 HA 颗粒互相之间的结合力不够大，当受到持续的腐蚀作用时，表层的 HA 可能被 SBF 溶液溶解掉，沉积层内部受到腐蚀介质的侵蚀，膜层整体的阻抗锐减。随着腐蚀的继续进行，试样 60-MD 发生了与试样 60-M_5 类似情形，膜层表面被一层沉积物所覆盖 (图 6-6(b_3))，膜层厚度增加 (图 6-6(b_3) 中截面图所示)。沉积层形成的原因与试样 60-M_5 类似。但是，由于试样 60-MD 还存在部分 HA 沉积层，因此膜层的整体厚度应比同时期的试样 60-M_5 厚度要大，导致试样 60-MD 的浸泡中期 (720~1440 h) 的持续时间比试样 60-M_5(480~720 h) 长。但腐蚀介质的侵蚀导致膜层也在不断地减薄，表面凸起被溶解到 SBF 溶液中，膜层表面逐渐变得相对平滑 (图 6-6(b_4))，膜层也在不断减薄 (图 6-6(b_4) 中截面图所示)。当试样 60-MD 到了浸泡后期 (1440~1800 h)，膜层持续减薄，但由于试样 60-MD 从浸泡一开始，其表面的平整度要好于试样 60-M_5，同时由于内部和表层凹陷处受到填充，不会出现疏松层厚度不一的情况。因此，试样 60-MD 整体的均匀性要好于试样 60-M_5 (图 6-6(b_5))。图 6-7(b) 是试样

60-MD 在浸泡完成后的宏观形貌。由图可知，试样 60-MD 在浸泡的最终阶段，膜层表面出现一些很小的点腐蚀坑，这些点蚀坑分散较为均匀且数量较多，不单一集中于某个部位，这也证明了试样 60-MD 整体的均匀性要好于试样 60-M_5。

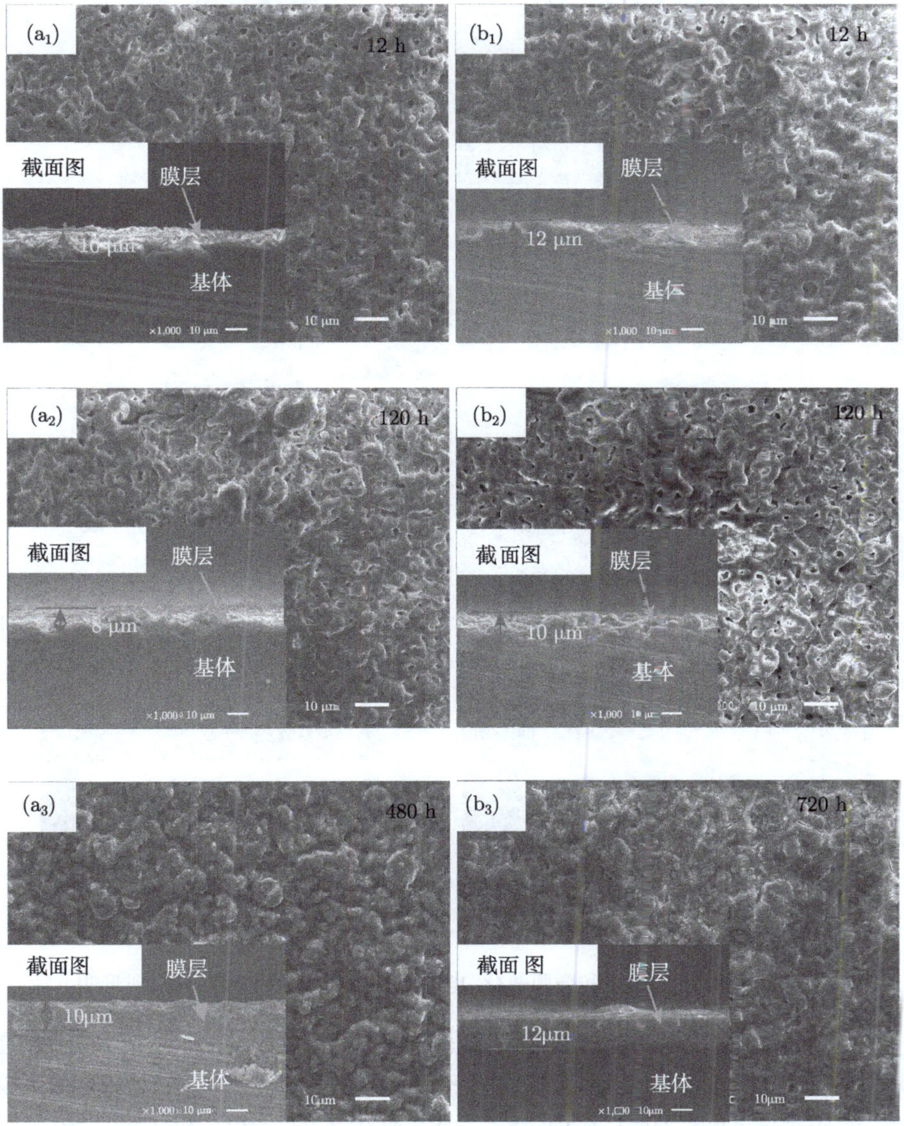

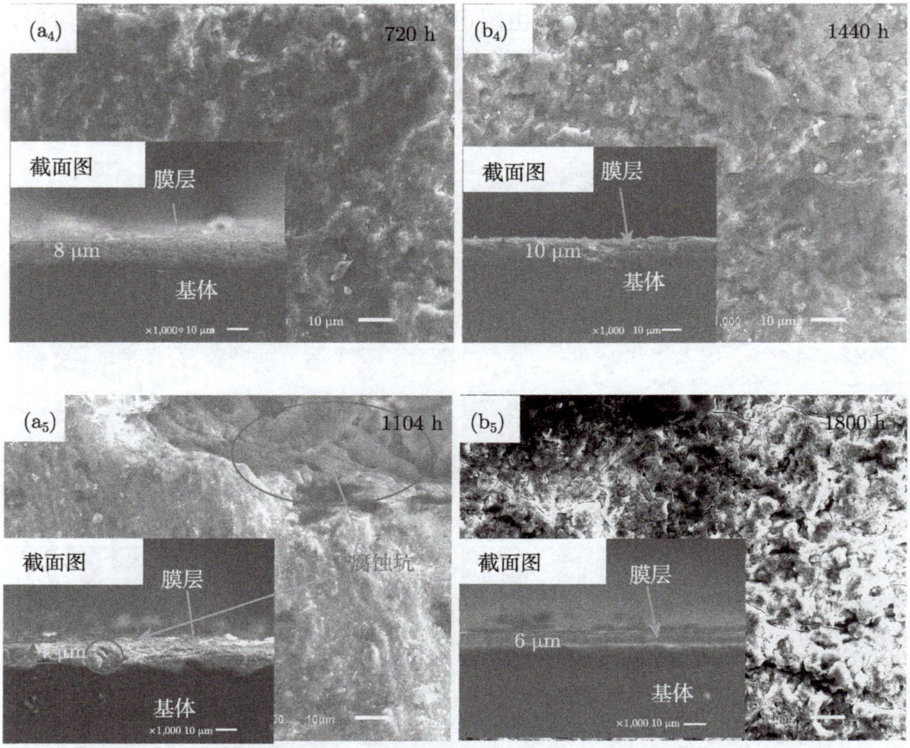

图 6-6　微弧氧化膜层和微弧氧化–电泳沉积复合膜层浸泡不同时间时的表面及截面微观形貌

(a) 60-M_5；(b) 60-MD

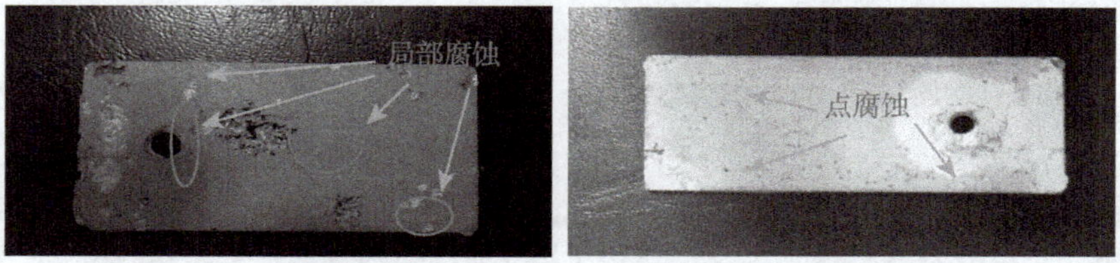

(a) 60-M_5　　(b) 60-MD

图 6-7　微弧氧化膜层和微弧氧化–电泳沉积复合膜层浸泡后的宏观形貌

图 6-8 为微弧氧化膜层 (60-M_5) 和微弧氧化–电泳沉积复合膜层 (60-MD) 在不同浸泡时间后的 XRD 图谱。膜层没有浸泡之前 (图 6-8(a_1)、(b_1))，膜层 60-M_5 的主要物相是 MgO 和 MgF_2，还含有少量的 ZrO_2 和 CeO_2 相，膜层 60-MD 中含有少量 HA 颗粒。对于试样 60-M_5，当膜层在 SBF 溶液中浸泡 480 h 后，膜层的 XRD 图谱有了明显的改变，其中增加了 $Mg(OH)_2$ 和 $Ca_2P_2O_7$ 物相 (图 6-8(a_2)、(b_2))。$Mg(OH)_2$ 的产生主要是因为膜层物相 MgO 与水反应以及 Mg

发生析氢反应时生成的腐蚀产物 [8]，反应式可表示为

$$MgO + H_2O \xlongequal{\quad} Mg(OH)_2 \tag{6-1}$$

$$Mg + 2H_2O \xlongequal{\quad} Mg(OH)_2 + H_2 \uparrow \tag{6-2}$$

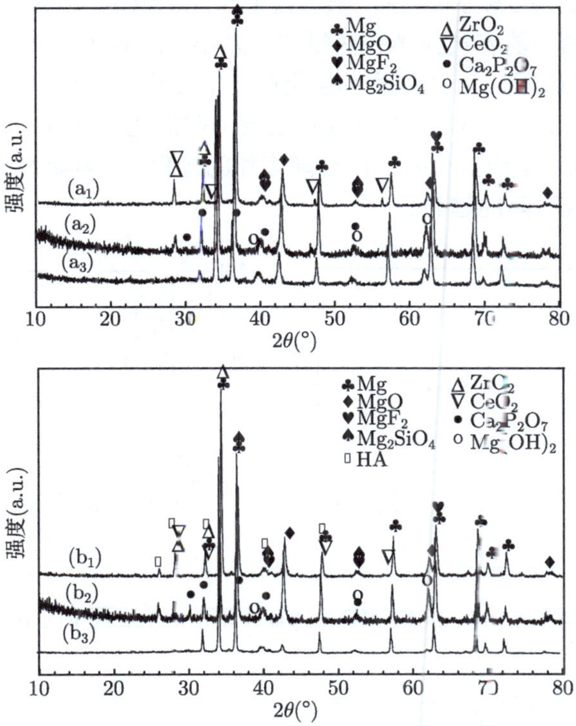

图 6-8 微弧氧化膜层和微弧氧化–电泳沉积复合膜层浸泡不同时间后的 XRD 图谱

(a_1)、(b_1) 未浸泡；(a_2) 60-M_5，480 h；(b_2) 60-MD，720 h；(a_3) 60-M_5，1104 h；(b_3) 60-MD，1800 h

而 $Ca_2P_2O_7$ 的形成原因可能是由于 SBF 溶液是一种亚稳过饱和的 $Ca_3(PO_4)_2$ 溶液，溶液中存在 HPO_4^{2-}、$H_2PO_4^-$ 和 Ca^{2+} 离子等，丰富的钙磷离子以及膜层的多孔性诱导使得 $Ca_2P_2O_7$ 容易在膜层上成核并不断长大，而钙磷物质是骨骼的主要组成成分。上述结果也说明了两类膜层具有一定的生物学性能。当到达最后浸泡阶段时 (图 6-8(a_3))，膜层 60-M_5 中的 $Mg(OH)_2$ 和 $Ca_2P_2O_7$ 等物相峰值明显减小，其他一些微量物相甚至没有明显的峰值出现，但是主要物相 MgO 的峰值还有一定的存在量，这也从侧面证实了形貌分析中的膜层 60-M_5 受到的是局部腐蚀。ZrO_2 和 CeO_2 峰值趋向消失说明物相 ZrO_2 和 CeO_2 主要存在于疏松层中。而对于膜层 60-MD(图 6-8(b_3))，除了镁合金基体的峰值没有明显减小之外，其他相关物相的峰值都明显减小，这也证明了膜层 60-MD 的均匀性更佳。

图 6-9 为试样 60-M_5 和 60-MD 在 SBF 溶液浸泡过程中的 Nyquist 图，图 6-10 为上述两个试样的全阻抗随浸泡时间变化的曲线。由图 6-10 可知，对于两类膜层，在 SBF 溶液中浸泡的初期表现出很大的全阻抗，60-MD 膜层的全阻抗接近 10^5 Ω·cm^2，要明显大于 60-M_5 膜层的 23 000 Ω·cm^2，这说明 60-MD 膜层具有更好的抗腐蚀性能。由图 6-9 可知，随着浸泡时间的增加，60-M_5 膜层以及 60-MD 膜层的 Nyquist 图中的容抗弧半径变得越来越小，证明两类膜层的阻抗在不断地变小，这一点可以由图 6-10 中两类膜层全阻抗的变化来得到印证。但是，当 60-M_5 膜层的浸泡时间达到 120 h，60-MD 膜层的浸泡时间达到 480 h 时，两类膜层的容抗弧半径突然增加，全阻抗也有一段逐渐增加的过程。随着腐蚀的不断进行，膜层的阻抗依旧是呈现下降的趋势。

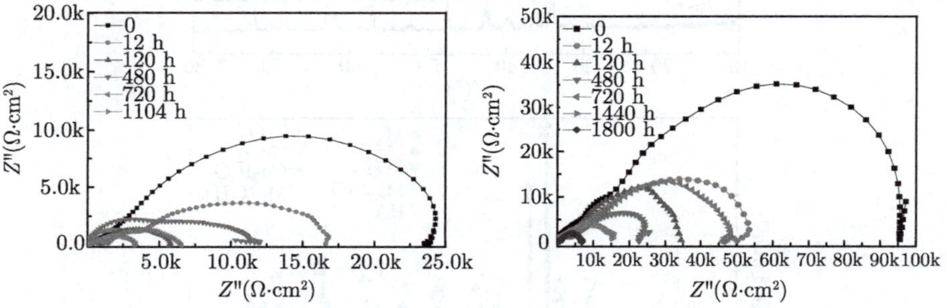

(a) 60-M_5　　(b) 60-MD

图 6-9　试样 60-M_5 和 60-MD 在 SB 下溶液浸泡过程中的 Nyquist 图

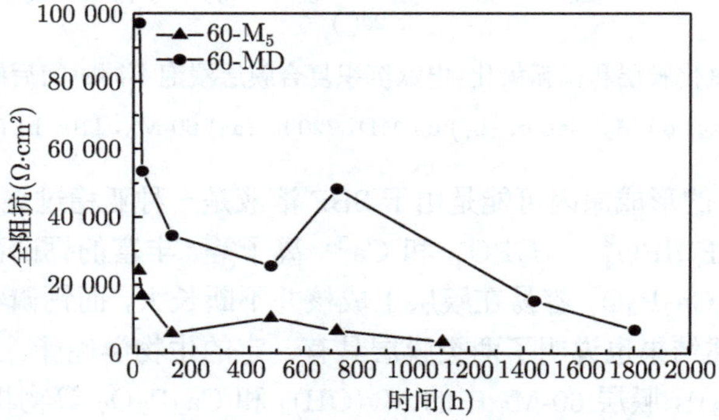

图 6-10　试样 60-M_5 和 60-MD 的全阻抗随浸泡时间变化的曲线

图 6-11 为拟合试样 60-M_5 和 60-MD 的阻抗谱数据得到的等效电路。在等效电路图中，R_s 代表测试溶液电阻，R_p 代表腐蚀过程中膜层疏松层的电阻，R_b 代表腐蚀过程中膜层致密层的电阻，C_p 和 C_b 分别代表膜层表面与溶液接触的双电

层电容和膜层内部和溶液接触的双电层电容。相应的拟合结果如表 6-2 所示。

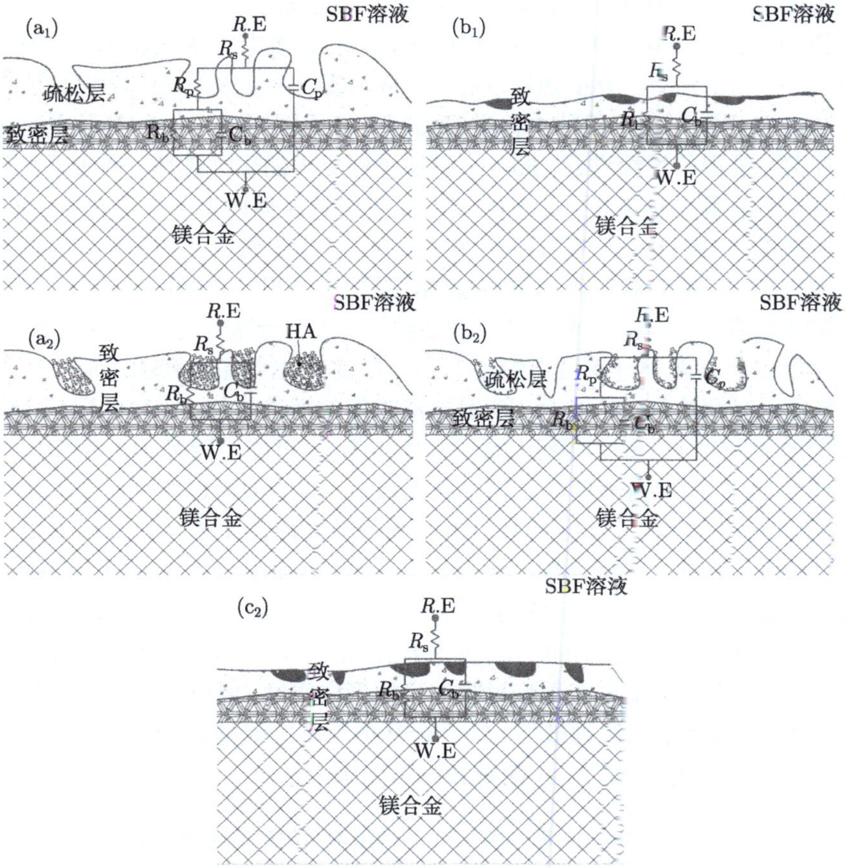

图 6-11　拟合试样阻抗谱的等效电路图

(a_1)、(b_1) 60-M_5；(a_2)、(b_2)、(c_2) 60-MD

从表 6-2 数据可知，在初始浸泡阶段 (0~12 h)，60-M_5 膜层和 60-MD 膜层的 R_b 值都很高，而 60-M_5 膜层的 R_p 值较小。60-MD 膜层并不表现出疏松层电阻主要是因为膜层 60-MD 中的微弧氧化膜层的疏松层有一定的 HA 颗粒填充，使得微弧氧化膜层的疏松层变得致密，从而整个 60-MD 膜层就成为一个致密层。而对于 60-M_5 膜层，疏松层的电阻远远小于致密层的电阻，甚至可以忽略疏松层对于抗腐蚀的贡献 [9]。这说明在抗腐蚀过程中，60-M_5 膜层的致密层是起主要阻挡作用的。对于 60-M_5 膜层而言，随着浸泡时间的不断增加 (12~120 h)，R_b 和 R_p 值都在不断地减小，R_b 值的减小说明在这个浸泡阶段，有一部分 60-M_5 膜层的疏松层被腐蚀掉并溶解到腐蚀液中。另外，R_p 值的减小说明腐蚀液通过疏松层与致密层接触，并腐蚀了致密层。在这一阶段有大量气体释放出来，这说明在这个浸泡时间段致密层内形成了腐蚀通道，使得部分镁合金基体与腐蚀液接触而发生了析氢反应。这一阶段的电化学腐蚀行为可以用图 6-11(a_1) 的等效电路图来表示。而对于膜层 60-MD 而言，由于没有明显的疏松层存在，腐蚀液很难侵入膜层内部对膜层形成破坏。60-MD 膜层在这一阶段的电化学腐蚀行为可用图 6-11(a_2) 的等效电路图来表示。随着腐蚀过程的继续进行，60-M_5 膜层受到更大的腐蚀破坏，形成了大量的腐蚀产物并沉积在膜层的表面，此时的 60-M_5 膜层更加类似于一个致密层，其 R_b 值由上一阶段的 5726 $\Omega{\cdot}cm^2$ 增加到 11 646 $\Omega{\cdot}cm^2$。由于致密层的形成，腐蚀液难以侵入膜层内部，只能对膜层表面形成侵蚀，经过一个相当长的浸泡阶段，膜层逐渐变薄，最终在某些薄弱部位率先出现腐蚀破坏，镁合金基体与腐蚀液接触。60-M_5 膜层后期的电化学腐蚀过程可用图 6-11(b_1) 的等效电路图来表示。而对于 60-MD 膜层，在浸泡时间达到 120 h 后，随着浸泡时间的继续增加，膜层的阻抗 R_b 值由上一阶段的 62 187 $\Omega{\cdot}cm^2$ 下降到 33 170 $\Omega{\cdot}cm^2$，这可能是因为 HA 沉积层受到了腐蚀破坏，HA 沉积层内部形成了很多腐蚀通道，腐蚀液通过腐蚀通道入侵至膜层的内部，这一腐蚀阶段可以用图 6-11(b_2) 的等效电路图来表示。一旦 HA 沉积层受到腐蚀破坏，腐蚀液可侵入膜层内部，膜层的表层和内部都受到腐蚀破坏。在膜层被腐蚀的过程中形成了一定量的腐蚀产物，腐蚀产物覆盖在膜层表面使整个膜层又变成了致密层，膜层的阻抗 R_b 值上升到 45 390 $\Omega{\cdot}cm^2$。当致密层形成后，腐蚀液难以侵蚀膜层内部，只能逐步对膜层表面形成腐蚀，经过一个相当长的浸泡阶段，膜层变薄，最终出现腐蚀破坏，镁合金基体与腐蚀液接触。60-MD 膜层后期的电化学腐蚀过程可用图 6-11(c_2) 的等效电路图来表示。

表 6-2 试样 60-M_5 和 60-MD 不同浸泡时间时阻抗谱的拟合数据

浸泡时间 (h)	试样	$R_s(\Omega{\cdot}cm^2)$	$R_p(\Omega{\cdot}cm^2)$	$R_b(\Omega{\cdot}cm^2)$
0	60-M_5	36	2582	21 190
	60-MD	52	—	96 270
12	60-M_5	43	1656	15 030
	60-MD	56	—	62 187
120	60-M_5	58	1044	5726
	60-MD	78	3277	33 170
480	60-M_5	42	—	11 646
	60-MD	47	—	23 350
720	60-M_5	81	—	6762
	60-MD	46		45 390
1104	60-M_5	75	—	3750
1440	60-MD	48	—	15 980
1800	60-MD	75	—	6238

6.3 激光熔覆–微弧氧化复合处理技术

众所周知，微弧氧化技术难以在工业上量大面广的钢铁材料表面直接制备陶瓷膜层。因此，为了实现在钢铁表面上制备陶瓷膜层的目的，本节将介绍激光熔覆技术与微弧氧化技术相结合制备陶瓷复合膜层的组织与性能 [10]。

S355 为目前欧洲应用最广泛的海洋平台建设钢种，具有许多优异的性能，在海洋平台建设领域中具有广阔的应用前景。由于 S355 钢在海洋特定的环境下更容易受到侵蚀，因此需开发提高硬度、耐磨性、耐蚀性的表面处理技术，因而对 S355 钢进行表面改性成为其服役时必须进行的工序 [11]。

首先对 S355 钢基体进行激光熔覆处理，得到铝基熔覆涂层，然后对激光熔覆后的铝基熔覆涂层再进行微弧氧化处理，从而在 S355 钢表面形成激光熔覆–微弧氧化陶瓷复合膜层。

激光熔覆过程如下：基体材料为欧标 S355 海洋平台结构钢，采用 ZKSX-2008 型激光熔覆机，激光功率为 1.2 kW，扫描速度为 7 mm/s，送粉率为 8 g/min，氩气流速为 15 L/min，光斑直径为 3 mm，熔覆粉末成分为纯 Al 粉 +TiC 粉 +Ni 粉按质量比 15:3:1 混合。

微弧氧化过程如下：将激光熔覆得到的试样用线切割的方法切割成大小为 30 mm×25 mm×3 mm，表面用砂纸逐级打磨，预磨至 1000# 水磨砂纸，然后用 Al_2O_3 抛光液进行机械抛光，丙酮超声除油，除熔覆层表面外，其余面均用环氧树脂和固化剂密封后进行微弧氧化。微弧氧化过程采用恒流模式，电流密度为 5 A/dm^2，氧化时间为 30 min，电解液为硅酸盐体系 [成分为 Na_2SiO_3(12 g/L)+KOH (5 g/L)+NaF(0.5 g/L)+SiO_2(3 g/L)+TiO_2(9 g/L)]，电解液温度控制在 30°C以下。

图 6-12 为 S355 钢激光熔覆铝基涂层及激光熔覆–微弧氧化陶瓷复合膜层的截面与表面微观形貌图。从图 6-12(a) 可见，熔覆涂层截面分为 3 个区域，依次为基体、热影响区与熔覆层，其中涂层热影响区宽度约为 50 μm，涂层厚度约为 700 μm，涂层稀释率约为 6%；而从图 6-12(b) 可见，微弧氧化陶瓷层与基体之间呈现锯齿状冶金结合，界面良好，所制备的膜层可以看到明显的双层结构，陶瓷层的外疏松层厚度为 16 μm，微孔数量较少，但孔径较大，内致密层厚度为 8 μm，微孔数量极少。S355 钢激光熔覆铝基涂层表面有较多裂纹和气孔。该激光熔覆涂层经过微弧氧化形成陶瓷复合膜层后，表面无明显裂纹，气孔数量进一步减少，说明微弧氧化对于激光熔覆涂层的缺陷减少起到了很大的作用 (图 6-12(c)、(d))。

图 6-13 为 S355 钢激光熔覆铝基涂层及激光熔覆–微弧氧化陶瓷复合膜层的 XRD 图谱。由图可见，熔覆涂层主要由 Al 相、TiC 增强相、$FeAl_3$ 相以及少量非晶

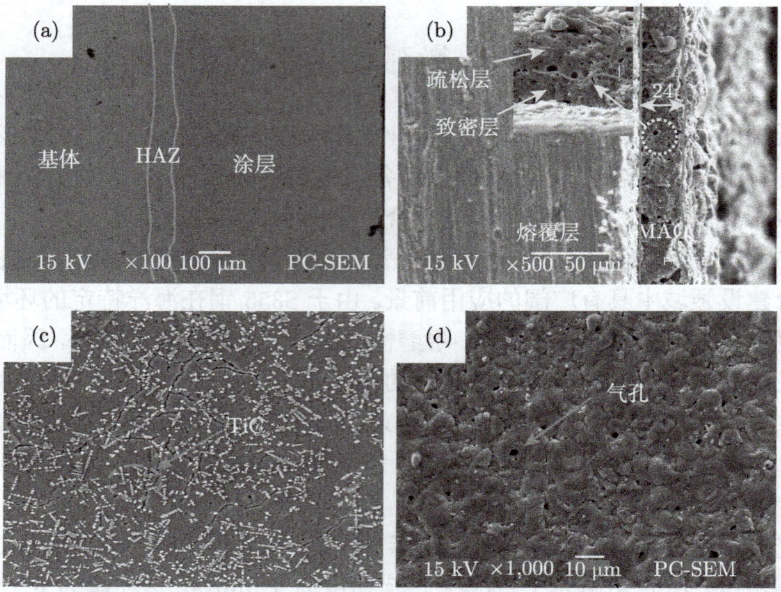

图 6-12　激光熔覆铝基涂层 (a)、(c) 与激光熔覆–微弧氧化陶瓷复合膜层 (b)、(d) 的截面与表面微观形貌

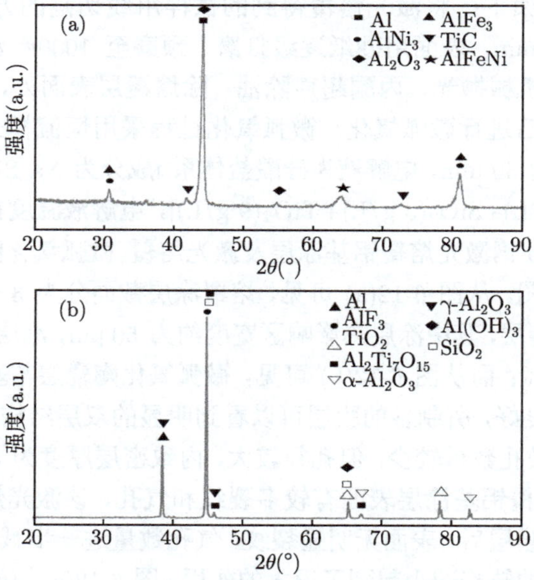

图 6-13　激光熔覆铝基涂层 (a) 与激光熔覆–微弧氧化陶瓷复合膜层 (b) 的 XRD 图谱

相 AlFeNi 相组成，而激光熔覆–微弧氧化陶瓷复合膜层的物相主要由 Al_2O_3 相、$Al_2Ti_7O_{15}$ 相以及 AlF_3 相组成，另外还含有少量 $Al(OH)_3$。$Al(OH)_3$ 的产生主要

是因为膜层物相 Al_2O_3 与水反应以及 Al 发生析氢反应时生成的腐蚀产物。反应式可表示为

$$Al_2O_3 + 3H_2O = 2Al(OH)_3 \tag{6-3}$$

$$2Al + 6H_2O = 2Al(OH)_3 + 3H_2\uparrow \tag{6-4}$$

图 6-14 为激光熔覆铝基涂层及激光熔覆–微弧氧化陶瓷复合膜层纵截面的显微硬度分布。可以看出，陶瓷膜层硬度先逐渐增大，达到最大值 1496.3 $HV_{0.2}$，然后迅速减小。这是由于远离基体的最外测陶瓷层，结构较疏松，主要由 γ-Al_2O_3 相组成，硬度较低，陶瓷层的次表层结构致密，主要由 α-Al_2O_3 相组成，硬度较高。在致密层和基体之间为过渡层，硬度下降较快，随着膜层位置距离基体越来越近，其硬度值也越来越低，在距表层 50 μm 以后，硬度又缓慢上升，此时已经达到熔覆涂层，其最大硬度为 923.6 $HV_{0.2}$，随着距离的进一步延长，硬度逐渐降低，在距表面 580 μm 以后，已近接近基体，基体的平均显微硬度为 345 $HV_{0.2}$。因此，可以看到基体经过熔覆处理后，其硬度能提升 167%；再经过激光熔覆–微弧氧化复合处理后，其硬度能提升 333%，显然，微弧氧化能显著提升激光熔覆涂层的硬度。

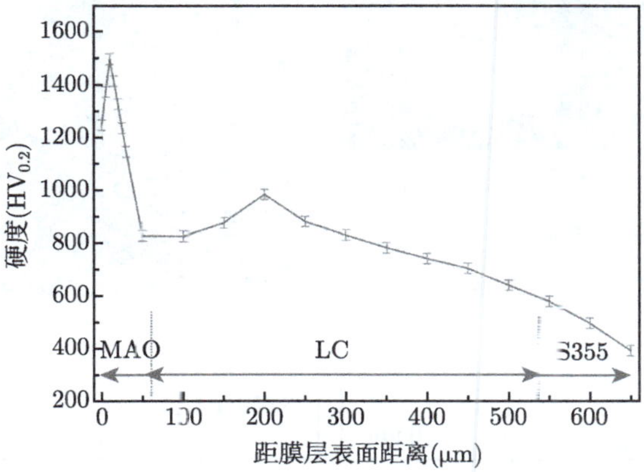

图 6-14 激光熔覆铝基涂层与激光熔覆–微弧氧化陶瓷复合膜层的硬度

图 6-15 为摩擦磨损试验后 S355 钢基体、激光熔覆涂层 (LC) 及激光熔覆–微弧氧化陶瓷复合膜层 (LC+MAO) 试样的失重情况。由图可见，三个试样的失重分别为 1.26 mg、0.58 mg、0.21 mg，可见激光熔覆–微弧氧化复合处理，能够进一步提高激光熔覆铝基涂层的耐磨性。

图 6-16 为激光熔覆涂层 (LC) 及激光熔覆–微弧氧化陶瓷复合膜层 (LC+MAO) 试样的磨损形貌图。如图 6-16(a) 所示，LC 涂层磨痕宽度为 200 μm，深度为 5.876 μm，磨损局部有浅层脆性剥落现象和磨屑的脱落坑，磨损机制主要为疲劳磨损和氧化磨损；LC+MAO 试样的磨损表面有轻微的划痕和很浅的犁沟，磨损表

面很平滑，只有少量的擦痕和轻微的局部破损，表面基本无塑性变形和黏着磨损的迹象，膜层磨痕宽度为 150 μm，深度为 3.550 μm (图 6-16(b))。这个结果进一步证实，微弧氧化处理后的确能够进一步改善激光熔覆涂层的耐磨性能。

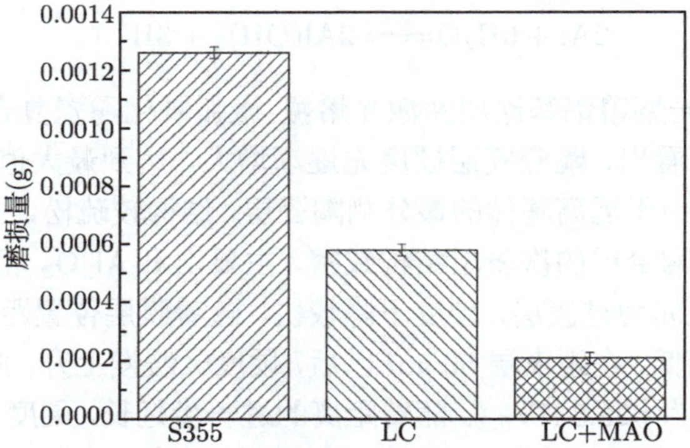

图 6-15　摩擦磨损试验后试样的失重

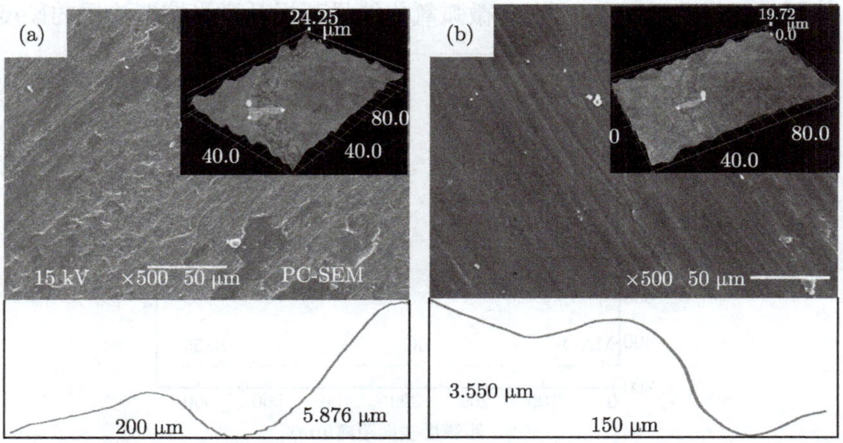

图 6-16　激光熔覆铝基涂层 (a) 和激光熔覆–微弧氧化陶瓷复合膜层 (b) 的磨痕形貌

图 6-17 为激光熔覆铝基涂层和激光熔覆–微弧氧化陶瓷复合膜层纵截面的残余应力分布。由图可见，激光熔覆铝基涂层表现为正应力，即拉应力。这主要是由于激光熔覆过程中温度场的不均匀性与熔池内部液体的流动而形成的较大温度梯度，熔覆层凝固后温度比基体高，在冷却至常温时收缩量比基体大，基体受压，熔覆层受拉 (图 6-17(a))；激光熔覆–微弧氧化陶瓷复合膜层则表现为压应力，疏松层压应力逐渐增大，致密层压应力逐渐减小。这主要是由于此时陶瓷层生长速度和沉积速度较慢，致密层较薄，熔融冷却速度小，致使压应力逐渐减小 (图 6-17(b))。

图 6-18 为 S355 钢基体、激光熔覆铝基涂层 (LC) 与激光熔覆–微弧氧化陶瓷

复合膜层 (LC+MAO) 的动电位极化曲线与 Nyquist 图。从图 6-18(a) 中可以看出激光熔覆–微弧氧化陶瓷复合膜层的自腐蚀电位较激光熔覆铝基涂层的正移，表明激光熔铝基涂层经微弧氧化后获得的陶瓷复合膜层的耐蚀性有进一步的改善。图 6-18(b) 为电化学阻抗谱 Nyquist 图，其中 Z' 为阻抗实部，Z'' 为阻抗虚部。可以看出，激光熔覆–微弧氧化陶瓷复合膜层表现出较高的全阻抗，且复合膜层的阻抗最大能达到 50 000 $\Omega\cdot cm^2$ 左右，此时在高频区域出现了很大的容抗弧，且容抗弧半径较大，因而其耐蚀性较好。虽然激光熔覆涂层在高频区也出现了容抗弧，但其容抗弧半径较小，因而其耐蚀性较激光熔覆–微弧氧化陶瓷复合膜层的差。

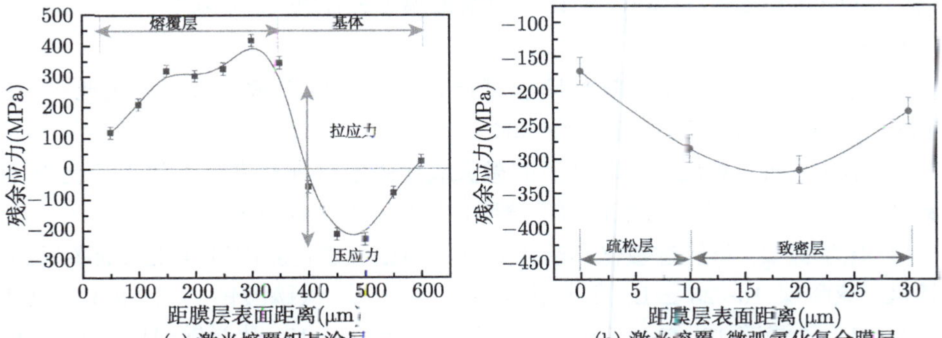

(a) 激光熔覆铝基涂层 (b) 激光熔覆–微弧氧化复合膜层

图 6-17 试样纵截面的残余应力分布

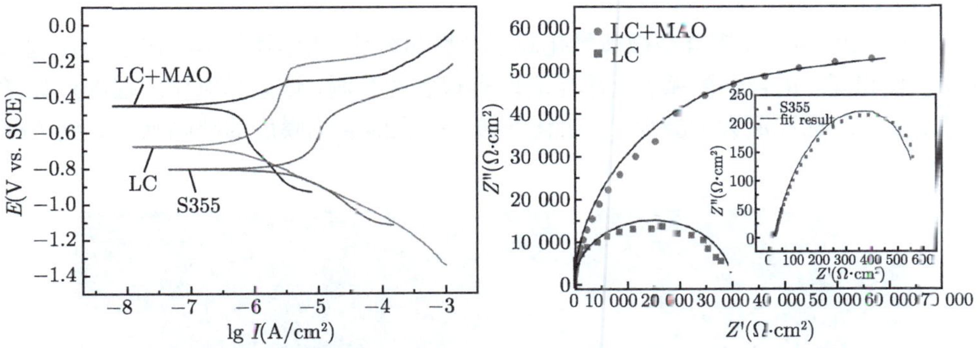

(a) 动电位极化曲线 (b) Nyquist图

图 6-18 基体、LC 与 LC+MAO 的动电位极化曲线与 Nyquist 图

6.4 微弧氧化–化学镀复合处理技术

为了进一步改善微弧氧化膜层的性能，本节主要介绍将微弧氧化技术与化学

镀相结合制备陶瓷复合膜层的组织与性能 [12,13]。

6.4.1 铝合金微弧氧化–化学镀复合处理

首先对 6063 铝合金基体进行表面微弧氧化，形成微弧氧化陶瓷膜层；然后对微弧氧化后的膜层进行化学镀镍处理，从而在铝合金表面形成铝合金微弧氧化–化学镀镍复合膜层。

微弧氧化过程如下：在硅酸盐电解液体系中，微弧氧化过程采用恒流模式，电流密度为 10 A/dm^2，氧化时间为 15 min，电解液为硅酸盐体系 [成分为 Na_2SiO_3 (15 g/L)+KOH(4 g/L)+NaF(2 g/L)]，电解液温度控制在 30 ℃以下。

化学镀镍处理过程如下：

(1) 敏化处理：将微弧氧化膜层试样在室温下放入敏化液 (氯化亚锡 10～20 g/L，盐酸 30～50 mL/L) 中 200～400 s。

(2) 活化处理：将敏化处理之后的微弧氧化膜层试样在室温下放入活化液 (硝酸银 2～8 g/L，加入适量氨水使溶液透明) 中处理 100～200 s。

(3) 化学镀镍：将经过敏化和活化处理后的微弧氧化膜层试样放入准备好的化学镀液 (硫酸镍 10～25 g/L，氢氧化钠 10～20 g/L，次磷酸钠 5～15 g/L，EDTA 15～35 g/L，乙酸铵 10～30 g/L) 中，调节其 pH 至 12～13，化学镀温度控制在 30～50 ℃，时间为 40～80 min。

(4) 后处理：将制备好的铝合金微弧氧化–化学镀镍复合膜层用去离子水漂洗，自然干燥。

图 6-19 为 6063 铝合金微弧氧化膜层及微弧氧化–化学镀镍复合膜层的微观形貌。由图可见，铝合金微弧氧化膜层表面有很多的孔洞，该微弧氧化膜层经过化学镀镍之后，表面孔洞大大减少，说明化学镀对于微弧氧化膜层的缺陷减少起到了很大的作用。

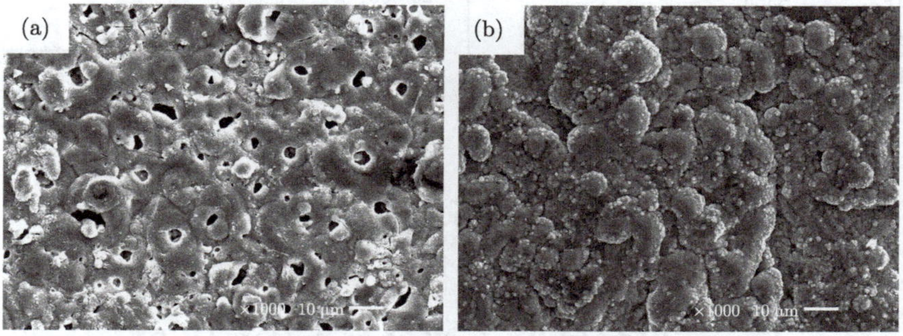

图 6-19 微弧氧化膜层 (a) 与微弧氧化–化学镀镍复合膜层 (b) 的微观形貌

图 6-20 为摩擦磨损试验后 6063 铝合金基体、微弧氧化膜层及微弧氧化–化学

镀镍复合膜层试样的失重情况。从图中可以发现，三个试样的失重分别为 1.58 mg、0.42 mg、0.05 mg，可见微弧氧化–化学镀镍复合处理，能够进一步提高微弧氧化膜层的耐磨性。

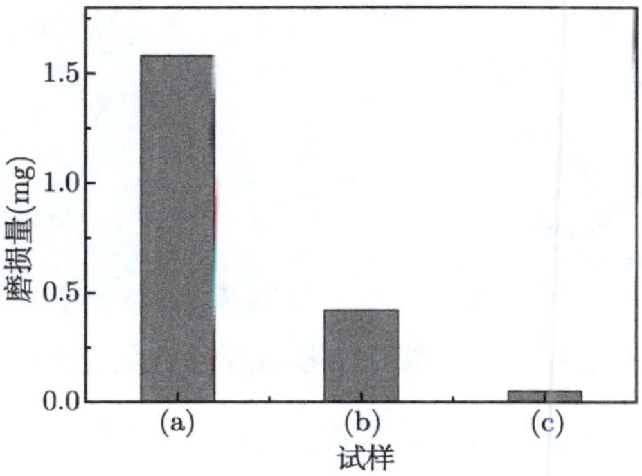

图 6-20 基体 (a)、微弧氧化膜层 (b) 及微弧氧化–化学镀镍复合膜层 (c) 的失重

6.4.2 镁合金微弧氧化–化学镀复合处理

首先对 AZ31 镁合金基体进行表面微弧氧化，形成微弧氧化陶瓷膜层；然后对微弧氧化后的膜层进行化学镀镍处理，从而在镁合金表面形成微弧氧化–化学镀镍复合膜层。

微弧氧化过程如下：在硅酸盐电解液体系中，微弧氧化过程采用恒流模式，电流密度为 10 A/dm^2，氧化时间为 15 min，电解液为硅酸盐体系 [成分为 Na_2SiO_3 (15 g/L)+KOH(4 g/L)+NaF(2 g/L)]，电解液温度控制在 30 ℃以下。

化学镀镍处理过程如下：

(1) 敏化处理：将微弧氧化膜层试样在室温下放入敏化液 (氯化亚锡 10~20 g/L，盐酸 30~50 mL/L) 中 200~400 s。

(2) 活化处理：将敏化处理之后的微弧氧化膜层试样在室温下放入活化液 (硝酸银 2~8 g/L，加入适量氨水使溶液透明) 中处理 100~200 s。

(3) 化学镀镍：将经过敏化和活化处理后的微弧氧化膜层试样放入准备好的化学镀液 (硫酸镍 10~25 g/L，氢氧化钠 10~20 g/L，次磷酸钠 5~15 g/L，EDTA 15~35 g/L，氟化氢铵 15~30 g/L) 中，调节其 pH 至 12~13，化学镀温度控制在 30~50 ℃，时间为 40~80 min。

(4) 后处理：将制备好的镁合金微弧氧化–化学镀镍复合膜层用去离子水漂洗，自然干燥。

图 6-21 为 AZ31 镁合金微弧氧化膜层及微弧氧化–化学镀镍复合膜层的微观形貌。由图可见，镁合金微弧氧化–化学镀复合膜层与单一的微弧氧化膜层相比表

面光滑致密，表明化学镀可以大幅度减少微弧氧化膜层中的孔洞等的缺陷。

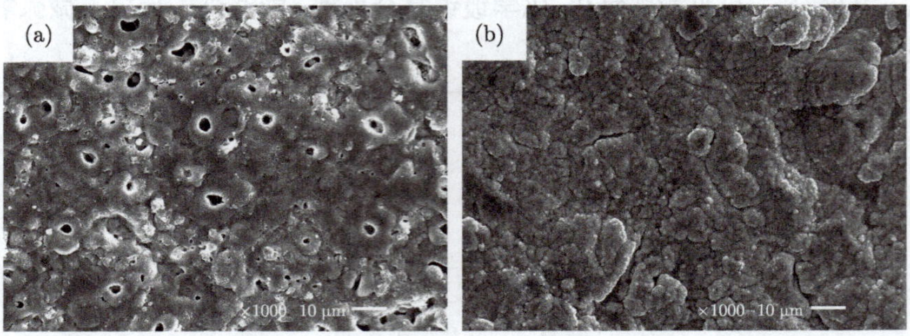

图 6-21　微弧氧化膜层 (a) 与微弧氧化–化学镀镍复合膜层 (b) 的微观形貌

图 6-22 为 AZ31 镁合金基体、微弧氧化膜层与微弧氧化–化学镀镍复合膜层的动电位极化曲线。从图中可以看出，镁合金微弧氧化–化学镀镍复合膜层的自腐蚀电位较微弧氧化膜层的正移，表明经化学镀镍后的微弧氧化膜的耐蚀性有进一步的改善。

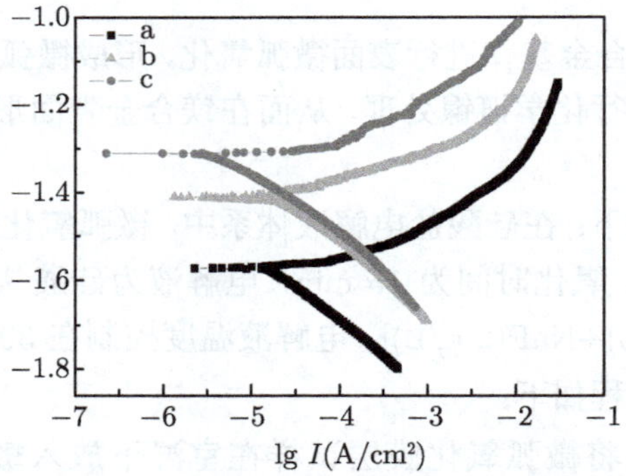

图 6-22　基体 (a)、微弧氧化膜层 (b) 与微弧氧化–化学镀镍复合膜层 (c) 的极化曲线

参 考 文 献

[1] 卢超. 镁合金生物陶瓷复合涂层的制备与性能研究. 杭州: 浙江工业大学, 2013.

[2] Xiong Y, Lu C, Wang C, et al. Degradation behavior of n-MAO/EPD bio-ceramic composite coatings on magnesium alloy in simulated body fluid. Journal of Alloy and Compounds, 2015, 625(3): 258~265.

[3] Xiong Y, Lu C, Wang C, et al. The n-MAO/EPD bio-ceramic composite coating fabricated on ZK60 magnesium alloy using combined micro-arc oxidation with electrophoretic deposition, Applied Surface Science, 2014, 322: 230~235.

[4] 张道礼, 胡云香, 黎步银, 等. 电泳沉积原理及其在陶瓷制备中的应用. 现代技术陶瓷,